计算机应用基础项目化教程（WPS Office）

沈 森 王晓红 王晶涛◎主编

苏州大学出版社
Soochow University Press

图书在版编目(CIP)数据

计算机应用基础项目化教程：WPS Office / 沈森，王晓红，王晶涛主编. -- 苏州：苏州大学出版社，2024. 8. -- ISBN 978-7-5672-4912-7

Ⅰ. TP317.1

中国国家版本馆 CIP 数据核字第 20244F8T04 号

书　　名：计算机应用基础项目化教程(WPS Office)
JISUANJI YINGYONG JICHU XIANGMUHUA JIAOCHENG(WPS Office)

主　　编：沈　森　王晓红　王晶涛

责任编辑：征　慧

装帧设计：刘　俊

出版发行：苏州大学出版社(Soochow University Press)

社　　址：苏州市十梓街 1 号　邮编：215006

印　　刷：镇江文苑制版印刷有限责任公司印装

邮购热线：0512-67480030

销售热线：0512-67481020

开　　本：787 mm×1 092 mm　1/16　印张：16　字数：360 千

版　　次：2024 年 8 月第 1 版

印　　次：2024 年 8 月第 1 次印刷

书　　号：ISBN 978-7-5672-4912-7

定　　价：52.00 元

图书若有印装错误，本社负责调换

苏州大学出版社营销部　电话：0512-67481020

苏州大学出版社网址　http://www.sudapress.com

苏州大学出版社邮箱　sdcbs@suda.edu.cn

《计算机应用基础项目化教程(WPS Office)》
编 委 会

在信息技术飞速发展的今天，计算机在现代社会中扮演着重要的角色，它已经成为人们日常生活和工作中必不可少的工具。掌握计算机基础知识和办公软件的应用技巧不仅可以提高生活质量和工作效率，还可以更好地与时代接轨。WPS Office 作为一款被广泛使用的国产办公软件，其功能强大、操作便捷，深受用户的喜爱与信赖，已然成为国内众多企业、机构及个人用户的首选。

本教材着眼于培养学生的动手能力、实践能力及可持续发展能力。编写团队汇聚了中高职一线优秀老师，通过收集和甄选的新素材将教材内容体系重构，使得教学过程和岗位工作过程保持一致。本教材有助于读者快速掌握计算机基础知识及 WPS Office 的主要功能，进而熟练使用 WPS 文字、WPS 表格和 WPS 演示三个核心组件。此外，本教材还旨在帮助备考全国计算机等级考试一级的考生系统复习相关的知识点，顺利通过考试。

本教材内容较全面，结构清晰，包括神秘世界探险、信息天地操作、规范文档编辑、高效数据管理、企业产品广告展示、广袤空间驰骋、元宇宙初探七个模块。每个模块由若干项目组成，每个项目又通过以下六个方面呈现教学内容：

项目目标：每个项目首先展示项目目标，这有助于教师把握好教学重点，有利于学生自主学习和自我评价。

项目描述：根据学生需求设置学习任务。通过任务的预设，引导学生主动学习、自主探究。

项目学习：以任务为主线，通过操作步骤与方法，让学生在主动解决问题的过程中建构知识、增强能力。

项目实施：通过实际案例的引入和分析，帮助学生将理论知识应用到实际问题中，培养解决问题的能力和创新思维。

项目拓展：提升学生的学习兴趣，满足不同学生的多样化、个性化学习要求。

项目评价：引导学生在任务完成后进行优化、实现能力发展，由评价、反思和完善三个部分构成，每个部分用“熟练”“一般”“未掌握”（分别用“☺”“😐”“☹”表示）三种方式评价。

本教材在编写过程中注重实用性与易用性，力求为读者提供一个系统、全面的学习资源。本教材具有以下几个特色与优势：

1. 内容全面，覆盖广泛

教材内容不仅涵盖了计算机基础知识，还详细介绍了 WPS Office 的核心功能，特别适合初学者和需要提高办公技能的人员使用。

2. 操作实例丰富，注重实践

本教材通过大量操作实例和练习题，帮助读者巩固所学知识，真正做到学以致用。

3. 图文并茂，易于理解

本教材采用图文结合的方式，详细展示了各个操作步骤，直观明了，便于读者理解和掌握复杂的操作过程。

4. 紧贴考试大纲，适合备考

本教材严格按照全国计算机等级考试一级大纲要求编写，涵盖了相关知识点，是备考的理想参考资料。

信息技术的进步日新月异，计算机技术的更新换代也在不断加速。我们深知，这本教材仍有改进的空间，因此诚挚地希望广大读者在使用过程中能够提出宝贵意见，以便我们在今后的修订中不断完善。同时，因时间仓促，尽管我们做了大量修改和校对工作，但书中难免有疏漏和不足之处，敬请读者批评指正。

CONTENTS

目录

模块一　神秘世界探险

计算机是整个人类社会20世纪最伟大的发明之一。它使当代的科学、技术、生产与生活的各个方面都产生了翻天覆地的变化，成为当今社会不可缺少的工具。计算机技术及其应用已经渗透到科学技术、国民经济、社会生活等各个领域。从第一台电子计算机问世至今，在短短的几十年间，计算机技术已经得到了迅猛发展。

本模块主要学习计算机与信息技术的一些基本知识，对进一步深入学习计算机相关知识，提高计算机的应用水平具有一定的指导意义。

项目1.1　认识计算机

项目目标

了解计算机的发展、类型及其应用领域。

项目描述

通过参观计算机“陈列室”，了解计算机的发展、类型及其应用领域。

项目学习

一、计算机的发展

1. 第一台电子计算机

美国宾夕法尼亚大学于1946年成功研制出世界上第一台电子计算机ENIAC（Electronic Numerical Integrator And Computer）。

2. 冯·诺依曼结构计算机

在ENIAC的研制过程中，美籍匈牙利数学家冯·诺依曼发现ENIAC有两个致命的缺陷：一是采用十进制运算，逻辑元件多，结构复杂，可靠性低；二是操纵运算的指令分散存储在许多电路部件内，非常麻烦且费时。

冯·诺依曼总结并提出了两点改进意见：

（1）采用二进制。在计算机内部，程序和数据均采用二进制代码表示。

（2）存储程序控制。程序和数据存放在存储器中。计算机执行程序时，无须人工干预，能够自动、连续地执行并得到结果。

3. 计算机的发展历程

在计算机的发展历程中，电子元器件的发展起到了决定性的作用。我们通常按电子计算机采用的主要电子元器件将电子计算机的发展分为四个阶段，具体见表 1-1-1。

表 1-1-1　电子计算机发展的四个阶段

代次	阶段	电子元器件	运算速度/（次/秒）
第一代	1946—1957	电子管	5 000 至几万
第二代	1958—1964	晶体管	几万至几十万
第三代	1965—1970	中小规模集成电路	几十万至几百万
第四代	1971 年至今	大规模、超大规模集成电路	几千万至上亿

4. 计算机的发展趋势

计算机正向着巨型化、微型化、网络化、智能化和多媒体化的方向发展。

（1）巨型化。巨型化并不是指计算机的体积变大，而是指计算机的运算速度更快、存储容量更大、功能更完善。其运算速度通常在 5 000 万次/秒以上，存储容量超过万亿字节。巨型机的应用范围如今已日渐广泛，如用于航空航天、军事工业、气象、电子、人工智能等几十个学科领域，特别是复杂的大型科学计算领域。

（2）微型化。因为微型机可渗透到仪表、导弹弹头、家用电器等中小型计算机无法进入的领域，所以计算机微型化是当今计算机最明显的发展趋势之一。它极大地推动了计算机应用的普及，使计算机的应用领域拓宽到人类社会的各个方面。

（3）网络化。计算机网络是指按照约定的协议，将若干台独立的计算机通过通信线路连接起来的系统，它实现了计算机之间互相通信、传输数据、共享软硬件资源。网络技术与计算机技术紧密结合、不可分割，从而催生了“网络计算机”的概念，反映了计算机与网络真正的有机结合。

（4）智能化。人们希望计算机能够进行图像识别、语音识别、定理证明、研究学习，以及探索、联想、启发和理解人的思维等。未来的计算机将是微电子技术、光学技术、超导技术和电子信息技术相结合的产物。第一台超高速全光数字计算机已由英国、比利时、德国、意大利和法国的 70 多名科学家和工程师合作研制成功，被称为光子计算机，其运算速度比电子计算机快 1 000 倍。超导计算机、人工智能机均已问世。

（5）多媒体化。计算机不仅能够处理文字、数据，而且具有对声音、图形、图像、动画、视频等多种媒体的处理能力。20 世纪 90 年代，多媒体技术发展很快，它在教育、电子娱乐、医疗、出版、宣传、广告、远程会议等方面都得到了广泛的应用。

二、计算机的特点

1. 运算速度快

当今计算机系统的运算速度可达万亿次每秒，微型机也可达亿次每秒以上，使大量复杂的科学计算问题得以解决。例如，卫星轨道的计算、大型水坝的设计、24小时天气预报的计算等。过去人工计算需要几年、几十年的运算量，现在用计算机只需几天甚至几分钟就可以完成计算。

2. 计算精确度高

科学技术的发展特别是尖端科学技术的发展，需要高度精确的计算。计算机控制的导弹能准确地击中预定的目标，与计算机的精确计算分不开的。一般计算机可以有十几位甚至几十位（二进制）有效数字，计算精度可由千分之几到百万分之几，这是其他任何计算工具望尘莫及的。

3. 具有存储和逻辑判断能力

随着计算机存储容量的不断增大，可存储的信息越来越多。计算机不仅能进行计算，而且能把参与运算的数据、程序及中间结果和最终结果保存起来，以供用户随时调用；还可以通过编码技术对各种信息（如语言、文字、图形、图像、音乐等）进行算术运算和逻辑运算，甚至还可以进行推理和证明。

4. 具有自动控制能力

计算机内部操作是根据人们事先编好的程序自动控制进行的。用户根据需要事先设计好运行步骤并编写出程序，计算机就能十分严格地按程序规定的步骤操作，整个过程无须人工干预。

5. 采用二进制表示数据

计算机用电子元器件的状态来表示数字信息。制造具有2种不同状态的电子元器件显然要比制造具有10种不同状态的电子器件容易得多。如电器开关的接通与断开，晶体管的导通与截止等，都可以用二进制“1”和“0”两个数字来表示。因此，计算机内部采用二进制计数系统，信息的表示形式是二进制数字编码。各种类型的信息（如数据、文字、图像、声音等）最终都必须转换成二进制编码形式，这样才能在计算机中进行处理。

三、计算机的分类

电子计算机发展到今天，可谓品种繁多、门类齐全、功能各异。通常人们从不同的角度对电子计算机进行分类。

1. 按工作原理分类

计算机处理的信息可以分为离散量和连续量。离散量也称为断续量，即用二进制数字表示的量（如用断续的电脉冲来表示数字“0”或“1”）。连续量则是用连续变化的物理量（如电压的振幅等）表示的被运算量。可用一个通俗的比喻来大致说明离散量和连续量的含义：在传统的计算工具中，用算盘运算时，用一个个分离的算盘珠来代表被运算的数值，算盘珠则可看成离散量；而用计算尺运算时，通过拉动尺片，用计算尺上连续变化的长度来代表数值的大小，这就是连续量。根据计算机内信息表示形式和处理方式的不同，计算机可分为以下两大类：电子数字计算机（采用数字技术，处理离散量）和电子模拟计算机（采用模拟技术，处理连续量）。其中，使用最多的是电子数字计算机，而电子模拟计算机用得较少。当今使用的计算机绝大多数是电子数字计算机，人们一般将其简称为电子计算机。

2. 按用途分类

根据用途的不同，计算机可分为通用计算机和专用计算机。

通用计算机的用途广泛，功能齐全，可适用于各个领域。专用计算机是为某一特定用途而设计的计算机，如专门用于控制生产过程的计算机。通用计算机数量最多，应用最广。目前市面上出售的计算机一般都是通用计算机。

3. 按规模分类

根据计算机的规模，人们常把计算机分为巨型机、大型机、中型机、小型机、工作站、微型机。

（1）巨型机，也称为超级计算机。在所有计算机类型中其价格最贵，功能最强，运算速度最快，只有少数几个国家能够生产，目前多用于战略武器的设计、空间技术、石油勘探、天气预报等领域。巨型机的研制水平、生产能力及其实用程度，已成为衡量一个国家经济实力与科技水平的重要标志。

（2）大型机，也称为大型主机。大型机使用专用的处理器指令集、操作系统和应用软件。

（3）中型机。该类型机具有很强的处理和管理能力，主要用于大银行、大公司及规模较大的高校和科研院所。

（4）小型机。该类型机结构简单，可靠性高，成本较低。

（5）工作站。这是介于个人计算机与小型机之间的一种高档微型计算机。它的运行速度比个人计算机快，且有较强的联网功能，主要用于特殊的专业领域，如图像处理、计算机辅助设计等。它与网络系统中的“工作站”在用词上相同，而含义不同。网络上的“工作站”是指联网用户的节点，区别于网络服务器。此外，网络上的“工作站”常常只是一般的个人计算机。

（6）微型机即个人计算机（PC）。它以其设计先进、功能强大、软件丰富、价格便宜等优势占领计算机市场，从而大大推动了计算机的普及。

四、计算机的应用

计算机的应用已渗透到社会的各个领域，正在改变着人们的工作、学习和生活方式，推动着社会的发展。计算机的应用归纳起来可分为以下几个方面：

1. 科学计算（数值计算）

科学计算也称数值计算。计算机最开始是为解决科学研究和工程设计中遇到的大量数学问题的数值计算而研制的计算工具。随着现代科学技术的进一步发展，数值计算在现代科学研究中的地位不断提高，特别是在尖端科学领域中显得尤为重要。例如，人造卫星轨迹的计算，房屋抗震强度的计算，火箭、宇宙飞船的研究设计等都离不开计算机的数值计算。在人类社会的各领域中，计算机的应用都取得了许多重大突破，就连每天的天气预报都离不开计算机的数值计算。

2. 数据处理和信息管理

人们在科学研究和工程技术中会得到大量的原始数据，其中包括图片、文字、声音等。数据处理就是对数据进行收集、分类、排序、存储、计算、传输等操作。目前计算机的信息管理应用已非常普遍，如人事管理、库存管理、财务管理、图书资料管理、商业数据交流、情报检索、办公自动化、车票预售、银行存取款等。信息管理已成为当代计算机的主要任务，是现代化管理的基础。据统计，全世界计算机用于数据处理和信息管理的工作量占全部计算机应用的80%以上。

3. 自动控制

自动控制是指计算机通过对某一过程进行自动操作，无须人工干预，就能按人预定的目标和预定的状态进行过程控制。所谓过程控制，是指对操作数据进行实时采集、检测、处理和判断，按最佳值进行调节的过程。目前计算机被广泛应用于操作复杂的钢铁工业、石油化工业、医药工业等生产中。使用计算机进行自动控制可大大增强控制的实时性和准确性，提高劳动效率和产品质量，降低成本，缩短生产周期。

计算机自动控制还在国防和航空航天领域中起着决定性作用。例如，无人机、导弹、人造卫星和宇宙飞船等飞行器的控制，都是靠计算机实现的。可以说，计算机是现代国防和航空领域的“神经中枢”。

4. 计算机辅助功能

计算机辅助功能包括计算机辅助设计、计算机辅助制造、计算机辅助工程、计算机辅助测试和计算机辅助教学等。计算机辅助设计（Computer Aided Design，简称CAD）是指借助计算机的帮助，人们可以自动或半自动地完成各类工程或产品的设计工作。目前CAD技术已广泛应用于飞机设计、船舶设计、建筑设计、机械设计、大规模集成电路设计等方面。在京九铁路的勘测设计中，使用计算机辅助设计系统绘制一张图纸仅需几个小时，而过去人工完成同样的工作要一周甚至更长时间。可见，采用计算机辅助设计可缩短设计时间，提高工作效率，节省人力、物力和财力，更重要的是提高了设计质量。目前，CAD已得到各国工程技术人员的高度重视。有些国家已把计算机辅助设计、计算机辅助制造（Computer Aided Manufacturing，简称CAM）、计算机辅助测试（Computer Aided Test，简称CAT）、计算机辅助工程（Computer Aided Engineering，简称CAE）与计算机管理和加工系统组成了一个计算机集成制造系统（Computer Integrated Manufacturing System，简称CIMS），使设计、制造、测试和管理有机地融为一体，形成高度的自动化系统，因此产生了自动化生产线和“无人工厂”。计算机集成制造系统是集工程设计、生产过程控制、生产经营管理于一体的自动化、智能化的现代化生产大系统。

计算机辅助教学（Computer Aided Instruction，简称CAI）是指用计算机来辅助完成教学过程或模拟某个实验过程。计算机可按不同的要求，分别提供所需教材内容，还可以进行个别教学，及时指出该学生在学习中出现的错误，根据该学生的测试成绩决定该生的学习从一个阶段进入另一个阶段。CAI 不仅能减轻教师的负担，还能激发学生的学习兴趣，提高教学质量，为培养现代化高质量人才提供有效的方法。

5. 人工智能

人工智能是指用计算机来模拟人的智能，代替人的部分脑力劳动。人工智能既是计算机当前的重要应用领域，也是今后计算机发展的主要方向。人工智能应用中所要研究和解决的问题的难度很大，均是需要进行判断及推理的智能性问题，因此，人工智能是计算机在更高层次上的应用。尽管在这个领域中，技术上的困难还有很多（如知识的表示、知识的处理等），但人类目前仍取得了一些重要成果，其中包括机器人的研制与使用、定理证明、模式识别、专家系统、机器翻译、自然语言理解、智能检索等。

6. 计算机通信与网络应用

计算机通信与网络应用是计算机技术与通信技术相结合的产物，其发展具有广阔的前景。电子商务、电子政务、办公自动化、信息的发布与检索等就是其中典型的应用。政府部门和企事业单位可以通过计算机网络方便地实现资源共享与数据通信，收集各种信息资源，利用不同的计算机软件对信息进行处理，从事各项经营管理活动，完成从产品设计、生产、销售到财务的全面管理。互联网（Internet）改变了人与世界的联系。人们可通过互联网浏览新闻、发布信息、检索信息、传输文件、收发电子邮件（E-mail）等。

参观计算机“陈列室”

一、第一代计算机

20 世纪 40 年代中期，美国宾夕法尼亚大学电工系由莫克利和艾克特领导，为美国陆军军械部阿伯丁弹道研究实验室研制了一台用于炮弹弹道轨迹计算的电子计算机 ENIAC（图 1-1-1）。这台计算机占地面积约为 170 m^2，总重量约 30 t，使用了约 18 000 只电子管、6 000 个开关、70 000 只电阻、10 000 只电容、500 000条线，耗电量为 150 kW · h，每秒可进行 5 000 次的加法运算。这个庞然大物于 1946 年 2 月 15 日在美国举行了揭幕典礼。这台计算机的问世，标志着计算机时代的开始。

图 1-1-1　第一台电子计算机 ENIAC

二、第二代计算机

1948 年，晶体管代替了体积庞大的电子管，使得电子设备的体积不断减小。1956 年，晶体管在计算机中使用。晶体管和磁芯存储器催生了第二代计算机(图 1-1-2)。第二代计算机体积小，速度快，功耗低，性能更稳定。1960 年，一些第二代计算机被成功地用在商业领域、高校和政府部门中。第二代计算机用晶体管代替电子管，还配备现代计算机的一些部件，如打印机、磁带、磁盘、内存等。第二代计算机中存储的程序使得计算机有很好的适应性，可以更有效地用于商业用途。这一时期出现了更高级的语言，如 COBOL 和 FORTRAN 等。这些语言使计算机编程更容易。新的职业(程序员、分析员和计算机系统专家)和整个软件产业应运而生。

图 1-1-2　第二代计算机

三、第三代计算机

第三代计算机即集成电路计算机（图 1-1-3)。其特征是以中小规模集成电路（每片上集成几百到几千个逻辑门）来构成计算机的主要功能部件，主存储器采用集成度很高的半导体存储器。第三代计算机的运算速度可达几百万次每秒。在软件方面，这一时期出现了数据库系统、分布式操作系统等。应用软件的开发已逐步成为一个庞大的现代产业。

图 1-1-3　第三代计算机

四、第四代计算机

由大规模和超大规模集成电路组装成的计算机，被称为第四代计算机（图 1-1-4)。美国研制的 ILLIAC-Ⅳ计算机是第一台全面使用大规模集成电路作为逻辑元件和存储器的计算机，它标志着计算机的发展已到了第四代。1975 年，美国阿姆尔公司成功研制出 470 Ⅴ/6 型计算机，随后日本富士通公司生产出 M-190 型计算机，这些都是比较有代表性的第四代计算机。

随着集成度更高的特大规模集成电路技术的出现，计算机朝着微型化和巨型化两个方向发展。尤其是微处理器的发明使计算机在外观、处理能力、价格及实用性等方面发生了很大的变化。

图 1-1-4　第四代计算机

项目拓展

1. 1946 年诞生了世界上第一台电子计算机，它的英文名字是（　　）。

A. ANIAC　　B. EDVAC　　C. ENIAC　　D. MARK-II

2. 冯·诺依曼体系结构引进了两个重要的概念，它们分别是(　　)。

A. 二进制和存储程序　　B. 机器语言和十六进制

C. ASCII 编码和指令系统　　D. CPU 和内存储器

3. 现代电子计算机发展的各个阶段的区分标志是（　　）。

A. 电子元器件的发展水平　　B. 软件的发展水平

C. 操作系统的更新换代　　D. 计算机的运算速度

4. 英文缩写 CAD 的中文意思是（　　）。

A. 计算机辅助设计　　B. 计算机辅助教学

C. 计算机辅助制造　　D. 计算机辅助管理

5. 英文缩写 CAI 的中文意思是（　　）。

A. 计算机辅助教学　　B. 计算机辅助设计

C. 计算机辅助制造　　D. 计算机辅助管理

6. 英文缩写 CAM 的中文意思是（　　）。

A. 计算机辅助教学　　B. 计算机辅助设计

C. 计算机辅助制造　　D. 计算机辅助管理

7. 下列计算机应用项目属于科学计算应用领域的是（　　）。

A. 人机对弈　　B. 联网订票系统　　C. 气象预报　　D. 数控机床

8. 简述计算机发展的各个阶段分别以什么电子元器件为代表。

项目评价

1. 学习评价

根据项目实施的内容，进行自我评估或学生互评，并根据实际情况在教师的引导下进行拓展。

观　察　点	☺	😐	☹
了解第一台电子计算机的名称、诞生的年代和国家			
了解电子计算机发展经历的主要时代及划分标准			
知道计算机的特点			
知道计算机的应用领域			
知道计算机的分类			

2. 反思与探究

从学习结果和评价两个方面进行反思，分析存在的问题，寻求解决的方法。

存在的问题	解决的方法

3. 修正与完善

根据反思与探究中寻求到的解决问题的方法，进一步掌握计算机的发展、类型及其应用领域。

项目 1.2　组装计算机

（1）掌握计算机系统的组成。
（2）了解计算机各个组成部件的性能和指标。
（3）学会组装计算机。

通过对个人计算机组装项目的实施，掌握计算机系统的组成，了解计算机各个组成部件的性能和指标。

一个完整的计算机系统包括计算机硬件和计算机软件两大部分。

所谓计算机硬件，是指构成计算机的物理设备，也称硬设备。所谓计算机软件，是指计算机系统中的程序、数据以及开发、使用、维护程序所需文档的集合。硬件是计算机系统的基础，软件是计算机系统的灵魂。如果没有软件，计算机就不能工作。通常，人们把不配备任何软件的计算机称为裸机。

在计算机技术发展进程中，计算机的硬件和软件是相互依赖、相互支持、缺一不可的。

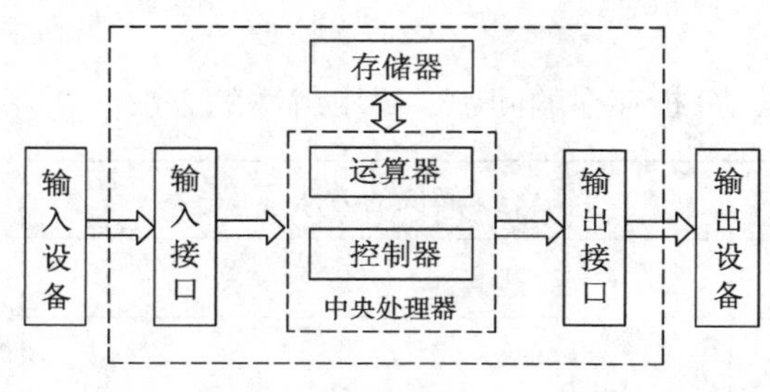

图 1-2-1 计算机硬件组成的示意图

一、计算机的硬件系统

计算机的硬件系统由运算器、控制器、存储器、输入设备和输出设备五个基本部分组成（图 1-2-1），它们也称为计算机的五大部件。这五大部件通过系统总线互联，传递数据、地址和控制信号。这些系统总线按信号类型分成三类，分别称为数据总线、地址总线和控制总线。

运算器和控制器合在一起称为中央处理器（Central Processing Unit，简称 CPU）。CPU 是计算机的核心。存储器分为内存储器（简称内存）和外存储器（简称外存）两种。CPU、内存储器、总线等构成了计算机的主机。输入设备和输出设备简称 I/O（Input/Output）设备。I/O 设备和外存储器等通常称为计算机的外部设备（简称外设）。

1. 中央处理器

中央处理器，又称中央处理单元，即 CPU，它由控制器和运算器组成，通常集成在一块芯片上。计算机的 I/O 设备与存储器之间的数据传输和处理都通过 CPU 来控制。微机中的中央处理器又称为微处理器。

（1）控制器。控制器是对输入的指令进行分析，并统一控制计算机的各个部件完成一定任务的部件。它一般由指令寄存器、状态寄存器、指令译码器、时序电路和控制电路组成。计算机的工作方式是执行程序。程序就是为完成某一任务所编制的特定指令序列。各种指令操作按一定的时间关系有序排列。控制器产生各种最基本的不可再分的微操作的命令信号，即微命令，以指挥整个计算机有条不紊地工作。当计算机执行程序时，控制器首先从程序计数寄存器中取得指令的地址，然后从存储器中取出指令，由指令译码器对指令进行译码后产生控制信号，用以驱动相应的硬件完成指令操作。简言之，控制器是协调指挥计算机各部件工作的部件，它的基本任务是根据各类指令的需要综合有关的逻辑条件与时间条件产生相应的微命令。

（2）运算器。运算器又称算术逻辑单元。运算器的主要任务是执行各种算术运算和逻辑运算。算术运算是指各种数值运算，如加、减、乘、除等。逻辑运算是指进行逻辑判断的非数值运算，如与、或、非、比较、移位等。计算机所完成的全部运算都是在运算器中进行的。根据指令所规定的寻址方式，运算器从存储器或寄存器中取得操作数，进行计算后，送回到指令所指定的存储器或寄存器中。运算器的核心部件是加法器和若干个寄存器。加法器用于运算，寄存器则用于存储参与运算的各种数据以及运算后的结果。

2. 存储器

存储器具有记忆功能，用来保存信息，如数据、指令和运算结果等。存储器可分为两种：内存储器与外存储器。

（1）内存储器。内存储器也称主存储器（简称主存），它直接与 CPU 相连接，存储容量较小，但存取速度快，用来存放当前运行程序的指令和数据，并直接与CPU交换信息。内存一般由半导体器件构成。半导体存储器可分为随机存储器（Random Access Memory，简称RAM）和只读存储器（Read Only Memory，简称ROM）两种。

RAM的特点是可以读写，存取任一单元所需的时间相同。通电时，RAM中的内容可以保持；断电后，存储的内容立即消失。RAM可分为动态RAM（DRAM）和静态RAM（SRAM）两大类。DRAM是用MOS电路和电容来做存储元件的。由于电容会放电，因此DRAM需要定时充电以维持存储内容的正确，如每隔2 ms刷新一次。SRAM是用双极型电路或MOS电路的触发器来做存储元件的，它没有电容放电造成的刷新问题。只要有电源正常供电，触发器就能稳定地存储数据。DRAM的特点是集成度高，主要用于大容量存储器。SRAM的特点是存取速度快，主要用于高速缓冲存储器，也称快存（Cache）。

ROM的特点是存储的信息只能读出，不能写入，断电后信息不会丢失。ROM分为一次性写入ROM、可编程ROM（PROM）、可擦除可编程ROM（EPROM）、电擦除可编程ROM（EEPROM）四种。一次性写入ROM只能读出原有的内容，不能由用户再写入新内容。原来存储的内容是由厂家一次性写入的，并永久保存下来。EPROM存储的内容可以通过紫外光照射来擦除，这使它的内容可以反复更改。

存储器的存储容量以字节为基本单位。每个字节都有自己的编号，称为“地址”。如果要访问存储器中的某个信息，就必须知道它的地址，然后再按地址存入或取出信息。

（2）外存储器。外存储器又称辅助存储器（辅存），它是内存的扩充。外存存储容量大，价格低，但存取速度慢，一般用来存放大量暂时不用的程序、数据和中间结果，需要时，可成批地和内存进行数据交换。计算机执行程序时，外存中的程序和相关数据必须先传送到内存，然后才能被CPU使用。常用的外存有硬盘、光盘和优盘等。

3. 输入设备

输入是把信息送入计算机的过程，作为名词使用时，指的是向计算机输入的内容。输入可以由人、外部环境或其他计算机来完成。用来向计算机输入信息的设备通常称为输入设备。按照输入信息的类型，输入设备分为多种，例如，数字和文字输入设备（如键盘、写字板等），位置和命令输入设备（如鼠标、触摸屏等），图形输入设备（如扫描仪、数码相机等），声音输入设备（如麦克风、MIDI演奏器等），视频输入设备（如摄像机），温度、压力输入设备（如温度、压力传感器）等。输入到计算机中的信息都使用二进制位（“0”和“1”）来表示。

4. 输出设备

输出表示把信息送出计算机，作为名词使用时，指的是计算机所产生的结果。计算机的输出可以是文本、语音、音乐、图像、动画等多种形式。负责完成输出任务的是输出设备，它们的功能是把计算机中用“0”和“1”表示的信息转换成人可直接识别和感知的形式。例如，在PC中，显示器、打印机、绘图仪等都是输出文字和图形的设备，音箱是输出语音和音乐的设备。

5. 系统总线与I/O接口

系统总线是用于在CPU、内存、外存和各种I/O设备之间传输信息并协调它们工作的一种部件（含传输线和控制电路）。有些计算机把用于连接CPU和内存的总线称为系统总线（或CPU总线、前端总线），把连接内存和I/O设备（包括外存）的总线称为I/O总线。为了方便地更换与扩充I/O设备，计算机系统中的I/O设备一般都通过I/O接口与各自的控制器连接，然后由控制器与I/O总线相连。常用的I/O接口有并行口、串行口、视频口、USB口等。

二、计算机的软件系统

计算机软件是指为运行、维护、管理和应用计算机所编制的程序、数据以及文档的总和。简言之，软件就是程序、数据及相关文档的集合。其中，程序是指按一定的功能和性能要求设计的计算机指令序列。程序必须装入计算机内部才能工作，而文档一般是给人看的，不一定装入机器。软件是用户与硬件之间的接口，用户使用计算机，实际上所面对的是经过若干层软件“包装”后的计算机。计算机的功能不仅由硬件系统决定，而且在更大程度上取决于所安装的软件。

计算机软件是典型的知识型、逻辑型产品。软件研制需要投入大量的、复杂的、高强度的脑力劳动，因此，软件具有版权。版权是授予程序作者或版权所有者某种独占权利的一种合法保护形式。版权所有者享有复制、发布、出售、更改软件的诸多专有权利。

计算机软件极为丰富，通常分为系统软件和应用软件两大类。

1. 系统软件

系统软件是为控制和维护计算机的正常运行、管理计算机的各种资源、支持应用软件开发和维护、便于用户使用计算机而配置的各种程序。

系统软件的主要特征与具体的应用领域无关。它具有计算机各种应用所需的通用功能，与计算机硬件系统有很强的交互性，要对硬件资源进行调度和管理。

系统软件中的数据结构复杂，外部接口多样化。

系统软件包括操作系统（如Windows、UNIX等）、语言处理程序（如C、C++、Visual Basic等）、数据库管理系统（如Oracle、SQL Server等）和各种实用程序（如诊断程序、排错程序等）。其中，操作系统是最重要的系统软件，它负责管理计算机系统的各种资源，提供人机交互接口，控制程序的执行。

2. 应用软件

应用软件是指针对应用需求设计的、用于解决各种不同具体应用问题的专门软件。例如，办公软件、图像处理软件、财务管理系统等，都属于应用软件。

按照开发方式和适用范围，应用软件可分为通用应用软件和定制应用软件两类。通用应用软件可以在许多行业和部门中共同使用。定制应用软件是按照特定用户的应用要求专门设计的软件，如某企业的人事管理系统、某高校的教务管理系统等。

三、计算机的主要性能指标

1. CPU 的性能指标

(1) 字长。字长是指计算机运算部件一次性能处理的二进制数据的位数。字长越长，计算机的运算能力越强，运算精度越高。早期计算机的字长有 8 位、16 位，目前大多数家用计算机的字长为 32 位或 64 位。

(2) 时钟主频。计算机的时钟主频是指 CPU 的时钟频率，它的高低在一定程度上决定了计算机速度的快慢。一般来说，主频越高，速度越快。频率的单位是赫兹 (Hz)，简称赫。时钟主频的频率较高，目前大多已达吉赫（GHz）。近年生产的家用微机的主频一般在 8 GHz 左右。

(3) 运算速度。计算机的运算速度通常是指每秒所能执行的加法指令数目，常用百万次/秒（MIPS）来表示。

2. 内存的性能指标

(1) 存储容量。内存容量越大，机器所能运行的程序就越大，处理能力也就越强。尤其随着多媒体技术的发展，大部分的计算机程序需要处理图像、声音、视频，对内存的要求越来越高。目前微机的内存容量一般在 4 GB 以上。

(2) 存取周期。内存的存取周期也会影响整个计算机的性能。简单地讲，存取周期是指 CPU 从内存中存取数据所需要的时间。目前，内存的存取周期是 60 ~ 120 ns。

另外，外存储器的容量和稳定性、主板的类型等均与计算机的性能有一定的关系。平均无故障时间、性价比、可维护性以及许多外部设备，如显示器、电源、机箱、鼠标、键盘等设备也是我们购置计算机需要考虑的因素。

组装个人计算机

1. 在主板上安装 CPU

CPU 的安装并不困难，首先要找对方向。注意观察主板上的 CPU 插槽，其中有些边角处并没有针孔，这一位置也应该对应 CPU 上缺针的位置。以 AMD 的 Athlon XP 或者 Duron 处理器为例，其针脚有两个边角呈“斜三角”，应该对准 Socket A 插槽上的“斜三角”。如果方向反了，那么 CPU 是无法顺利嵌入 CPU 插槽的。

安装 CPU 时应该先轻轻地向外扳动 CPU 插槽旁边的滑杆，再向上拉起呈直角 (此时 CPU 可以略带阻尼感地插入 CPU 插槽)，然后放下滑杆，以固定 CPU。

整个安装过程应该相当轻松，如果遇到很大的阻力，应立即停止，因为这很可能是 CPU 插入方向错误所引起的。一味地使用蛮力肯定不能解决问题，反而会损坏 CPU。

2. 安装 CPU 风扇，并连接风扇电源

3. 安装内存条

扳开主板上内存条的插槽卡口。

将内存条的“金手指”插入内存插槽，插入时用双手拇指均匀用力按压内存条两端。插入后两端的卡口自动卡住内存条两端缺口。

4. 将主板安装到主机箱中

将主板安装到主机箱中时要注意主板的接口一定要与主机箱背部留出的接口位置对应好，然后拧上螺丝固定主板。

5. 安装显卡

找到显卡插槽，将显卡接口与主板上的插槽完全对齐，均匀用力地插入插槽中。

6. 安装硬盘

将硬盘放入机箱的硬盘托架上，拧紧螺丝将其固定即可。

7. 安装光驱

将光驱从机箱前部面板处插入，拧紧硬盘固定螺丝，注意连接光驱电源线和数据线。

8. 安装机箱电源

安装机箱电源较简单，先将电源放进机箱上的电源位，并将电源上的螺丝固定孔与机箱上的固定孔对正，然后拧上一颗螺丝固定电源，再对正最后三颗螺丝孔的位置，拧上剩下的螺丝即可。

需要注意的是，在安装电源时，首先要做的就是将电源放入机箱内。这个过程中要注意电源放入的方向。有些电源有两个风扇，或者有一个排风口，则其中一个风扇或排风口应对着主板，放入后稍稍调整，让电源上的四个螺钉和机箱上的固定孔分别对齐。

9. 连接显示器

把信号线一端连接到显示器，将插头旁的塑料固定螺丝拧紧，防止脱落。信号线另一端连接显卡。信号线有防错设计，如果插不进去，可以转一个面再试一次。如果显卡与显示器都提供 DVI 插头，则最好使用 DVI 接口，这样才能提供较佳的画质。

10. 连接键盘、鼠标

键盘的接口大都采用紫色、圆口，并且旁边有小键盘图样。只要将插头直接插入即可。键盘的连接插头具有防错设计，如果不能顺利插入，可以稍微轻轻转一下插头。

鼠标的连接插头大都采用绿色、圆口，插入机箱背板有鼠标图样的接口即可。

任务描述

做好市场调查，收集组装计算机需要的配件清单，实地考察配件价格，认真填写下表：

<table>
<tr><td>设备品牌及型号</td><td colspan="5"></td></tr>
<tr><td>调研时间</td><td></td><td>地点</td><td></td><td>市场售价</td><td></td></tr>
<tr><td>配件名称</td><td>配件型号</td><td>价格/元</td><td colspan="3">主要性能指标</td></tr>
<tr><td>处理器</td><td></td><td></td><td colspan="3"></td></tr>
<tr><td>主板</td><td></td><td></td><td colspan="3"></td></tr>
<tr><td>显卡</td><td></td><td></td><td colspan="3"></td></tr>
<tr><td>内存</td><td></td><td></td><td colspan="3"></td></tr>
<tr><td>硬盘</td><td></td><td></td><td colspan="3"></td></tr>
<tr><td>显示器</td><td></td><td></td><td colspan="3"></td></tr>
<tr><td>光驱</td><td></td><td></td><td colspan="3"></td></tr>
<tr><td>电源</td><td></td><td></td><td colspan="3"></td></tr>
<tr><td>主机箱</td><td></td><td></td><td colspan="3"></td></tr>
<tr><td>键盘</td><td></td><td></td><td colspan="3"></td></tr>
<tr><td>鼠标</td><td></td><td></td><td colspan="3"></td></tr>
<tr><td>音箱</td><td></td><td></td><td colspan="3"></td></tr>
</table>

项目评价

1. 学习评价

根据项目实施的内容，进行自我评估或学生互评，并根据实际情况在教师的引导下进行拓展。

观　察　点	☺	😐	☹
了解计算机组成部件的指标、品牌、价格等			
掌握计算机系统的组成			
掌握计算机的组装步骤			
学会组装计算机			

2. 反思与探究

从学习结果和评价两个方面进行反思，分析存在的问题，寻求解决的方法。

存在的问题	解决的方法

3. 修正与完善

根据反思与探究中寻求到的解决问题的方法，进一步掌握计算机的组成及组装。

项目 1.3　对话计算机

项目目标

（1）理解计算机中的信息的编码。

（2）掌握各种进制的含义，学会各种进制数之间的相互转换。

项目描述

学习计算机中的信息编码，理解进制的含义，理解信息在计算机中的编码，学会不同进制数的表示及相互转换。

一、进制与计算机

1. 二进制

二进制在电路中容易实现，而且运算简单，因此，计算机中的信息均采用二进制表示。任何信息必须转换成二进制编码后才能由计算机进行处理、存储和传输。

2. 计算机中的信息单位

二进制代码只有 0 和 1，其中无论是 0 还是 1，在计算机硬件中都是用一位来表示的，其单位是位（bit），这是计算机数据的最小单位。

在计算机中，我们以 8 个二进制位作为一个基本单位，将一个基本单位称为字节（Byte，简称 B）。

为了便于使用，计算机常用的信息单位还有 KB（千字节）、MB（兆字节）、GB（千兆字节）等，它们之间的关系如下：

1 KB = 2^{10} B = 1 024 B　　1 MB = 2^{10} KB = 1 024 KB　　1 GB = 2^{10} MB = 1 024 MB

1 TB = 2^{10} GB = 1 024 GB

3. 计算机中常用的进制数

（1）进制数的表示方法。

方法一：在数的后面加一个英文字母。

二进制数后加 B（Binary）、八进制数后加 O（Octal）、十进制数后加 D（Decimal）、十六进制数后加 H（Hexadecimal）。

方法二：用圆括号将数括起，在右下角标注下标。如二进制数 1001 表示为 $(1001)_2$。

（2）计算机中常用的进制数。

计算机中常用的进制数见表 1-3-1。

表 1-3-1　计算机中常用的进制数

进制数	基数	数码	位权	按权展开举例
十进制（D）	10	0，1，2，3，4，5，6，7，8，9	10^{n-1}	$576D=5\times10^2+7\times10^1+6\times10^0$
二进制（B）	2	0，1	2^{n-1}	$1011B=1\times2^3+0\times2^2+1\times2^1+1\times2^0$
八进制（O）	8	0，1，2，3，4，5，6，7	8^{n-1}	$701O=7\times8^2+0\times8^1+1\times8^0$
十六进制（H）	16	0，1，2，3，4，5，6，7，8，9，A，B，C，D，E，F	16^{n-1}	$AF8H=A\times16^2+F\times16^1+8\times16^0$

二、字符编码

计算机系统中有两种重要的西文字符编码方式：ASCII（American Standard Code for Information Interchange）和 EBCDIC（Extended Binary Coded Decimal Interchange Code）。ASCII 主要用于微型机和小型机，EBCDIC 则主要用于 IBM 大型机。

目前计算机中普遍采用的是 ASCII，即美国信息交换标准代码。ASCII 有 7 位版本和 8 位版本两种，国际上通用的是 7 位版本。7 位版本的 ASCII 有 128 个元素，只需用 7 个二进制位（$2^7=128$）表示，其中控制字符 34 个，阿拉伯数字 10 个，大小写英文字母 52 个，各种标点符号和运算符号 32 个。在计算机中实际用 8 位表示一个字符，最高位为“0”。例如，数字 0 的 ASCII 为“00110000”，大写英文字母 A 的 ASCII 为“01000001”，空格的 ASCII 为“00100000”，等等。有的计算机教材中的 ASCII 用十六进制数表示，这样，数字 0 的 ASCII 为“30H”，字母 A 的 ASCII 为“41H”，空格的 ASCII 为“20H”。7 位 ASCII 表见表 1-3-2。

EBCDIC 即扩展的二-十进制交换码，是西文字符的另一种编码，采用 8 位二进制表示，共有 256 种不同的编码，可表示 256 个字符，在某些计算机中也常使用。

表 1-3-2　7 位 ASCII 表

$D_3D_2D_1D_0$	$D_6D_5D_4$							
	000	**001**	**010**	**011**	**100**	**101**	**110**	**111**
0000	NUL	DLE	SP	0	@	P	`	p
0001	SOH	DC1	!	1	A	Q	a	q
0010	STX	DC2	″	2	B	R	b	r
0011	ETX	DC3	#	3	C	S	c	s
0100	EOT	DC4	$	4	D	T	d	t
0101	ENQ	NAK	%	5	E	U	e	u
0110	ACK	SYN	&	6	F	V	f	v
0111	BEL	ETB	′	7	G	W	g	w
1000	BS	CAN	(	8	H	X	h	x
1001	HT	EM	)	9	I	Y	i	y
1010	LF	SUB	*	:	J	Z	j	z
1011	VT	ESC	+	;	K	[	k	{
1100	FF	FS	,	<	L	\	l	|
1101	CR	GS	–	=	M	]	m	}
1110	SO	RS	.	>	N	^	n	~
1111	SI	US	/	?	O	_	o	DEL

三、汉字编码

汉字信息交换码是用于汉字信息处理系统之间进行信息交换的汉字代码，也称作国标码。目前主要采用国家标准《信息交换用汉字编码字符集（基本集）》（GB/T 2312—1980）。国标码中规定了 7 445 个字符编码。其中汉字代码 6 763 个，其余为非汉字图形字符。汉字分为一级汉字 3 755 个，按拼音字母排序；二级汉字 3 008个，按部首排序。汉字必须用 2 个字节来存储。将 7 445 个字符放在一个 94 行 94 列的表中，每一行称为“区”，区号从 1 到 94；每一列则称为“位”，位号也是从 1 到 94。每一个字符都可以用“区号+位号”来表示，即区位码。例如，“中”字为 54 区 48 位，区位码是 5448。将区号和位号分别加上 20H，可以将区位码转换为国标码。将国标码的两个字节的第一位置设置为 1，即每个字节分别加上 80H，就可与 ASCII 区别开来进行存储、处理和传输，这也就是汉字的内码。

54D 和 48D 的区位码、国标码、内码转换见表 1-3-3。

表 1-3-3　区位码、国标码和内码转换举例

区位码		国标码	内码
十进制数	十六进制数		
54D	36H	36H+20H=56H	30H+20H=50H
48D	30H	56H+80H=D6H	50H+80H=D0H

汉字输入码也叫外码，主要是经过键盘输入汉字的编码。不同的输入方法其输入码也不一样。有的以汉字发音编码，称为音码，如全拼输入法、智能 ABC 输入法。有的以字形结构编码，称为形码，如五笔字型输入法。有的既含有发音又含有字形结构，称为音形码，如自然码输入法、二笔输入法。

计算机处理的汉字必须转换为方块汉字来显示或打印。描述汉字字形的方法有点阵字形和轮廓字形两种。点阵字形是将汉字以 n 行 n 列的点来描述，黑点用二进制数 1 表示，白点用二进制数 0 表示，这样就构成了汉字的字形码（图 1-3-1）。存储一个 n 行 n 列的点阵需要 $n×n÷8$ 字节。点阵字形放大后会出现锯齿现象，不美观。

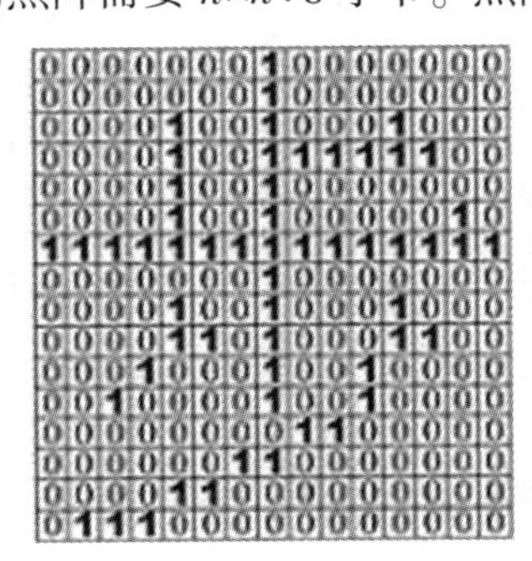
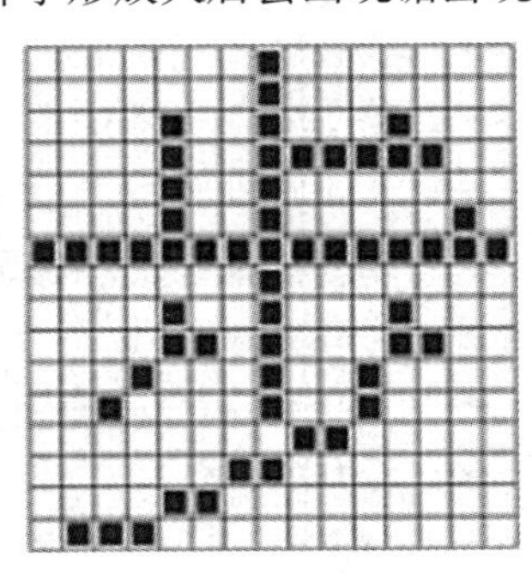

图 1-3-1　“步”字点阵结构字形

各个汉字的字形码组合起来构成汉字库。轮廓字形是用曲线来表示汉字的字形，其特点是字形精度高，任意放大和缩小不会出现锯齿现象，如 TrueType 字形。

不同进制数之间的转换

一、非十进制数转换为十进制数

位权法：把非十进制数按权展开求和(求大小法)。

例 1-3-1 将 1011B 转换成十进制数。

$$\begin{aligned}1011B &= 1\times2^{4-1}+0\times2^{3-1}+1\times2^{2-1}+1\times2^{1-1}\\ &= 1\times8+0\times4+1\times2+1\times1\\ &= 11\end{aligned}$$

例 1-3-2 将 $(701)_8$ 转换成十进制数。

$$\begin{aligned}(701)_8 &= 7\times8^{3-1}+0\times8^{2-1}+1\times8^{1-1}\\ &= 7\times64+0\times8+1\times1\\ &= 449\end{aligned}$$

例 1-3-3 将 AF8H 转换成十进制数。

$$\begin{aligned}AF8H &= A\times16^{3-1}+F\times16^{2-1}+8\times16^{1-1}\\ &= A\times16^2+F\times16+8\times1\\ &= 10\times256+15\times16+8\\ &= 2\ 560+240+8\\ &= 2\ 808\end{aligned}$$

二、十进制数转换为二进制数

整数部分：除 2 倒取余法。

例 1-3-4 134→ $(10000110)_2$

除数	商		余数（自下而上读取 ↑）
2	134	……	0
2	67	……	1
2	33	……	1
2	16	……	0
2	8	……	0
2	4	……	0
2	2	……	0
	1	……	1

小数部分：乘 2 取整法。

例 1-3-5 0.75→ $(0.11)_2$

运算	整数（自上而下读取 ↓）
0.75 ×2	
0.5 ×2	1
0.0	1

三、二进制数转换为八、十六进制数

方法：多位换一位。

1. 二进制数转换为八进制数

以小数点为起点，分别向左、向右 3 位划分为一组（位数不足时加 0 补足，整数部分前加 0，小数部分后加 0），将每组转换为相应的八进制数。

2. 二进制数转换为十六进制数

以小数点为起点，分别向左、向右 4 位划分为一组（位数不足时加 0 补足，整数部分前加 0，小数部分后加 0），将每组转换为相应的十六进制数。

例 1-3-6 110101011. 001B = （　　　）O = （　　　）H

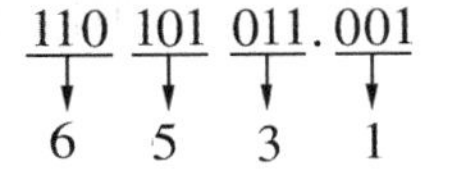

0001 1010 1011 . 0010

1 A B 2

110101011. 001B = 653. 1O = 1AB. 2H

四、八、十六进制数转换为二进制数

方法：一位换多位（1 个 0 换多个 0 ）。

1. 八进制数转换为二进制数

将 1 位八进制数转换为 3 位二进制数。

2. 十六进制数转换为二进制数

将 1 位十六进制数转换为 4 位二进制数。

例 1-3-7 745. 3O = （　　　）B

	4	2	1
7	1	1	1
4	1	0	0
5	1	0	1
3	0	1	1

745. 3O = 111100101. 011B

例 1-3-8 DF8. BH = （　　　）B

	8	4	2	1
D	1	1	0	1
F	1	1	1	1
8	1	0	0	0
B	1	0	1	1

DF8. BH = 110111111000. 1011B

项目拓展

1. 利用现有知识完成下表：

十进制数	二进制数	八进制数	十六进制数	十进制数	二进制数	八进制数	十六进制数
1				9			
2				10			
3				11			
4				12			
5				13			
6				14			
7				15			
8				16			

2. 下列数中可能是二进制数的是（　　）。

① 100　② 0　③ 102　④ 1111　⑤ 1001B　⑥ 1254　⑦ 100A

3. 下列选项中最大的是（　　）。

A. 1000B　　B. 1000D　　C. 1000O　　D. 1000H

4. 752O=（　　　　　　　　）B。

5. A08H=（　　　　　　　　）B。

6. 149=（　　　　　　　　）B=（　　）O=（　　）H。

7. 八进制数与十六进制数的转换可通过二进制数或十进制数作为中间环节过渡。

752O=（　　　）D=（　　　）H，A08H=（　　　）B=（　　）O。

8. 某一 R 进制数 36 的十进制数为 33，问十进制数 42 表示为该进制数是多少？（提示：先利用“R 进制数 36 的十进制数为 33”求出 R，再计算出“十进制数 42 表示为该进制数是多少”）

1. 学习评价

根据项目实施的内容，进行自我评估或学生互评，并根据实际情况在教师的引导下进行拓展。

观察点	☺	😐	☹
学会各进制数的表示方法			
学会各进制数的计数制			
学会各进制数的加减运算			
学会各进制数间的互相转换			
学会计算机中数据的表示、存储与处理			

2. 反思与探究

从学习结果和评价两个方面进行反思，分析存在的问题，寻求解决的方法。

存在的问题	解决的方法

3. 修正与完善

根据反思与探究中寻求到的解决问题的方法，进一步掌握各进制数间的相互转换。

项目 1.4　保护计算机

1. 掌握计算机病毒的本质。
2. 了解计算机病毒的传播途径。
3. 掌握预防和清除计算机病毒的方法。

计算机病毒由来已久，影响也较广泛。网络的出现加速了计算机病毒的传播和蔓延。计算机病毒的泛滥对使用计算机的用户造成了很大的威胁。本节主要介绍计算机病毒的实质、传播的途径、预防和清除的方法。

我国颁布的《中华人民共和国计算机信息系统安全保护条例》中指出："计算机病毒，是指编制或者在计算机程序中插入的破坏计算机功能或者毁坏数据，影响计算机使用，并能自我复制的一组计算机指令或者程序代码。"也就是说，计算机病毒是人为制造出来的专门威胁计算机系统安全的程序。

一、计算机病毒的特点和类型

1. 计算机中毒的症状

计算机中毒都是有一定症状的。下面列出一些具体症状：

① 屏幕显示异常或出现异常提示。② 计算机执行速度越来越慢，这是病毒在不断传播、复制时消耗了系统资源所致。③ 原来可以执行的一些程序无故不能执行了。④ 经常出现死机现象。病毒感染计算机系统的一些重要文件，导致死机情况的出现。⑤ 文件夹中无故多了一些重复或奇怪的文件。例如，Nimda 病毒，它通过网络传播，感染的计算机中会出现大量扩展名为"eml"的文件。⑥ 系统无法启动。病毒修改了硬盘的引导信息或删除了某些启动文件。⑦ 系统经常报告内存不够。病毒在自我复制过程中，产生大量垃圾文件，占据磁盘空间。⑧ 网络速度变慢或者出现一些莫名其妙的网络连接。这说明系统已经感染了病毒或特洛伊木马程序，它们正通过网络向外传播。⑨ 电子邮箱中有来路不明的信件。⑩ 键盘或鼠标无故被锁死，不起作用。

2. 计算机病毒的特点

计算机病毒的特点很多，可大致归纳为以下几个：

（1）传染性。传染性是计算机病毒的重要特性。病毒为了生存，会不断地传染其他文件。而且病毒传染的速度极快，范围很广。特别是在互联网环境下，病毒可以在极短的时间内传遍世界。

（2）破坏性。无论何种计算机病毒，一旦侵入系统，都会造成不同程度的影响：有的病毒破坏系统运行，有的病毒蚕食系统资源（如争夺 CPU、大量占用存储空间），还有的病毒删除文件、破坏数据、格式化磁盘，甚至破坏主板等。

（3）隐蔽性。隐蔽性是计算机病毒的本能特性。为了不让病毒被轻易觉察出，病毒制造者总是想方设法地使用各种隐藏术。病毒一般都是些短小精悍的程序，通常依附在其他可执行程序体或磁盘中较隐蔽的地方，因此用户很难发现它们，且往往发现它们时，病毒已经发作了。

（4）潜伏性。为了产生更大的破坏作用，计算机病毒在未发作之前往往是潜伏起来的。有的病毒可以在几周甚至几个月内进行“繁殖”而不被用户发现。病毒的潜伏性越强，其在系统内存在的时间就越长，传染范围就越广，因而危害就越大。

（5）触发性。计算机病毒在潜伏期内一般是隐蔽地活动（“繁殖”）。当触发机制或条件满足时，病毒就会对系统发起攻击。病毒的触发机制和条件五花八门，如指定日期或时间、文件类型，或指定文件名、一个文件的使用次数等。例如，“黑色星期五”病毒就是每逢 13 日且是星期五时就发作，CIH 病毒 V1.2 的发作日期为每年的 4 月 26 日。

（6）寄生性。有些计算机病毒寄生在其他程序之中，这时它具有与寄主程序一样的权利，随着寄主程序的复制而复制。

3. 计算机病毒的类型

根据传播媒介，计算机病毒可以划分为网络病毒、文件病毒、引导型病毒等。网络病毒通过计算机网络传播，文件病毒感染计算机中的文件（如 com、exe、docx 等类型的文件），引导型病毒则感染启动扇区（Boot）和硬盘的系统引导扇区（MBR）。除此之外，还有这三种病毒的混合型病毒。

二、计算机病毒的传播途径和预防方法

1. 计算机病毒的传播途径

目前，计算机病毒传播的主要途径是网络和移动存储介质。

各种存储介质都可能传播计算机病毒。当 U 盘、移动硬盘以及各种存储卡在带病毒的机器上使用时，都有可能感染病毒。这些带病毒的介质可能使其他使用它的机器感染病毒。

随着计算机网络的发展，网络已经成为计算机病毒传播最主要的途径。浏览带毒网页、下载带毒文件、打开带毒邮件都可能使计算机感染病毒。通过网络，一些病毒几天内即可传遍全球。

2. 计算机病毒的预防和清除

如果在计算机感染病毒后再用杀毒软件消除病毒，那么此时某些病毒可能已经产生了永久性的危害，所以采取“预防为主”的措施是最合理有效的。

（1）养成良好的安全习惯。不要打开一些来历不明的邮件及附件，不要登录一些不太了解的网站，不要运行从 Internet 下载后未经杀毒处理的软件等。

（2）经常升级安全补丁。大部分的网络病毒是通过系统安全漏洞进行传播的，如冲击波、震荡波等，所以我们应该定期下载升级最新的安全补丁，防患于未然。

（3）安装个人防火墙。用户还可以安装个人防火墙，并将安全级别设为中或高，这样才能有效地防止网络上的黑客攻击。

（4）安装专业的杀毒软件进行全面监控。在病毒日益增多的今天，使用杀毒软件进行防毒是越来越经济的选择。用户在安装了杀毒软件之后，应该将一些主要监控打开（如邮件监控、内存监控等），遇到问题要上报，以最大限度地保障计算机的安全。杀毒软件只能查杀已知特征的病毒，所以用户要经常升级杀毒软件，以查杀新型病毒。

（5）迅速隔离受感染的计算机。当您发现计算机存在病毒或异常时应立刻断网并关机，以防止计算机受到更多的感染。同时，为了防止其成为传播源，再次感染其他计算机，应立刻利用杀毒软件进行查杀，以清除病毒和消除危险。

（6）重要的数据定时备份。为了防止病毒攻击导致系统瘫痪、文件丢失，我们还要养成定时备份数据的习惯，以减少病毒侵入后造成的损失。

杀毒软件的使用

1. 运行杀毒软件（以金山毒霸为例）

金山毒霸杀毒软件的主界面如图 1-4-1 所示。通过该界面我们可以看到杀毒软件的主要功能和模块。该杀毒软件的功能比较多，除了杀毒以外，还有一些附加功能，如“免费 Wi-Fi”“数据恢复”等。

图 1-4-1　金山毒霸杀毒软件的主界面

2. 电脑杀毒

“电脑杀毒”界面上主要有“一键云查杀”和“全盘查杀”两个快捷杀毒方式。“一键云查杀”主要扫描系统的关键部分，检查是否有可疑的文件存在；“全盘查杀”主要针对硬盘上的数据进行全面的扫描和检查。

（1）一键云查杀。对于“一键云查杀”扫描完成后发现的威胁问题，用户可以查看威胁的类型和所处位置。对威胁部分可选择“立即处理”进行杀毒和修复，或者选择“暂不处理”保留发现的问题（因为有些病毒查杀后会对系统或者软件造成一定的影响，导致系统崩溃）。

（2）全盘查杀。“全盘查杀”是针对硬盘上的数据进行扫描和检查。和“一键云查杀”一样，“全盘查杀”扫描完成后，用户可以对发现的威胁问题进行处理，根据实际情况选择“立即处理”或“暂不处理”。

（3）指定位置查杀。“指定位置查杀”是对需要进行病毒扫描的磁盘分区进行扫描，相对“全盘查杀”更有针对性，效率更高。

（4）直接查杀。除了“全盘查杀”和“指定位置查杀”外，用户还可以直接对需要进行病毒扫描的磁盘分区或者文件夹、文件进行直接扫描。操作方法是：直接用鼠标选中需要扫描的磁盘分区或者文件夹、文件并右击，在弹出的快捷菜单中选择“使用新毒霸进行扫描”命令。“直接查杀”相对“指定位置查杀”更快捷、更方便。

利用杀毒软件对自己的计算机进行计算机病毒的查找与清除。

1. 学习评价

根据项目实施的内容，进行自我评估或学生互评，并根据实际情况在教师的引导下进行拓展。

观察点	☺	😐	☹
掌握计算机病毒的本质			
了解计算机病毒的传播途径			
掌握预防和清除计算机病毒的方法			

2. 反思与探究

从学习结果和评价两个方面进行反思，分析存在的问题，寻求解决的方法。

存在的问题	解决的方法

3. 修正与完善

根据反思与探究中寻求到的解决问题的方法，进一步掌握杀毒软件的使用方法。

项目 1.5　联网计算机

能使用小型路由器组建有线和无线局域网。

现今，在一个空间范围内有几台计算机是很普遍的事。那么，怎样才能在这几台计算机之间便捷地共享资料和设备呢？

一、计算机网络的定义

从广义上讲，网络就是以某种方式将若干元器件连在一起的系统，主要包含连接对象、连接介质和连接控制机制（如协议、策略等）。

对于计算机网络而言，其连接对象就是计算机。此处的计算机概念是广义的，还包括了所有使用集成或智能芯片控制的设备。连接介质就是各种网络通信线路和连接通信线路的设备，如双绞线、同轴电缆、光纤、无线电、激光、红外线等。计算机网络的控制机制是指网络协议和在网络上运行的各种软件。

计算机网络是指把若干台地理位置不同且具有独立功能的计算机，通过通信设备和线路连接起来的通信系统，用以实现信息的传输和共享。

二、计算机网络的发展过程

计算机网络是随着计算机、通信理论和技术的发展而发展的。从第一台计算机的发明到电话终端用户的出现，从 10 Mbit/s 的局域网到万兆以太网标准的推出，从电话线到光纤，计算机与通信理论和技术的发展始终在相互渗透、相互影响。通信技术一直在为计算机网络的建立、扩展提供坚实的技术基础和物质手段，而计算机反过来又应用于通信的各个领域，协助人们提高设计效率、测试设计质量、模拟通信环境、保证通信畅通，是通信领域不可缺少的工具。

计算机网络的发展过程通常可以归纳为下列四个阶段：

1. 面向终端的计算机通信网络

20 世纪 60 年代，由于当时计算机价格十分昂贵，为了充分利用资源，一般采用联机终端的形式，即用户在远程终端上通过通信设备（通常是电话线+调制解调器）连接登录主机。主机性能较高，可以同时处理多个远程用户的访问。面向终端的计算机通信网络有如下特点：

（1）终端并不是一台完整的计算机，其功能只是将键盘输入内容送到主机，并将主机输出内容送到屏幕上。所以此种网络严格地讲并不是计算机网络。

（2）主机负担较重，所有终端提交的任务，包括通信任务，均由主机处理。

（3）系统稳定性差，主机或通信控制器一旦失效，将导致全部网络瘫痪。

2. 以共享资源为目标的计算机网络

计算机网络发展的第二阶段是以共享资源为目标的计算机网络。随着计算机的逐渐普及，大量的数据信息需要交流，因此人们将分散在不同城域的计算机系统通过通信线路连接起来。此时网络通信线路的质量有了较大的改善，网络中的计算机之间的地位平等，但网络与网络之间基本没有连通。

3. 以网络的标准化和开放为目标的网络

计算机网络发展的第三阶段是以网络的标准化和开放为目标的网络。由于以共享资源为目标的计算机网络的封闭性，不同厂家生产的计算机及网络产品不可能或很难实现信息交流。各厂家开始意识到建立开放的标准化网络的重要性，于是着手进行沟通和联合，并将网络产品的技术规范提交标准化组织进行标准的制定。如 20 世纪 70 年代末到 80 年代初出台的以太网协议和国际标准化组织（ISO）专门委员会研究开发的一种开放式系统互连的网络结构标准——“开放系统互连参考模型”等都是典型代表。

4. 以 TCP/IP 协议为核心的国际互联网络

计算机网络发展的第四阶段是以 TCP/IP 协议为核心的国际互联网络。20 世纪 70 年代末到 80 年代初，计算机网络蓬勃发展，各种各样的计算机网络应运而生，网络的规模和数量都得到了很大的发展。一系列网络的建设，产生了不同网络之间互联的需求，并最终推动了 TCP/IP 协议的诞生。1980 年，TCP/IP 协议研制成功，10 Mbit/s 以太网诞生。1982 年，ARPANET 开始采用 IP 协议。1986 年，美国国家科学基金会（NSF）资助建成了基于 TCP/IP 技术的主干网 NSFNET，连接美国的若干超级计算中心、主要大学和研究机构，世界上第一个互联网产生并迅速连接到世界各地。同年，思科公司的Internet路由器诞生，为各种不同结构的网络互联提供了基础。20世纪90年代，由于Web技术和相应的浏览器的出现，互联网的发展和应用出现了新的飞跃。从20世纪末至今，全球互联网用户数量呈现出快速增长的趋势。

三、计算机网络的功能

计算机网络具有丰富的资源和多种功能，其主要的功能是资源共享和远程通信。

1. 共享软、硬件资源

联网计算机共享网络中的诸如硬盘、内存、打印机、绘图仪等硬件设备，同时也可以共享数据库、应用软件、操作系统等软件资源。

2. 共享信息资源

国际互联网络上的计算机可以在任何时间，以任何形式去搜索Internet这个信息库。凡是上网的信息均可以为人们所获取。

3. 通信功能

计算机网络为网络用户提供强有力的通信手段。无论是类似电子邮件的延迟型通信，还是类似QQ、微信等形式的即时型通信，用户都可以通过文字、图像、声音和视频的形式进行交流。

4. 提高系统可靠性

计算机群通过网络连接可以提高整个网络的可靠性。在许多数据中心和信息中心，两台或多台计算机（或路由器）以网络为基础互为备份，极大地提高了系统的可靠性。

5. 均衡负载、分布式处理

当我们要处理的任务（如科学计算、超大数据库访问等）相当巨大，计算机单机工作无法胜任或需要的时间太长时，由几十台或几百台计算机组成的计算机集群将承担这种大型的工作，统一在网络集群操作系统和各种高速网络设备的指挥下协调工作，共同完成任务。

四、计算机网络的基本组成与逻辑结构

1. 计算机网络的基本组成

计算机网络主要由计算机系统、通信线路和通信设备、网络协议及网络软件这四大部分组成，它们也常称为计算机网络的四大要素。

（1）计算机系统是计算机网络的连接对象。一个计算机网络至少要由两台计算机组成。网络中的每一台计算机都是信息的始发地和终止地。计算机系统负责数据的收集、处理、存储、发送。计算机系统包括各种微型计算机、大型计算机、工作站、嵌入式系统和智能设备（如手机）。

（2）通信线路和通信设备是计算机网络的基础设施，包括各种传输介质（如光缆、双绞线、同轴电缆等）和通信互联设备（如网络接口卡、交换机、路由器、中

继器、网桥、调制解调器等）。

（3）网络协议是指通信双方必须共同遵守的约定和通信规则。就像人类用语言交流必须遵守发/收音器官一致、语言一致、语速一致、距离适当的规则一样，计算机之间的通信也必须有一个极其详细的规定，具体规定数据表达、组织和传输的格式，检验与纠正错误的方法，传输的快慢、同步等一系列规则，否则计算机之间根本无法交流。

网络协议在计算机网络中的地位极其重要。要建设一个计算机网络，第一个要考虑的就是该网络的协议问题。协议的实现由软件和硬件共同完成。

（4）网络软件是在同一种网络环境下使用、运行、控制和管理网络的计算机软件，是网络协议的实现者。

2. 计算机网络的逻辑结构

由于计算机网络理论研究的需要，可以将计算机网络各组成部分的功能从逻辑上分成资源子网和通信子网。资源子网是网络中实现资源共享功能的设备及其软件的集合；而通信子网就是计算机网络中负责数据通信的部分。

3. 计算机网络协议

在计算机网络发展的过程中，不同的厂家都提出过不同的网络协议。为了将网络协议的制定纳入规范化的轨道，国际标准化组织（ISO）于 1984 年提出了一个国际标准，即“开放系统互连参考模型”（OSI/RM），作为各种网络设备所应遵守的基本模型。

OSI 参考模型把计算机网络通信的组织与实现按功能分为七个层次，即从一台计算机发出通信请求起，到信息经过实际物理线路传送到另一台目标计算机为止，通信功能从高到低分为应用层、表示层、会话层、传输层、网络层、数据链路层和物理层。

4. 计算机网络的分类

（1）按覆盖的地理范围分类，计算机网络可以分为局域网、城域网和广域网三类。

① 局域网（LAN）：一种在小区域内使用的，由多台计算机组成的网络，覆盖范围通常局限在 10 km 范围之内，属于一个单位或部门组建的小范围网。

② 城域网（MAN）：作用范围在广域网与局域网之间的网络，其网络覆盖范围通常可以延伸到整个城市，借助通信光纤将多个局域网联通公用城市网络形成大型网络，使得不仅局域网内的资源可以共享，局域网之间的资源也可以共享。

③ 广域网（WAN）：一种远程网，涉及长距离的通信，覆盖范围可以是一个国家或多个国家，甚至整个世界。由于广域网地理上的距离可以超过几千千米，所以信息衰减非常严重。这种网络一般要租用专线，通过接口信息处理协议和线路连接起来，构成网状结构，解决寻径问题。

（2）按传输介质分类，计算机网络可以分为铜缆网、光纤网和无线网三类。

① 铜缆网：全部使用双绞线或同轴电缆为传输介质的计算机网络。

② 光纤网：以光纤为传输介质的计算机网络。

③ 无线网：以电磁场为传输介质的计算机网络，如无线电波、非光缆传输的激光、红外线等。

五、网络互联技术与互联网（Internet）

1. 网络互联的基本概念

网络互联是指利用网络的软、硬件使两个或两个以上相同或不同的计算机网络相互通信，进而实现大范围地理覆盖、大规模资源共享的网络。

计算机网络互联需要解决不同地域、不同网络之间的互联问题，其关键问题是协议统一和寻址问题。

互联网是目前世界上最大的也是唯一一个实现完全互联的计算机网络，它通过统一的 TCP/IP 协议簇进行通信。

TCP/IP 协议实际上是由一系列协议簇组成的，并且有一系列被编了号的文件来描述这些协议（如现在最流行的网页浏览所使用的 HTTP 协议，其编号就是 RFC 1945），这些文件的集合统称为 RFC（Request For Comments）。RFC 由专门的 RFC 编辑器（RFC editor）来负责管理，其官方网站地址为 http://www.rfc-editor.org，全部 Internet 的标准都可以在其中检索到。

2. 互联网概述

互联网正在以其巨大的影响力改变着我们的生活方式，其正式名称为国际互联网。它是由成千上万台不同种类、不同大小的计算机和网络组成的，在全世界范围内工作的巨大的计算机网络。必须指出的是，Internet 不仅仅是由网络软、硬件构成的巨大的计算机网络，更重要的是其上运行的信息资源。

3. TCP/IP 协议

Internet 使用 TCP/IP 协议。与 OSI 参考模型相比，TCP/IP 遵守一个四层的模型：应用层、传输层、互联层和网络接口层。IP 协议负责在主机和网络之间数据包的寻址和路由。由 IP 地址来表示一个数据包的起始地址和目的地址。

IP 地址标识着网络中一个系统的位置。每个 IP 地址都由两部分组成：网络号和主机号。其中，网络号标识一个物理的网络，同一个网络上所有主机需要同一个网络号，该号在互联网中是唯一的；而主机号确定网络中的一个工作站、服务器、路由器。对于同一个网络号来说，主机号是唯一的。每个 TCP/IP 主机由一个逻辑 IP 地址确定。每个 IP 地址的长度为 4 字节，共 32 位，8 位一组，用句点分开，每一个分隔中的数字表示为一个 0~255 之间的十进制数。例如：192.168.1.255。

4. 域名系统

由于数字式的 IP 地址在用户使用时并不方便，为了便于记忆和及时、自动地更新 IP 与主机名的对应关系，1985 年 Internet 协议中出现了域名系统（Domain Name System，简称 DNS）。域名系统将文字性的、直观的标识与 IP 地址对应，方便用户随时查询。

域名的结构如下：

计算机名．组织机构名．网络名．顶级域名

下面是几个常见的顶级域名及其用法：

com——用于商业机构，它是最常见的顶级域名。

net——一般用于网络组织，如因特网服务商和维修商。

org——一般用于各种非营利组织。

顶级域名也可以由两个字母组成的国家代码表示，如 cn、uk、de、kr 等，这些被称为国家代码顶级域名（ccTLD）。其中，cn 是中国专用的顶级域名，其内部二级域名的注册归中国互联网络信息中心（CNNIC）管理。

例如：abc. njust. edu. cn 表示中国“cn”域名下的中国教育与科研网络“edu”，南京理工大学“njust”中的一台名为“abc”的计算机。

Internet 的域名命名由各个层次的相应网络管理机构管理。各个层次的网络管理机构中运行着“域名根服务器”。这种服务器上存储着本域名下各个子域名的域名服务器 IP 地址和本域名下主机（如果有主机的话）的 IP 地址。所以增加主机、改变主机名称、重新设置 IP 地址以及数据库的维护、更新等工作都由本地网络系统管理部门来完成。

域名服务器是专门用来把域名翻译成主机能识别的 IP 地址的计算机。我们把域名服务器实施域名翻译成 IP 地址的过程称为解析。

5. 电子邮件（E-mail）

电子邮件是指利用计算机网络交换的电子媒体信件。Internet 作为全球范围内的计算机网络，其电子邮件的协议已经成为电子邮件的标准。

电子邮件的应用非常广泛，其最大的优势在于速度快、成本低，除了可作为信息的交换工具外，还可以发送一切电子形式的文件。

（1）电子邮件软件。电子邮件的使用一般需要专门的电子邮件软件。这些软件分为电子邮件服务器和电子邮件客户端两大类。现在也有通过浏览器使用电子邮件系统来代替电子邮件客户端软件的情况，使用时只需在浏览器上访问邮件系统的主页，输入用户名和密码即可进入。

（2）电子邮件的书写格式。电子邮件从结构上分为邮件头和邮件体两部分。邮件头包含发信人和接收者的信息，以及发出的时间、经过的路径、使用的发送软件等信息。

电子邮件的发送都是使用电子邮件地址来标识的。电子邮件地址的基本组成内容如下：

用户名+“@”+邮件服务器主机名+“.”+邮件服务器所在域的域名

例如：123456@ qq. com。

组建局域网

1. 制作网线

根据物理位置和距离情况，制作若干根网线，并且通过测试确保网线的连通性(图 1-5-1)。在制作网线方面，有两种布线方式：一种是平行布线方式，适合不同种类的设备之间进行互联；另一种是交叉布线方式，适合同一类型设备之间的互联。现在大部分设备都能识别平行布线和交叉布线两种方式。

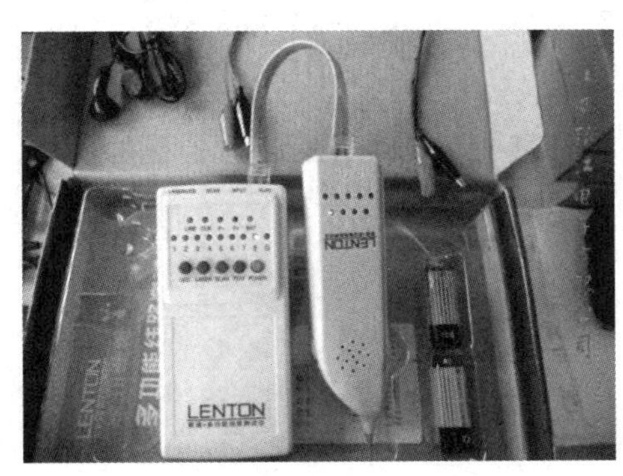

图 1-5-1　测试网线连通性

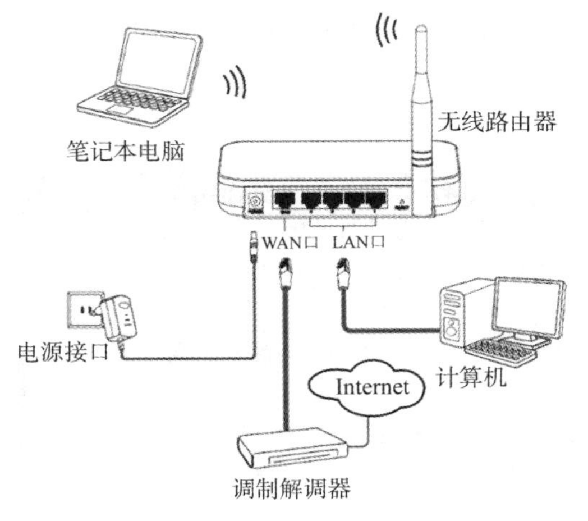

图 1-5-2　路由器连接图

2. 将网线连接路由器的 LAN 接口与网卡接口连接起来

对于路由器，为了组建局域网，需要确定所有的 LAN 接口与网卡接口相连(图 1-5-2)。

3. 将计算机的 IP 地址配置设为自动获取（图 1-5-3）

4. 确保每台计算机的网卡驱动安装正常

打开“运行”对话框，输入命令“ping 127. 0. 0. 1–t”，出现如图 1-5-4 所示的界面，表明安装正常，否则下载相应的最新版本驱动重新安装。

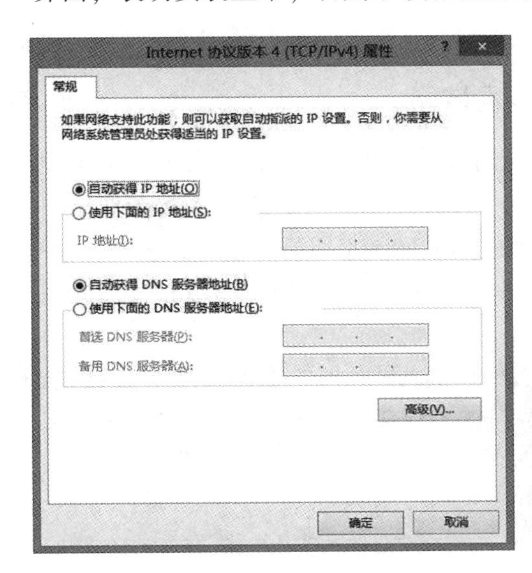

图 1-5-3　IP 地址设置

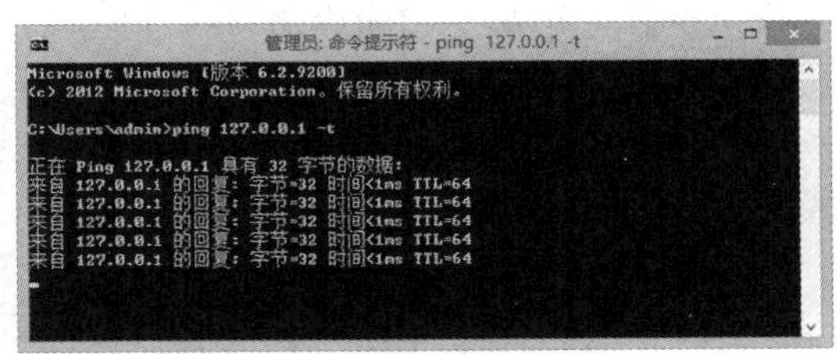

图 1-5-4　ping 命令测试

5. 给联网的每台计算机起个名称，并将局域网内的计算机设置在一个工作组内

（1）在“计算机”上右击鼠标，在弹出的快捷菜单中选择“属性”命令，打开资源管理器。

（2）在“计算机名、域和工作组设置”中，单击“更改设置”按钮，打开“系统属性”对话框，如图 1-5-5 所示。

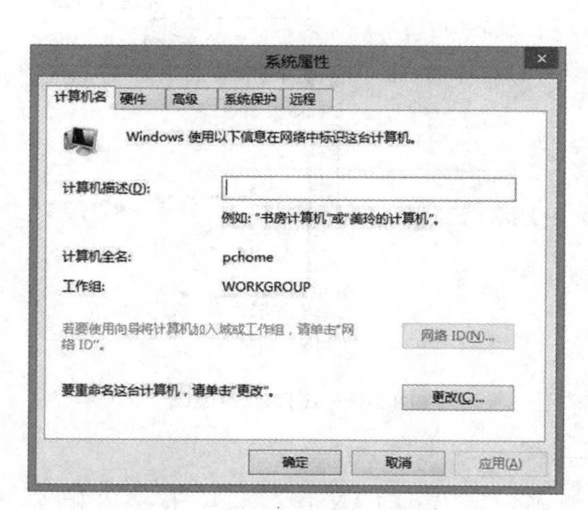

图 1-5-5 “系统属性”对话框

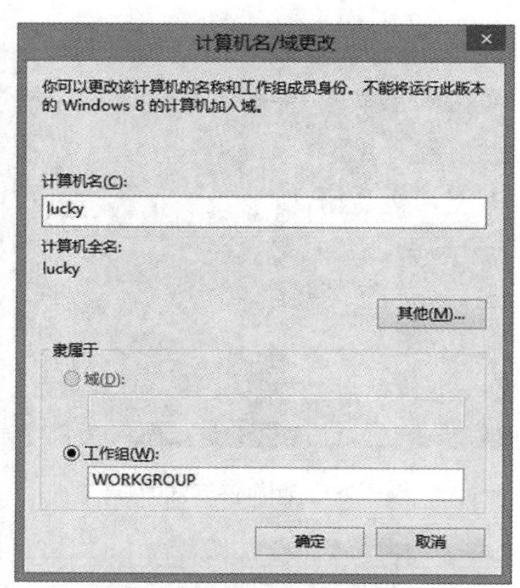

图 1-5-6 “计算机名/域更改”对话框

（3）单击“更改”按钮，打开“计算机名/域更改”对话框，输入计算机名称和工作组名称，如图 1-5-6 所示。单击“确定”按钮即可完成设置。

组建家庭无线局域网

创建家庭无线局域网的硬件条件：要组建局域网的各台计算机具备无线网卡硬件设备，尤其是台式机，需要另购无线 USB 或 PCI 插槽式网卡；拥有一台无线路由器。如果具备了这两个硬件条件，那么创建无线局域网就很容易。创建方法如下：

（1）将其中一台计算机通过网线与无线路由器相连，然后根据路由器背面的登录地址和账号信息登录路由器管理界面。

（2）在路由器管理界面中，首先根据电信运营商所提供的上网方式进行设置。切换至“WAN 接口”项，根据网络服务商所提供的连接类型来选择“WAN 接口连接类型”。如果网络服务商提供的是静态 IP 地址登录方式，则根据所提供的 IP 相关信息进行如图 1-5-7 所示的设置。

（3）接下来开启 DHCP 服务器，以满足无线设备的任意接入。执行“DHCP 服务器”→“DHCP 服务”命令，在右侧勾选“启用 ”选项，同时设置地址池的开

始地址和结束地址。我们可以根据与当前路由器所连接的计算机数量进行设置，比如把范围设置为 192. 168. 0. 3 ~ 192. 168. 0. 19，然后单击“保存”按钮，如图 1-5-8 所示。

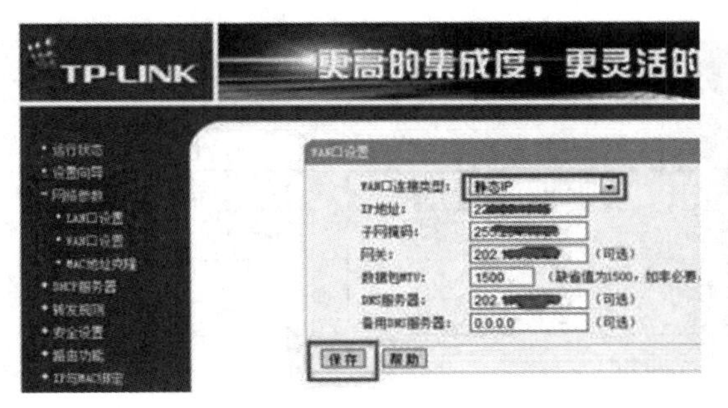

图 1-5-7　WAN 口设置

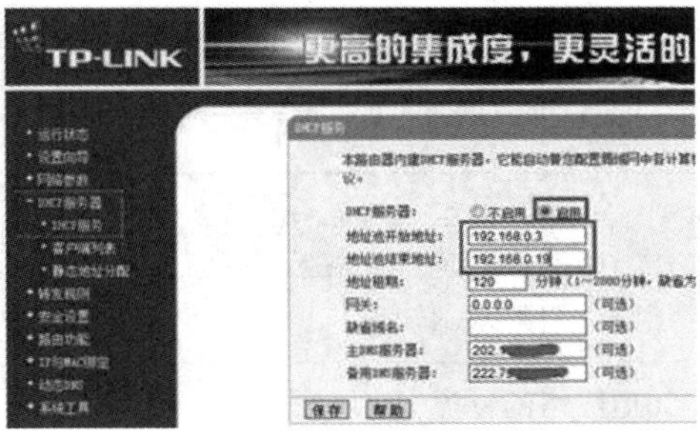

图 1-5-8　开启 DHCP 服务器

（4）最后开启无线共享热点。切换至“无线设置”选项卡，设置 SSID 号，同时勾选“开启无线功能”选项，然后单击“保存”按钮来完成设置，如图 1-5-9 所示。当然，我们还可以对无线共享安全方面进行更为详细的设置，比如设置登录无线路由热点的密码等，具体方法大家可自行研究。

（5）此时便可以打开计算机中的无线开关。如果此时无线路由器所发出的无线热点存在，计算机端就能搜索到该信号，并可以进行连接，如图 1-5-10 所示。

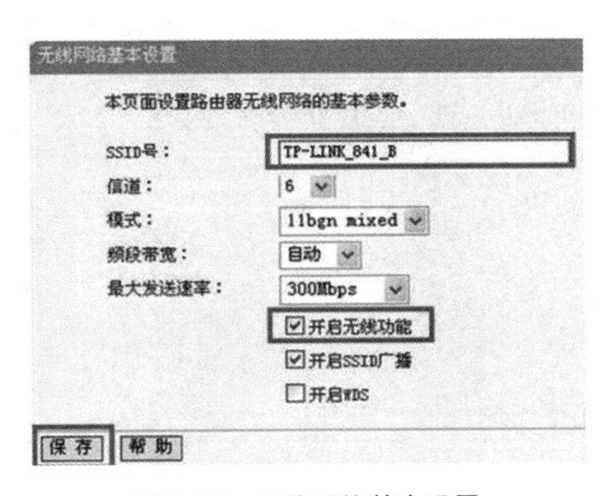

图 1-5-9　无线网络基本设置

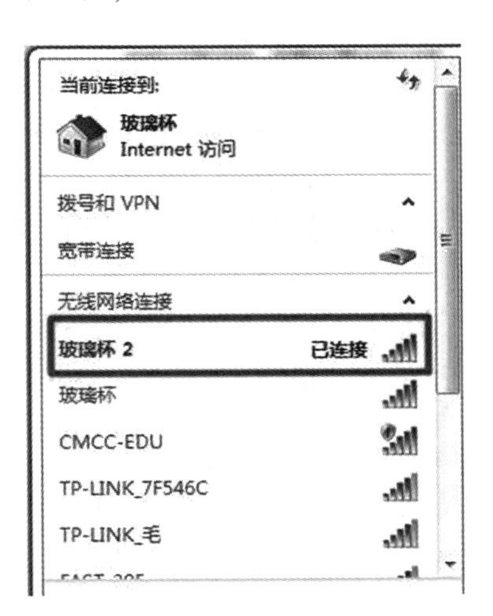

图 1-5-10　连接无线网络

项目评价

1. 学习评价

根据项目实施的内容，进行自我评估或学生互评，并根据实际情况在教师的引导下进行拓展。

观　察　点	☺	😐	☹
了解网络的基础知识			
知道网络的分类			
会组建家庭局域网			

2. 反思与探究

从学习结果和评价两个方面进行反思，分析存在的问题，寻求解决的方法。

存在的问题	解决的方法

3. 修正与完善

根据反思与探究中寻求到的解决问题的方法，进一步修正和完善。

模块二　信息天地操作

项目 2.1　走进 Windows 10

项目目标

(1) 了解操作系统的功能、发展及其种类。
(2) 熟悉 Windows 10 桌面环境。
(3) 学习掌握系统基本操作对象及其操作方法。

项目描述

Windows 10 的基本操作主要包括多桌面的创建与切换、窗口与对话框的操作、各类菜单的操作。

项目学习

一、操作系统的概念

操作系统是介于硬件和应用软件之间的一个系统软件，它直接运行在裸机上，是对计算机硬件系统的第一次扩充。操作系统负责管理计算机中各种软硬件资源并控制各类软件运行。操作系统是人与计算机之间通信的桥梁，为用户提供了一个清晰、简洁、友好、易用的工作界面。

二、操作系统的功能

操作系统可以控制计算机上所有运行的程序并管理所有计算机资源，是最底层的软件。哪些资源受操作系统管理？操作系统又将如何管理这些资源？

首先，操作系统管理的硬件资源有 CPU、内存、外存和 I/O 设备。操作系统管理的软件资源为文件。操作系统管理的核心就是资源管理，即如何有效地发掘资源、监控资源、分配资源和回收资源。操作系统设计和进化的根本就是采用机制、策略和手段极力提高对资源的共享，解决竞争。

另外，操作系统要掌控一切资源，其自身必须是稳定和安全的，即操作系统自身不能出现故障，要确保能够正常运行，并防止非法操作和入侵。

一台计算机可以安装几个操作系统，但在启动计算机时，需要选择其中的一个作为“活动”的操作系统，这种配置叫作“多引导”。应用软件和其他系统软件都与操作系统密切相关，因此一台计算机的软件系统在严格意义上是“基于操作系统”的。也就是说，任何一个需要在计算机上运行的软件都需要合适的操作系统支持，因此人们把基于操作系统的软件作为一个“环境”。不同的操作系统环境对各种软件有不同的要求，并不是任何软件都可以随意地在计算机上运行。如Microsoft Office 软件是 Windows 环境下的办公软件，不能在其他操作系统环境下运行。

三、操作系统的发展

操作系统的发展大致经历了六个阶段（表 2-1-1）。

表 2-1-1　操作系统的六个发展阶段

发展阶段	内容	年代
第一阶段	人工操作方式	20 世纪 40 年代
第二阶段	单道批处理操作系统	20 世纪 50 年代
第三阶段	多道批处理操作系统	20 世纪 60 年代
第四阶段	分时操作系统	20 世纪 70 年代
第五阶段	实时操作系统	20 世纪 70 年代
第六阶段	现代操作系统	20 世纪 80 年代至今

四、操作系统的种类

操作系统的种类繁多，根据其功能和特性可分为批处理操作系统、分时操作系统和实时操作系统等，根据同时管理用户数的多少可分为单用户操作系统和多用户操作系统；根据其有无管理网络环境的能力可分为网络操作系统和非网络操作系统。常见的操作系统有五类（表 2-1-2）。

表 2-1-2　五类常见的操作系统

操作系统类型	操作系统代表
单用户操作系统	DOS、Windows
批处理操作系统	IBM 的 DOE/VSE
分时操作系统	UNIX
实时操作系统	VxWorks
网络操作系统	Netware

五、体验 Windows 10

Windows 10 操作系统增加了多桌面的功能，这是它的一大亮点。用户可以同时运行多个虚拟桌面，从而实现多任务同时执行且互不干扰。

1. 创建多桌面

方法一：在任务栏上单击“任务视图”按钮，在弹出的任务视图栏中单击“新建桌面”按钮。

方法二：按【Windows】+【Ctrl】+【D】组合键。

2. 多桌面切换

在 Windows 10 中，所有已创建桌面和虚拟桌面都显示在任务视图栏中。在桌面之间进行切换的方法如下：

方法一：单击任务栏上的“任务视图”按钮，在任务视图栏中单击某个桌面图标，即可切换到该桌面。

方法二：按【Windows】+【Ctrl】+【←】（或【→】）组合键。

3. 删除桌面

切换到要删除的桌面，按【Windows】+【Ctrl】+【F4】组合键，即可删除当前桌面。

六、Windows 10 的桌面组成元素

Windows 10 的桌面主要由桌面背景、桌面图标、“开始”菜单、任务栏和小工具等组成。

桌面图标是代表文件、文件夹、程序和其他项目的小图片。双击桌面图标会启动或打开它所代表的项目。桌面图标包括系统图标、快捷方式图标及文件/文件夹图标等。系统图标指“计算机”“回收站”“控制面板”等系统自带的图标。

1. 系统图标

（1）回收站：临时存储从 Windows 中删除的文件或文件夹，用户需要时可将回收站中的文件或文件夹予以恢复。

（2）用户的文件：用来存放用户在 Windows 中创建的文件。用户保存新建文件时如不指定磁盘和文件夹名，系统就会将文件自动存放到“用户的文件”文件夹中。

（3）计算机：相当于微机的一个根目录。双击可打开它并对微机上的各种资源进行操作，右击打开快捷菜单可对微机进行管理。

（4）控制面板：用户通过它可查看并操作基本的系统设置和控制，如添加硬件、添加/删除软件、控制用户帐户、更改辅助功能选项等。

（5）网络：用于浏览、查找、访问处于同一局域网中的其他计算机上的共享资源。右击打开快捷菜单可对网络属性进行管理。

2. “开始”菜单

在“开始”菜单中，为了便于快速打开其中的程序，用户可以根据自己的需要在列表中添加相应的项目。

（1）“开始”菜单的打开方式。Windows 10 系统中的“开始”菜单可以通过单击左下角的“开始”按钮打开，还可以使用快捷键【Win】打开。

（2）“开始”菜单的展开位置。“开始”菜单出现的位置一般是在计算机的左下角，因为“开始”菜单是随着任务栏的变动而改变位置的，所以只需要移动任务栏就可以改变“开始”菜单的展开位置。在任务栏空白处右击，在弹出的快捷菜单中取消选中“锁定任务栏”复选框，然后鼠标左键按住任务栏不放并拖动任务栏至屏幕的四端，可使任务栏菜单依次改变出现的样式。

（3）改变“开始”菜单界面大小。“开始”菜单默认大小只显示最左侧一列按钮，按英文字母排序文件，共有三列磁贴。如果用户觉得 Windows 10 系统中的“开始”菜单的界面太大，可以自己进行调节，方法如下：打开“开始”菜单，将鼠标移动至边缘，出现左右或上下箭头时，按住鼠标左键左右或上下拉动即可改变菜单的大小；也可以直接将鼠标放置在“开始”菜单右上角，当出现一个调整符号时利用鼠标进行拖动即可改变界面大小。

（4）“开始”菜单的个性化设置。鼠标单击“开始”，执行“设置”→“个性化”→“开始”命令，即可对“开始”菜单进行个性化设置。

（5）使用全屏“开始”屏幕。鼠标单击“开始”，执行“设置”→“个性化”→“开始”命令，打开“使用全屏‘开始’屏幕”开关，“开始”菜单就会占满整个屏幕。开启“开始”菜单中的所有设置时，用户会看到 Windows 10 会将最近添加的程序和最常用的应用置顶。当然还可以自己选择需要显示在“开始”菜单上的文件夹。

（6）改变“开始”菜单颜色。Windows 10 系统默认使用的“开始”菜单颜色为蓝色。鼠标单击“开始”，执行“设置”→“个性化”→“颜色”命令，找到喜欢的颜色进行应用（还可以自定义颜色，根据 RGB 值的改变），可以将 Windows 10 主题颜色、“开始”菜单的磁贴颜色一并修改。

（7）设置“开始”菜单中的磁贴数量。在“开始”菜单中默认磁贴数量为 3，用户可以进行添加，方法如下：打开“个性化”界面，开启“在‘开始’菜单上显示更多磁贴”开关，可以添加更多磁贴，但是最多只有 4 个。

（8）调整磁贴图标大小。如果用户觉得磁贴图标太大，也可以将图标变小。右击磁贴，在打开的快捷菜单中调整大小。

（9）搜索框。通过在搜索框中输入关键字，可以在计算机中查找程序和文件，与旧版 Windows 操作系统相比，Windows 10 的“开始”菜单中添加了强大的搜索功能，只需在搜索框中输入少许字母，就会显示匹配的程序和文件的列表，所有内容都排列在相应的类别下。

（10）“电源”按钮。单击“电源”按钮，其中包含“睡眠”、“关机”和“重启”等选项。单击“重启”命令后，将关闭所有应用，关闭计算机，然后重新打开计算机。单击“睡眠”命令后，计算机将处于睡眠状态。睡眠结合了待机和休眠的所有优点，是一种节能状态，可保存所有打开的文档和程序，当再次开始工作时，可使计算机快速恢复到离开前的工作状态。

（11）设置“帐户”按钮。执行“开始”→“帐户设置”命令，弹出“帐户选项”下拉列表，其中包含“更改帐户设置”“锁定”“注销”等选项。单击“注销”命令后，系统会释放当前帐户所使用的全部系统资源，以便让其他用户登录。此外，无须担心因其他用户关闭计算机而丢失当前帐户的信息，这有助于多个用户使用同一台计算机。单击“更改帐户设置”命令后，可以查看和更改帐户相关信息。单击“锁定”命令后，系统将自动锁定计算机，此时用户开启的程序依然在运行，适用于当前用户有事离开却又不想其他人使用计算机的情形。

七、Windows 10 系统的基本操作对象

窗口是 Windows 10 系统的基本操作对象。当用户打开程序、文件或者文件夹时，窗口就是运行程序时屏幕上显示信息的一块矩形区域。窗口主要由标题栏、地址栏、菜单栏、工具栏、搜索栏、工作区等组成。在 Windows 10 中，几乎所有的操作都是通过窗口来实现的，因此，窗口是 Windows 10 环境中的基本对象，对窗口的操作也是 Windows 10 最基本的操作。

1. 打开窗口

启动程序、打开文件或文件夹，均会打开相关窗口。常采用以下三种方式打开窗口：① 双击相关对象；② 右击相关对象的快捷图标，从弹出的快捷菜单中选择“打开”命令；③ 单击“开始”按钮，在弹出的“开始”菜单中选择要打开的程序或窗口命令。

2. 关闭窗口

常采用以下四种方式关闭窗口：① 单击窗口右上角的“关闭”按钮；② 在窗口的菜单栏上选择“文件”菜单中的“关闭”命令；③ 右击窗口上的“标题栏”，在弹出的快捷菜单中选择“关闭”命令；④ 按组合键【Alt】+【F4】，可关闭当前窗口。

3. 切换窗口

在 Windows 10 中进行窗口切换是非常方便的，常采用的方法有以下两种：① 单击窗口进行切换，将鼠标指针移动至任务栏中打开窗口的图标上，可查看所有打开的窗口，单击要打开的窗口即可；② 按【Alt】+【Tab】组合键进行切换，按住【Alt】键的同时，多次按【Tab】键在各窗口之间切换或选择至需要的窗口时，释放所有按键即可。

4. 移动窗口

当窗口不是处于最大化或最小化状态时，用户可以对窗口进行移动。将鼠标指针移至窗口标题栏的空白处，按住鼠标左键并拖动至合适位置后释放鼠标即可。

5. 调整窗口大小

窗口在显示器中显示的大小是可以随意控制的，这样可以方便用户对多个窗口进行操作。调整窗口大小的方法主要有以下四种：① 双击标题栏改变窗口大小；② 单击“最小化”按钮将窗口隐藏到任务栏；③ 单击“还原”和“最大化”按钮将窗口进行原始大小和全屏切换显示；④ 在非全屏状态下拖动窗口四个边界，调整

窗口的高度和宽度。

6. 排列窗口

在 Windows 10 中用户可将打开的多个窗口按照一定规则进行排列，如“层叠窗口”“堆叠显示窗口”“并排显示窗口”。具体操作方法：在任务栏的空白处右击，在弹出的快捷菜单中选择所需要的排列方式命令。

7. 使用搜索栏

在窗口右上角的搜索栏中输入关键字，系统即可在当前文件夹及其子文件夹中进行搜索。

1. 创建新桌面（多桌面的创建与切换）

（1）在任务栏上单击“任务视图”按钮，然后在弹出的任务视图栏中单击“新建桌面”按钮，创建新桌面。

（2）在任务栏上单击“任务视图”按钮，在任务视图栏中单击新创建的桌面，切换到新桌面。

（3）按【Windows】+【Ctrl】+【F4】组合键，删除当前桌面。

2. 添加桌面图标（窗口操作）

（1）在桌面空白处右击，在弹出的快捷菜单中选择“个性化”命令，打开“设置”窗口，在左窗格中选择“主题”，切换到“主题”页面，在窗口右侧单击“桌面图标设置”超链接文字，打开“桌面图标设置”对话框，在“桌面图标”栏中选择“计算机”“回收站”选项。

（2）选择完毕后，单击“确定”按钮关闭对话框，即可在桌面上看到刚才所选择的图标。

（3）双击桌面上的“此电脑”图标，打开“此电脑”窗口。

（4）单击窗口右上角的“还原”按钮使窗口大小还原成原始大小。

（5）将鼠标指针放在窗口边界上拖动，调整窗口的高度和宽度。

（6）参照前面的步骤在桌面上再添加一个“网络”图标，并打开“网络”窗口。

（7）在任务栏空白处右击，在弹出的快捷菜单中分别选择“层叠显示窗口”“堆叠显示窗口”“并排显示窗口”命令，查看这些窗口排列方式在排列效果上有何不同。

（8）在“此电脑”窗口和“网络”窗口之间切换。

（9）逐一单击“此电脑”窗口和“网络”窗口右上角的“关闭”按钮，关闭两个窗口。

3. 对桌面进行个性化设置（更换桌面背景，并在桌面上创建常见的应用程序图标）

（1）在桌面空白处单击鼠标右键，在弹出的快捷菜单中选择“个性化”命令，弹出“设置”窗口，根据自己的需求，在右侧窗口选择自己喜欢的背景图片。

（2）在桌面空白处单击鼠标右键，在弹出的快捷菜单中选择“新建”命令，选择需要的桌面图标，单击“确定”按钮即可。

项目拓展

（1）给自己设置一个个性化新桌面。

（2）给自己的桌面添加几个小工具。

（3）给自己的桌面设置幻灯片放映。

（4）将“画图”程序图标固定到任务栏上（用多种方法尝试）。

1. 学习评价

根据项目实施的内容，进行自我评估或学生互评，并根据实际情况在教师的引导下进行拓展。

观　察　点	☺	😐	☹
会创建新桌面			
会设置桌面图标			
会设置任务栏、“开始”菜单			

2. 反思与探究

从学习结果和评价两个方面进行反思，分析存在的问题，寻求解决的方法。

存在的问题	解决的方法

3. 修正与完善

根据反思与探究中寻求到的解决问题的方法，进一步对 Windows 10 系统进行个性化设置。

项目 2.2　管理文件（夹）

（1）掌握文件资源管理器的操作与应用。

（2）熟练掌握文件、文件夹的使用与管理。

打开“此电脑”窗口，在 D 盘根目录下创建一个“AA”文件夹，再在文件夹中创建一个文本文档，命名为“T1”，然后将“AA”文件夹移动到桌面上，并将其属性设置为“隐藏”。

一、Windows 10 的文件系统

计算机是以文件的形式管理和存放数据的，而文件夹是文件的集合，文件和文件夹又都存放在计算机的磁盘中。磁盘、文件和文件夹是 Windows 操作系统中的三个重要概念。

1. Windows 的文件系统及文件名

文件夹是系统组织管理文件的一种方式。我们一般把同一类型的文件保存在一个文件夹中，也可以根据用途将文件保存在一个文件夹中，这样同一个文件夹中的文件或子文件夹就有一定的联系，可以方便管理。

操作系统的重要功能之一就是对文件进行管理。在操作系统中，负责管理和存取文件信息的部分称为文件系统或信息管理系统。在文件系统的管理下，用户可以根据文件名进行管理。

2. Windows 的文件名命名规则

主文件名：最多可以由 255 个英文字符或 127 个汉字组成，或者混合使用字符、汉字、数字甚至空格。但是，文件名中不能含有“\”“/”“:”“<”“>”“?”“*”“" ”“|”。

扩展名：通常为 3 个英文字符。扩展名决定了文件的类型，也决定了可以使用什么程序来打开文件。常说的文件格式指的就是文件的扩展名，如图 2-2-1 所示。

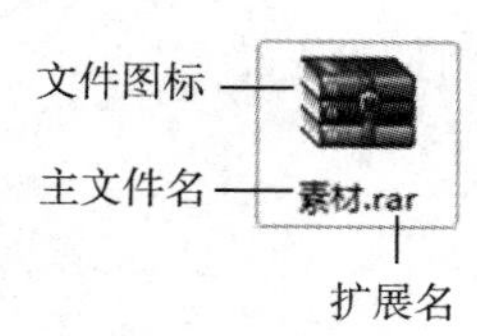

图 2-2-1　文件命名格式

文件或文件夹名不确定时可以用通配符代替。Windows 中

常用“＊”和“?”两个通配符。“＊”代表任意多个字符，“?”代表任意单个字符。

3. 文件的类型分类

常用文件类型及其扩展名见表 2-2-1。

表 2-2-1　常用文件类型及其扩展名

文件类型	扩展名及打开方式
文档文件	txt（所有文字处理软件或编辑器都可打开） doc 或 docx（Word 或 WPS 文字软件可打开） xls 或 xlsx（Excel 或 WPS 表格软件可打开） ppt 或 pptx（PowerPoint 或 WPS 演示软件可打开） hlp（Adobe Acrobat Reader 可打开） htm（各种浏览器可打开，用写字板打开可查看其源代码） pdf（Adobe Acrobat Reader 和各种电子阅读软件可打开）
压缩文件	rar（WinRAR 可打开） zip（WinZIP 可打开）
图形文件	bmp、gif、jpg、pic、png、tif（常用图像处理软件可打开）
声音文件	wav（媒体播放器可打开） mp3（由 Winamp 播放）
动画文件	avi（常用动画处理软件可播放） mpg（由 VMPEG 播放） mov（由 ActiveMovie 播放） swf（用 Flash 自带的 Player 程序可播放）
系统文件	int、sys、dll、adt
可执行文件	exe、com
备份文件	bak（被自动或通过命令创建的辅助文件，它包含某个文件的最近一个版本）
模板文件	dot（通过 Word 模板可以简化一些常用格式文档的创建工作）
批处理文件	bat（在 MS DOS 中，bat 文件是可执行文件，由一系列命令构成，其中可以包含对其他程序的调用）

4. 文件、磁盘的属性查看和设置

不管文件还是磁盘，都有属性。右击文件或磁盘后，选择“属性”命令，弹出“属性”对话框，如图 2-2-2 所示。

文件的属性有四种，除了图 2-2-2 中已显示的“只读”“隐藏”之外，单击“高级”按钮，会弹出“高级属性”对话框，其中包含另外两种属性，即“存档和索引属性”“压缩或加密属性”，如图 2-2-3 所示。

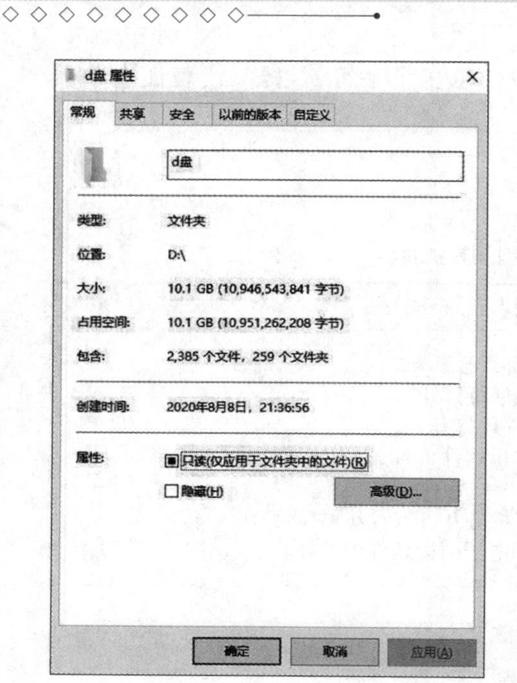

图 2-2-2 “属性”对话框

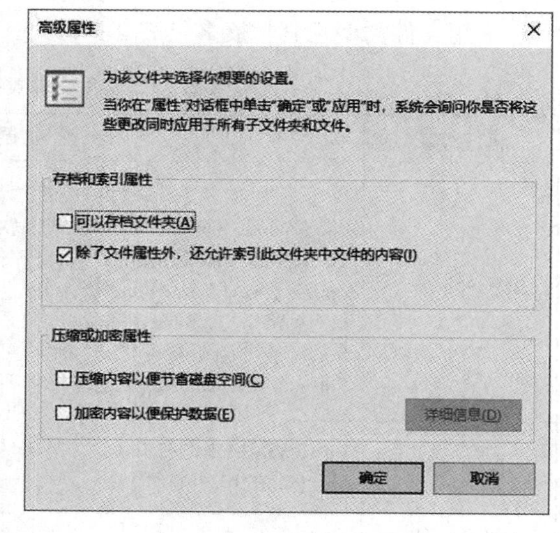

图 2-2-3 “高级属性”对话框

只读（R）：该文件只能读取或执行，不能修改，保护文件不被误删除或修改。

隐藏（H）：用“文件资源管理器”的“文件夹选项”（“工具”菜单）命令可将文件夹设置成在 Windows 环境下不可见或可见。

可以存档文件夹（A）：该类型的文件可读、可写、可删除，普通的文件夹或文件都具有此属性。

除了文件属性外，还允许索引此文件夹中文件的内容（I）：允许索引此文件的内容。

二、Windows 10 的文件资源管理器

Windows 10 提供了一个管理文件和文件夹的工具软件“文件资源管理器”。使用它可以管理计算机内存放的所有文件、文件夹或其他对象，可以方便地实现文件和文件夹的浏览、查看、移动、复制、删除等操作。

打开文件资源管理器的方法有多种，其中最常用的有以下三种：① 右击“开始”菜单，在弹出的快捷菜单中选择“文件资源管理器”命令；② 执行“开始”→“Windows 系统”→“文件资源管理器”命令；③ 打开任意文件夹。

三、Windows 10 的文件管理

文件和文件夹的管理是 Windows 操作系统的基本功能之一，包括文件（夹）的创建、重命名、复制、删除、搜索以及组织存放等。

1. 文件（夹）的选定

Windows 10 在选择文件和文件夹方面相较于之前的操作系统有所简化。每个文

件或文件夹前面都有一个复选框，只要在复选框中画“✓”，就表示选中了这个文件或文件夹；同样取消画“✓”，就表示放弃了选中。

若要管理文件，则必须先要选定它。下面就介绍选定文件的一般方法。

（1）选定单个对象。在需要选定的文件或文件夹上单击鼠标左键，即可选定该文件或文件夹。

（2）选定多个连续对象。单击要选定的第一个文件或文件夹，按住【Shift】键不放，再单击最后一个对象，则它们之间的所有对象（包括起止对象）均被选中。

（3）选定多个不连续对象。单击要选定的第一个文件或文件夹，按住【Ctrl】键不放，再单击所要选定的其他对象。

（4）选定全部文件（夹）有以下三种方法：① 单击要选定的第一个对象，按住【Shift】键不放，移动鼠标指针至最后一个对象并单击；② 使用组合键【Ctrl】+【A】；③ 单击“主页”选项卡，选择“选择”组中的“全部选择”命令，如图 2-2-4 所示，即可选定该文件夹中全部文件。

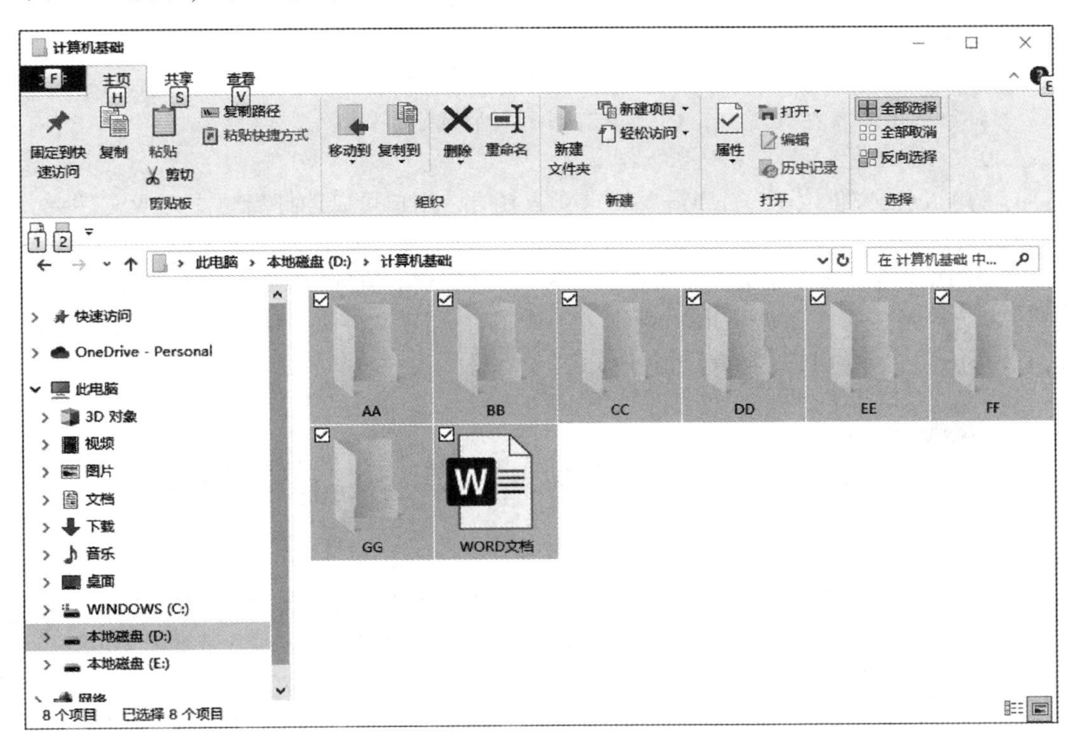

图 2-2-4 选定全部文件

（5）反向选定文件（夹）的方法：单击“主页”选项卡，选择“选择”组中的“反向选择”命令，如图 2-2-5 所示，则选定当前文件夹中没有选定的对象。

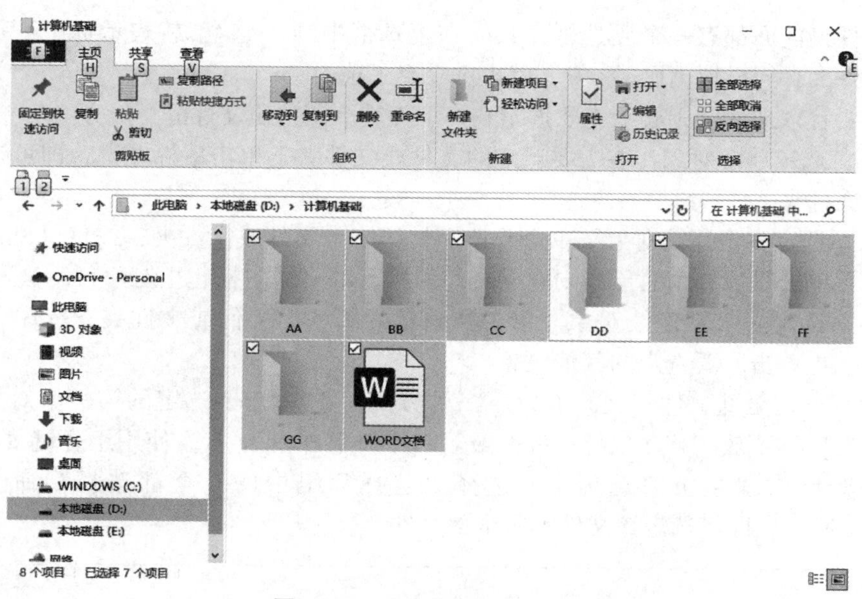

图 2-2-5　反向选定文件（夹）

对象选定后，在文件夹空白处单击即可取消选定。

2. 文件（夹）的创建和重命名

（1）创建文件（夹）。当需要编辑新资料时，用户可以选择新建文件或文件夹，常用的方法有以下两种：

① 选定新建文件或文件夹所在的位置（可以是驱动器文件夹或其下的各级文件夹），选择“主页”选项卡下“新建”组中的“新建文件夹”命令（图 2-2-6）或直接按组合键【Ctrl】+【Shift】+【N】。

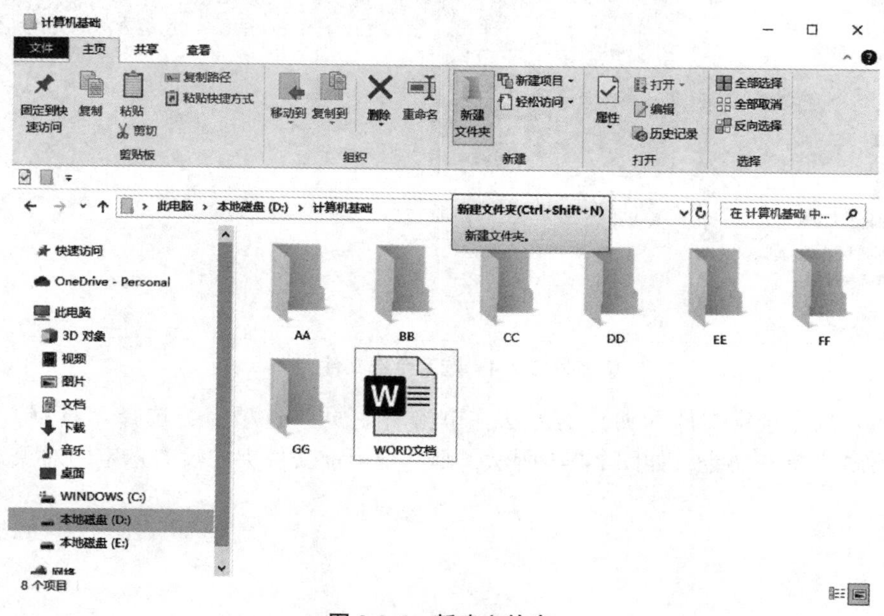

图 2-2-6　新建文件夹

② 定位到需要创建文件或文件夹的目标位置，在空白处单击鼠标右键，在弹出的快捷菜单中选择“新建”命令，在对应子菜单中选择需要创建的文件类型，输入文件或文件夹的名称后，按回车键或用鼠标单击空白处。

（2）重命名文件（夹）。新建文件或文件夹后，为了更好地标识其功能和作用，可以为文件或文件夹取一个合适的名称，主要采用的方法有以下两种：

① 选择要重命名的文件或文件夹，再单击窗口中的“主页”选项卡，在“组织”组中选择“重命名”命令，如图 2-2-7 所示，直接输入新的文件或文件夹名称，然后按回车键确认。

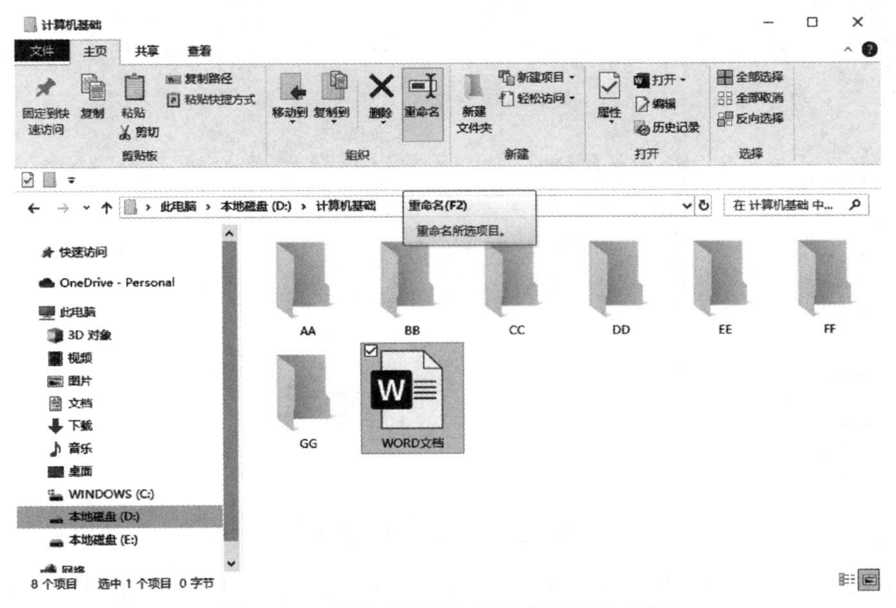

图 2-2-7 **利用“组织”组重命名文件（夹）**

② 右击要重命名的文件或文件夹，利用快捷菜单中的“重命名”命令重命名文件或文件夹。

命名文件或文件夹时，要注意在同一个文件夹中不能有两个名称相同的文件或子文件夹，还要注意不要修改文件的扩展名。如果原文件名没有显示扩展名，重命名时也不要增加扩展名，否则文件的全名即成为“文件名．扩展名．扩展名”，仅仅是后一个扩展名隐藏了。如果原文件有扩展名，重命名时也不能去除扩展名，否则可能会导致系统无法识别此文件类型。

文件如果已经被打开或正在被使用，则不能被重命名。不要对系统中自带的文件或文件夹以及其他程序安装时所创建的文件或文件夹重命名，以免引起系统或其他程序的运行错误。

3. 复制和移动文件（夹）

复制操作可以创建文件或文件夹的副本，而移动文件或文件夹可以调整文件和文件夹的位置。目前常用的方法有以下三种：

① 选择需复制或移动的文件或文件夹，再单击窗口中的“主页”选项卡，在“组织”组中选择“复制到”或“移动到”命令，如图 2-2-8 所示。单击目标文件夹，然后单击“复制”按钮或“移动”按钮。

② 右击需复制或移动的文件或文件夹，在弹出的快捷菜单中分别选择“复制”或“剪切”命令，然后在要存放文件或文件夹的位置单击鼠标右键，在弹出的快捷菜单中选择“粘贴”命令，即可完成文件或文件夹的复制或移动。

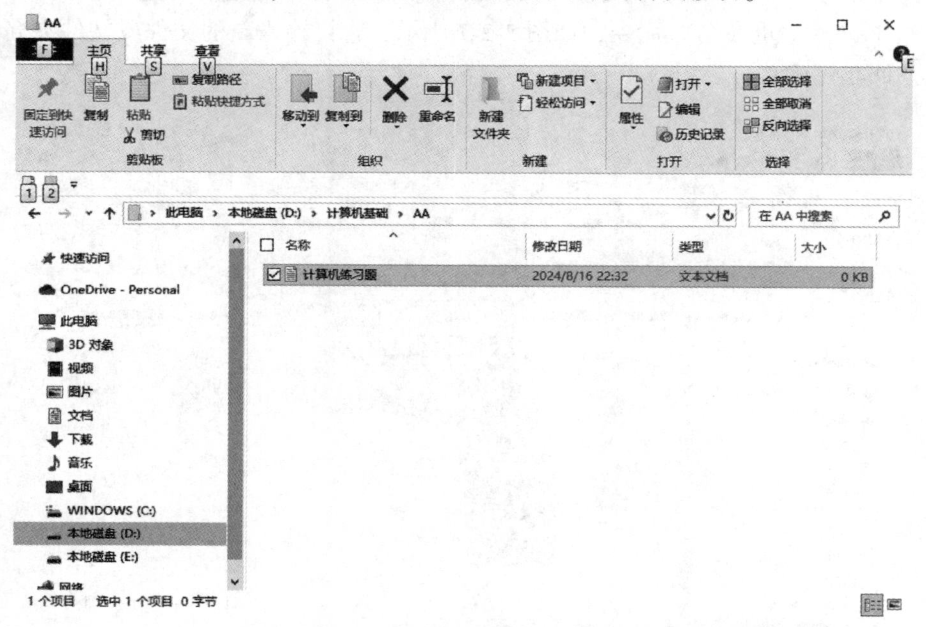

图 2-2-8　利用“组织”组复制和移动文件（夹）

③ 选择需复制的文件或文件夹，按【Ctrl】+【C】组合键，然后切换到目标窗口，按【Ctrl】+【V】组合键；选择需移动的文件或文件夹，按【Ctrl】+【X】组合键，然后切换到目标窗口，按【Ctrl】+【V】组合键。

4. 删除文件（夹）

如果需要对不再使用的文件或文件夹加以清理，可使用以下三种方法删除文件或文件夹：

① 在选中的文件或文件夹上右击鼠标，在弹出的快捷菜单中选择“删除”命令。在打开的对话框中单击“是”按钮后，将所选文件或文件夹放入“回收站”中。

② 选中要删除的文件或文件夹，按下键盘上的【Delete】键，在弹出的“删除文件”提示信息对话框中单击“是”按钮。

③ 选择要删除的文件或文件夹，再单击窗口中的“主页”选项卡，在“组织”组中选择“删除”命令，如图 2-2-9 所示。

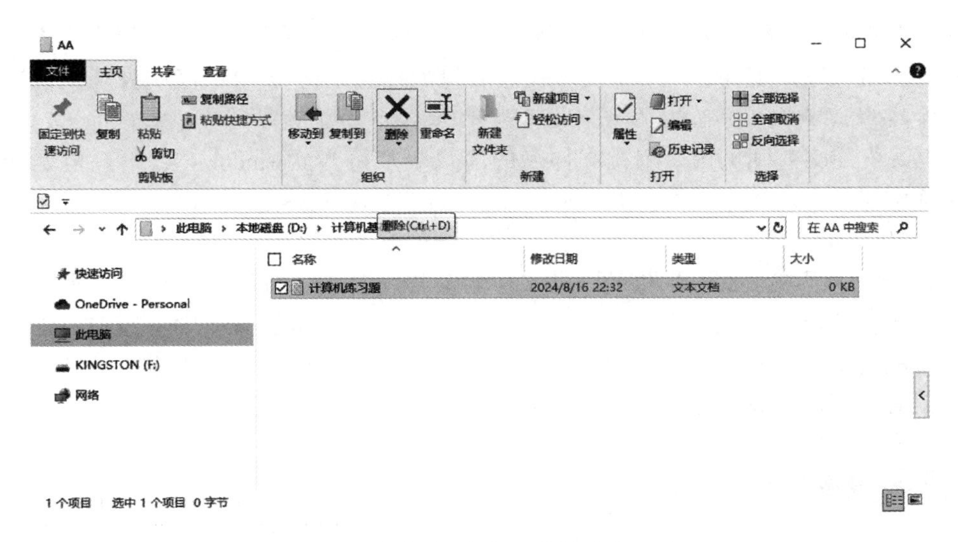

图 2-2-9　利用“组织”组删除文件（夹）

5. 恢复文件（夹）

在 Windows 中执行删除后，被删除的文件或文件夹并没有真正地从硬盘中消失，而是被放入了“回收站”中。用户需要时，可以从“回收站”恢复被删除的文件或文件夹。“回收站”是桌面上的一个文件夹，是硬盘中的一块区域，通常所占用空间的默认值是它所在磁盘容量的 10%。它就如同办公室里的纸篓。恢复被删除的文件或文件夹的具体方法如下：在桌面上双击“回收站”图标，打开“回收站”窗口，选择要恢复的文件或文件夹并右击，在弹出的快捷菜单中选择“还原”命令，即可将文件或文件夹还原到删除前的位置。

单击回收站“回收站工具”菜单中的“清空回收站”命令，可永久性地删除回收站中的所有项目以释放磁盘空间，这样就真正把文件从硬盘中删除了。

6. 搜索文件（夹）

在“文件资源管理器”窗口中可以用搜索栏快速查找文件或文件夹。如图 2-2-10所示，在搜索栏中输入要搜索的对象名字，就会在资源管理器右边内容窗口中看到对象名中包含此关键字的所有文件或文件夹。

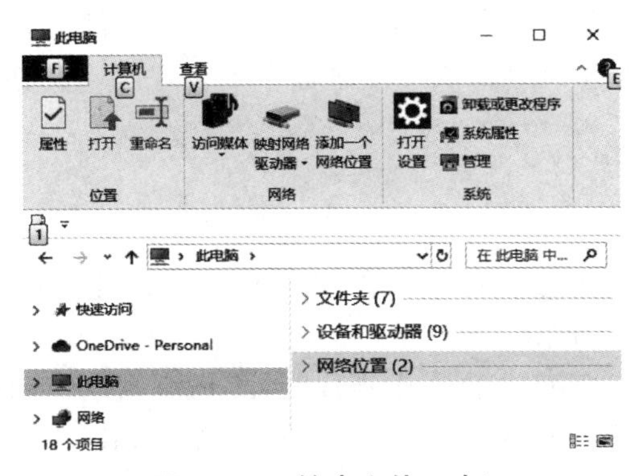

图 2-2-10　搜索文件（夹）

“模糊搜索”是使用通配符（“ * ”或“?”）代替一个或多个位置字符来完成检索操作的方法。其中，“ * ”代表任意数量的任意字符，“?”仅代表某一位置上的一个字母（或数字），如“ * . jpg”表示检索当前位置所有类型为 jpg 的文件。“windows? . doc”则可用来查找文件名的前 7 个字符为“windows”、第八位是任意数字或字母的 doc 类型文件，如“windows7. doc”“windowsA. doc”等。

7. 创建快捷方式

快捷方式是 Windows 提供的一种快速启动程序，用于打开文件或文件夹，是应用程序的快速链接。创建方法如下：在“文件资源管理器”窗口中，选中要创建快捷方式的对象，用鼠标右击对象打开快捷菜单，选择其中的“创建快捷方式”命令，就会在当前位置创建一个所选对象的快捷图标。

1. 新建文件夹

在 D 盘新建一个名为“AA”的文件夹：双击桌面上的“此电脑”图标，打开“此电脑”窗口。双击 D 盘驱动器，进入 D 盘，在文件列表窗格中的空白处右击，在弹出的菜单中选择“新建”→“新建文件夹”命令。将新建文件夹的名称改为“AA”。

2. 新建文件

在文件夹中，新建一个文本文档：双击打开“AA”文件夹，在文件列表窗格中的空白处右击，在弹出的快捷菜单中选择“新建”→“文本文档”命令，新建一个文本文档，将其名称改为“T1”。

3. 移动文件

移动文件到桌面：单击文件夹窗口左上角的“后退”按钮，返回上一个界面，右击“AA”文件夹，从弹出的快捷菜单中选择“剪切”命令，然后最小化文件夹窗口，在桌面上空白处右击，在弹出的快捷菜单中选择“粘贴”命令，将“AA”文件夹移动到桌面上。

4. 设置文件属性

将文件属性设置为隐藏：右击桌面上的“AA”文件夹，选择“属性”命令，弹出“属性”对话框，选中“隐藏”复选框，单击“确定”按钮即可。

项目拓展

（1）在 D 盘下新建名为“考生”的文件夹，并在此文件夹中再新建“TEST”“BMP”“PROGRAM”文件夹。

（2）在“D:\考生\TEST”文件夹中新建“计算机应用基础 . DOCX”文件。

（3）在“D:\考生\TEST”文件夹中新建名为“MYFILE”的文本文件,并输入内容“让世界更美好”。

(4) 查找C盘下的"shell. dll"文件，将查找到的第一个文件复制到"D:\考生\PROGRAM"文件夹中，并将其重命名为"TEST. DOCX"。

(5) 查找"C:\ Windows"文件夹中第一个字母为C的所有bmp类型的文件，并将其复制到"D:\考生\BMP"文件夹中。

(6) 将"D:\考生\PROGRAM\TEST. DOCX"文件移动到"D:\考生\TEST"文件夹中，并设置其属性为"隐藏"。

(7) 删除"D:\考生\TEST\计算机应用基础 . DOCX"文件。

(8) 在"D:\考生"文件夹下创建"MYFILE"的快捷方式,并将其命名为"FILE"。

(9) 将"D:\考生\TEST"下的隐藏文件显示出来，并把其"隐藏"属性去掉，改为"只读"和"存档"属性。

(10) 还原"D:\考生\TEST\计算机应用基础 . DOCX"文件。

1. 学习评价

根据项目实施的内容，进行自我评估或学生互评，并根据实际情况在教师的引导下进行拓展。

观　察　点	☺	😐	☹
掌握文件资源管理器的操作与应用			
会用几种方法完成文件及文件夹的重命名、复制、移动、删除等操作			

2. 反思与探究

从学习结果和评价两个方面进行反思，分析存在的问题，寻求解决的方法。

存在的问题	解决的方法

3. 修正与完善

根据反思与探究中寻求到的解决问题的方法，进一步思考如何分类管理文件或文件夹。

项目 2.3 设置 Windows 10

（1）了解控制面板的作用。
（2）掌握控制面板中常用的操作。

（1）创建一个本地用户帐户，并命名为“jsj1”。
（2）设置屏幕保护程序为“3D 文字”，等待时间为 3 min。
（3）设置自动更新，使 Windows 10 自动更新系统。
（4）校正系统时间。

1. 控制面板的界面

打开“控制面板”窗口有以下两种方法：
① 单击“开始”按钮，在弹出的快捷菜单中选择“控制面板”。
② 双击“控制面板”图标，打开“控制面板”窗口，如图 2-3-1 所示。

图 2-3-1 “控制面板”窗口

2. 控制面板的功能

Windows 10 中的控制面板的功能主要分成 8 组，分别是“系统和安全”“用户帐户”“网络和 Internet”“外观和个性化”“时钟和区域”“硬件和声音”“轻松使用”“程序”。

（1）“系统和安全”主要用来查看并更改系统和安全状态，备份并还原文件和系统设置，更新计算机，查看 RAM 和处理器速度，检查防火墙，等等。

（2）“用户帐户”主要用来更改用户帐户设置和密码等。

（3）“网络和 Internet”主要用来检查网络状态并更改设置，设置共享文件和计算机的首选项，配置 Internet 显示和连接，等等。

（4）“外观和个性化”主要用来更改桌面项目的外观，应用主题或屏幕保护程序到计算机，或自定义“开始”菜单和任务栏，等等。

（5）“时钟和区域”主要用来为计算机更改时间、日期、时区以及日期、时间显示的方式等。

（6）“硬件和声音”主要用来添加或删除打印机和其他硬件，更改系统声音，自动播放 CD，更新设备驱动程序，等等。

（7）“轻松使用”主要用来根据视觉、听觉和移动能力的需要调整计算机设置，并通过声音命令使用语言识别控制计算机。

（8）“程序”主要用来卸载程序，启用或关闭 Windows 功能，卸载小工具，从网络或通过联机获取新程序，等等。

1. 创建用户帐户

（1）打开“控制面板”窗口，单击“用户帐户”选项，然后在跳转到的窗口中依次单击“用户帐户”→“管理其他帐户”→“在电脑设置中添加新用户”选项，跳转到“家庭和其他用户”窗口，单击“将其他人添加到这台电脑”选项，如图 2-3-2 所示。

（2）在打开的“此人将如何登录”对话框中单击“我没有这个人的登录信息”选项，如图 2-3-3 所示。

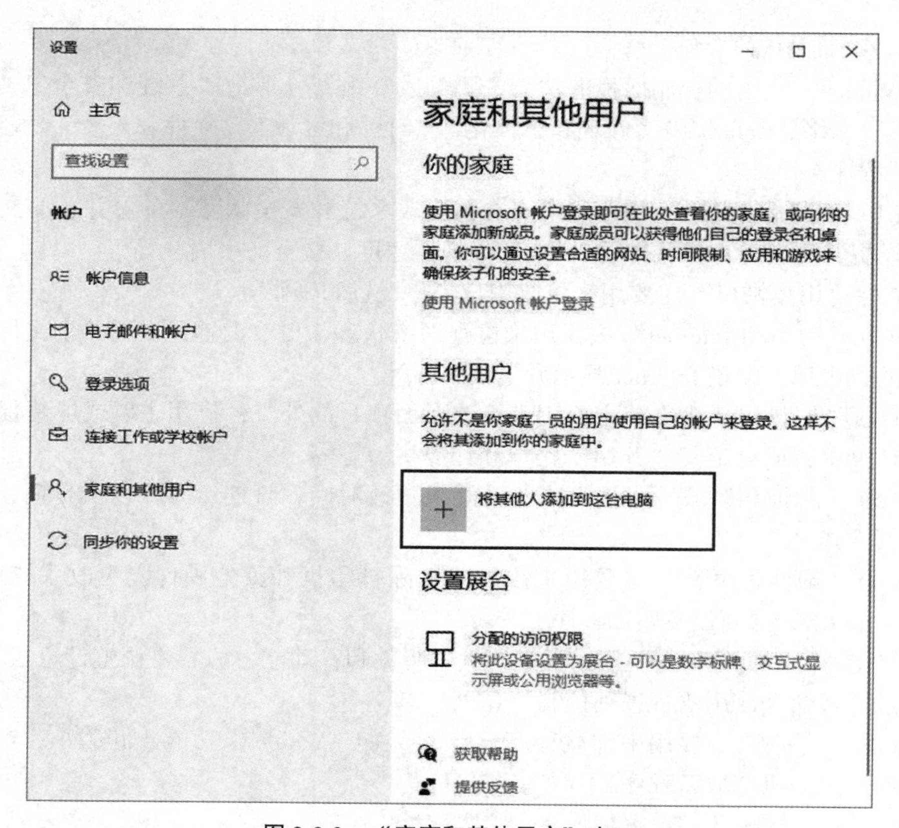

图 2-3-2　“家庭和其他用户”窗口

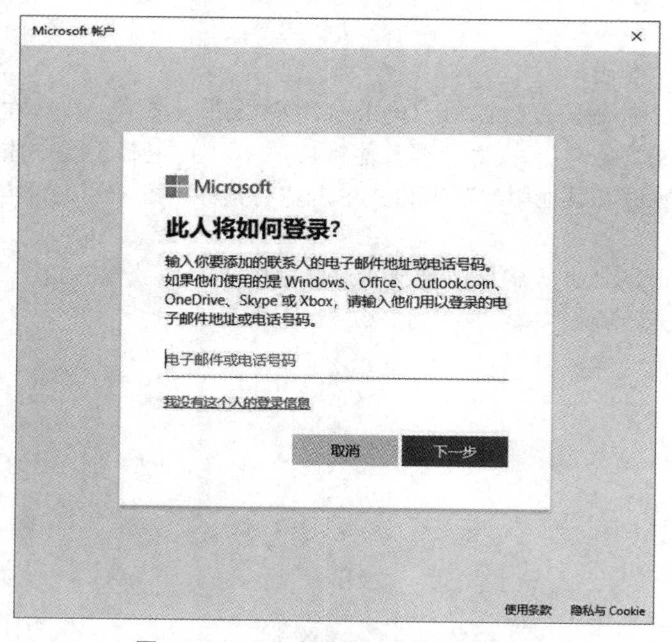

图 2-3-3　“此人将如何登录”对话框

（3）单击“下一步”按钮，切换到“让我们来创建你的帐户”对话框，单击“添加一个没有 Microsoft 帐户的用户”选项，如图 2-3-4 所示。

图 2-3-4 “让我们来创建你的帐户”对话框

（4）单击“下一步”按钮，打开“为这台电脑创建一个帐户”对话框，输入用户名和密码，如图 2-3-5 所示。

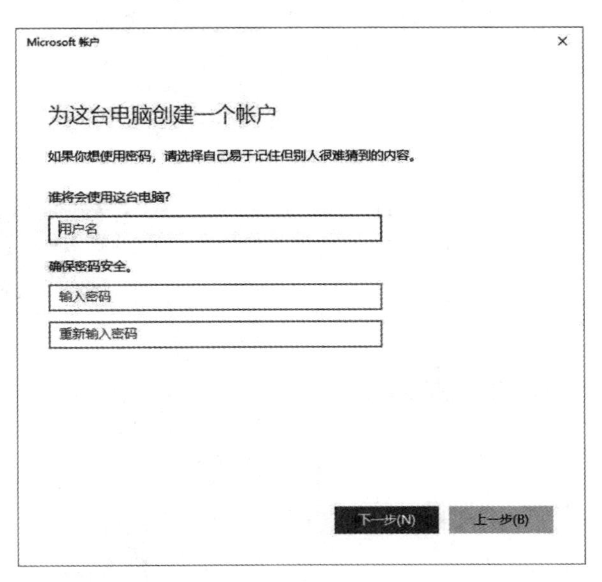

图 2-3-5 “为这台电脑创建一个帐户”对话框

（5）单击“下一步”按钮，即会创建一个新的用户帐户，如图 2-3-6 所示。

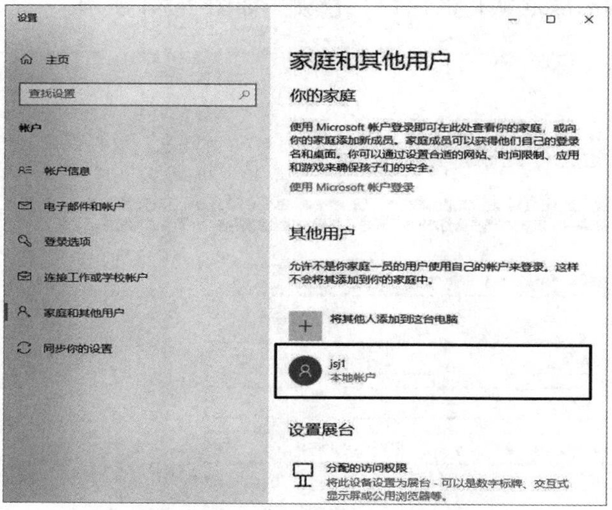

图 2-3-6　完成新帐户的创建

2. 设置屏幕保护程序

根据要求设置屏幕保护程序。

（1）在“控制面板”窗口中单击“外观和个性化”选项，打开“外观和个性化”窗口，单击“任务栏和导航”选项，在打开的“设置”窗口左侧单击“锁屏界面”选项，切换到“锁屏界面”设置页，向下拖动滚动条，找到并单击“屏幕保护程序设置”选项，如图 2-3-7 所示。

（2）在打开的“屏幕保护程序设置”对话框中展开“屏幕保护程序”下拉列表，选择“3D 文字”选项，并在“等待”数值框中输入需要的数字（如“3”）即可，如图 2-3-8 所示。

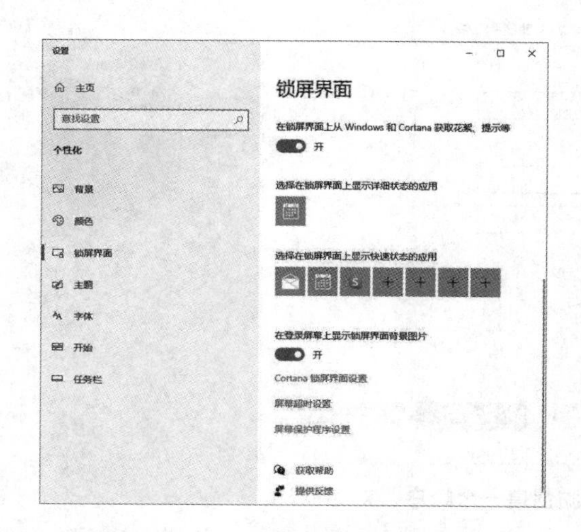

图 2-3-7　“锁屏界面”选项界面

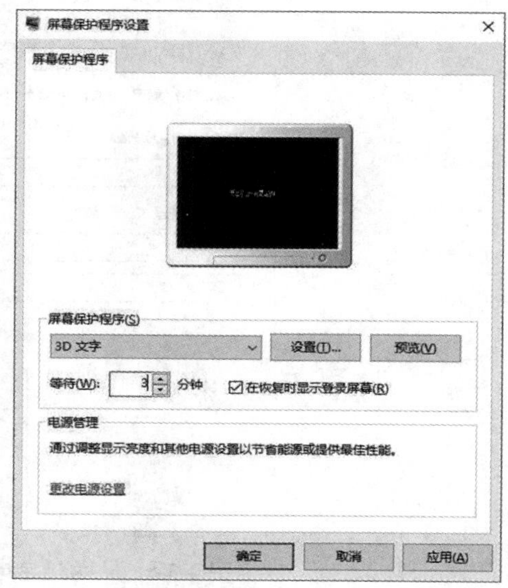

图 2-3-8　“屏幕保护程序设置”对话框

（3）单击“应用”按钮，然后单击“确定”按钮。

3. 自动下载更新

（1）单击“开始”按钮，在弹出的菜单中选择“设置”命令，打开“设置”窗口，单击“更新和安全”选项，如图 2-3-9 所示。

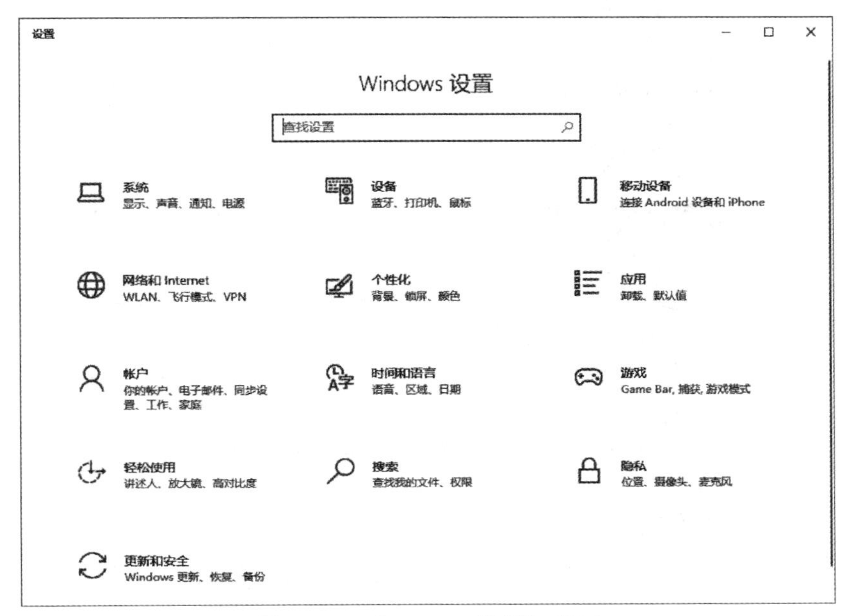

图 2-3-9　“Windows 设置”窗口

（2）在打开的“Windows 更新”窗口中单击“高级选项”链接，如图 2-3-10 所示。

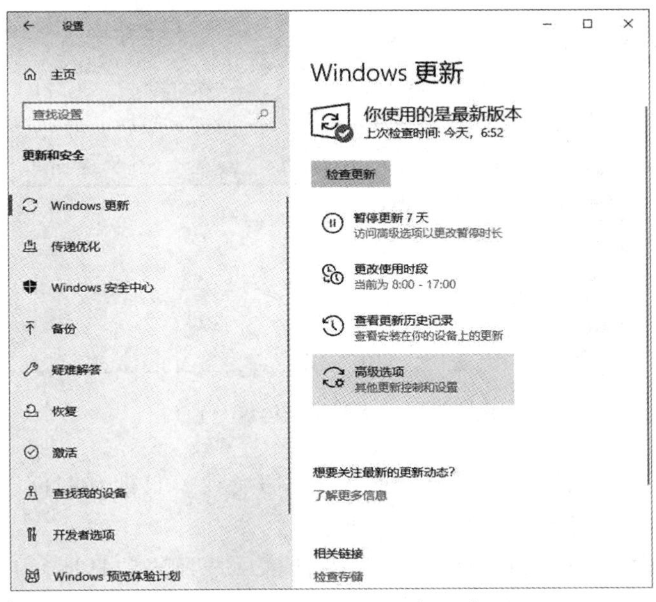

图 2-3-10　“Windows 更新”窗口

（3）在打开的“高级选项”窗口中进行更新选项设置，如图 2-3-11 所示。设置完成后，Windows 就会自动下载更新了。

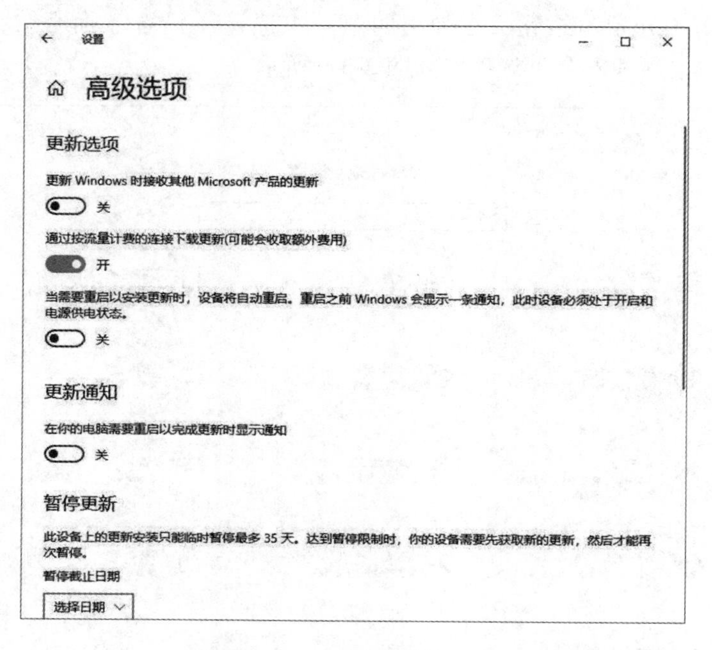

图 2-3-11 “高级选项”窗口

4. 设置时钟与区域

（1）在控制面板中单击“时钟和区域”选项，切换到“时钟和区域”窗口，单击“日期和时间”选项，如图 2-3-12 所示。

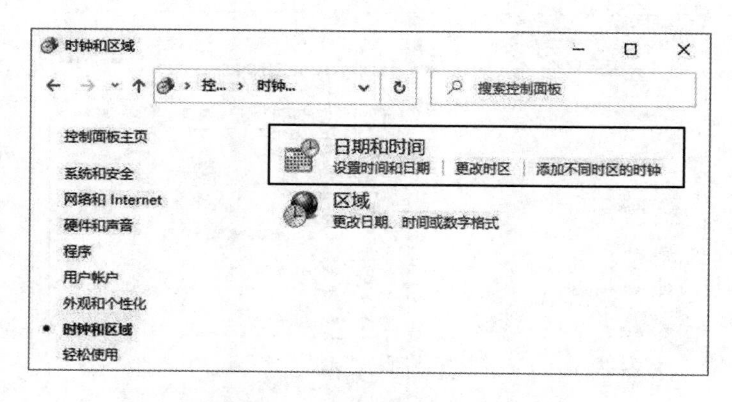

图 2-3-12 “时钟和区域”窗口

（2）在打开的“日期和时间”对话框中切换到“日期和时间”选项卡，单击“更改日期和时间”按钮，如图 2-3-13 所示。

（3）在打开的“日期和时间设置”对话框中选择当前日期，并在“时间”数值框中输入当前时间，如图 2-3-14 所示。

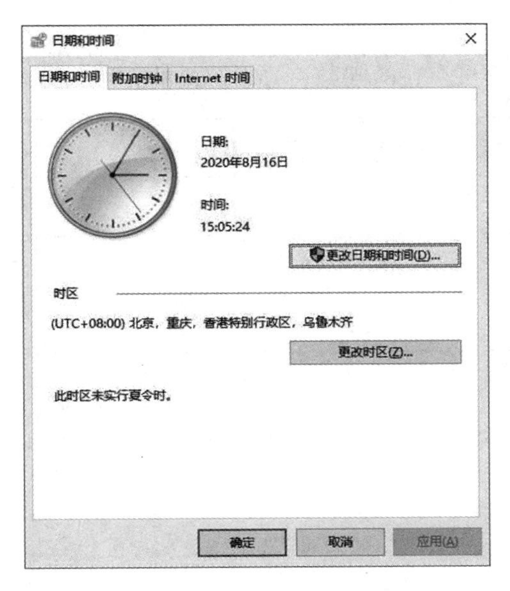

图 2-3-13　“日期和时间”对话框

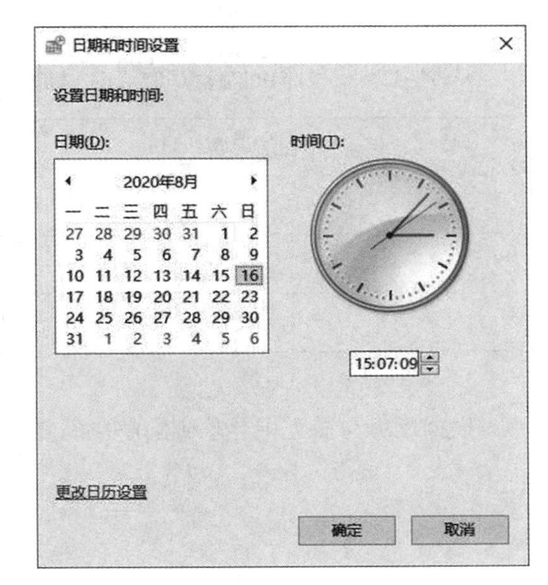

图 2-3-14　“日期和时间设置”对话框

（4）设置完成后，依次单击“确定”按钮关闭对话框并应用设置。

项目拓展

根据自己的需求，完成如下操作：

（1）创建一个本地用户帐户，并命名为“user”。

（2）设置屏幕保护程序为“变幻线”，等待时间为 5 min。

（3）校正系统时间。

项目评价

1. 学习评价

根据项目实施的内容，进行自我评估或学生互评，并根据实际情况在教师的引导下进行拓展。

观　察　点	☺	😐	☹
会创建本地用户帐户			
会根据要求设置屏幕保护程序			
会设置自动更新			
会校正系统时间			

2. 反思与探究

从学习结果和评价两个方面进行反思，分析存在的问题，寻求解决的方法。

存在的问题	解决的方法

3. 修正与完善

根据反思与探究中寻求到的解决问题的方法，进一步完善控制面板的设置。

模块三 规范文档编辑

WPS 是金山软件公司自主研发的一款办公软件。软件功能强大，占用内存极小，启动速度快，精巧好用，大受欢迎。WPS 具有丰富的全屏幕编辑功能，而且还提供了各种控制输出格式及打印功能，打印出的文稿既美观又规范。WPS 具有丰富的文字处理功能，能进行图、文、表的混排，生成各种类型的文档。

本章主要介绍以下内容：

（1）文字处理软件的基本概念，WPS 文字的基本功能、运行环境、启动和退出。

（2）文档的创建、打开和基本编辑操作，文本的查找与替换，多窗口和多文档的编辑。

（3）文档的保存、保护、复制、删除、插入。

（4）字体格式、段落格式和页面格式设置等基本操作。

（5）页面设置，插入分页符、页码、页眉和页脚，设置分栏和首字下沉，设置打印预览。

（6）WPS 文字的图形功能，图形、图片对象的编辑及文本框的使用。

（7）WPS 文字的表格制作功能，表格结构、表格创建、表格中数据的输入与编辑及表格样式的使用。

项目 3.1 制作邀请函

（1）熟悉 WPS 文字基本操作界面。

（2）会对文本进行基本的输入与编辑，插入一些对象。

主题班会是进行学生思想教育的重要途径，召开主题班会时，可以邀请其他老师和同学共同参与。主题班会邀请函是一个实用而简单的实例，本项目的主要工作是输入文字，并进行简单的编辑。

一、WPS 文字的启动与退出

1. WPS 文字的启动

启动 WPS 文字有以下三种方法：① 执行“开始”→“WPS Office”→“新建”→“文字”命令；② 双击 Windows 桌面上的快捷图标 ；③ 双击桌面上已有的 WPS 文字文件。

2. WPS 文字的退出

退出 WPS 文字有以下三种方法：① 单击 WPS 文字窗口右上角的关闭按钮 × ；② 选择“文件”中的“退出”命令；③ 右击 WPS 文字窗口标题栏，在弹出的快捷菜单中选择“关闭”命令。如果文档内容有修改，退出时会提示用户是否需要保存，请根据需要进行选择。

二、认识 WPS 文字基本操作界面

启动 WPS 文字之后，窗口如图 3-1-1 所示，包括标题栏、功能区、编辑区、状态栏和视图栏等。

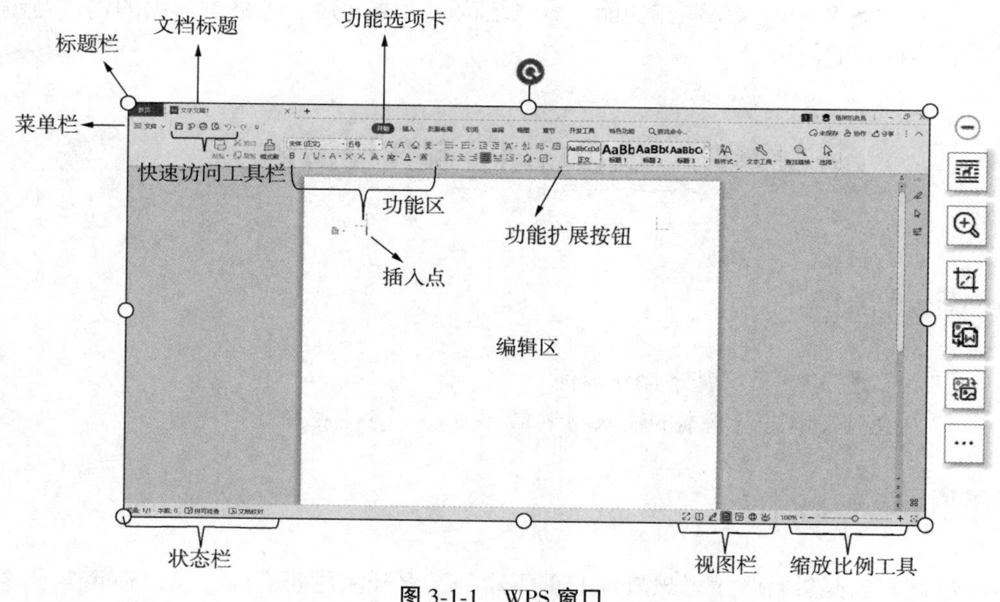

图 3-1-1　WPS 窗口

1. 标题栏

标题栏在窗口最上方，显示软件的名称和当前打开的文档名称。右击标题栏右侧空白处，会弹出快捷菜单（图 3-1-2），可对窗口进行保存、分享和关闭等操作。单击“+”可以新建新的文档。打开多个文档时可以单击文档名称快速切换。右侧可以登录，单击最左侧的 WPS 图标可以管理所有文档。

标题栏的最右侧是窗口控制按钮，依次为“最小化”“最大化（向下还原）”“关闭”。

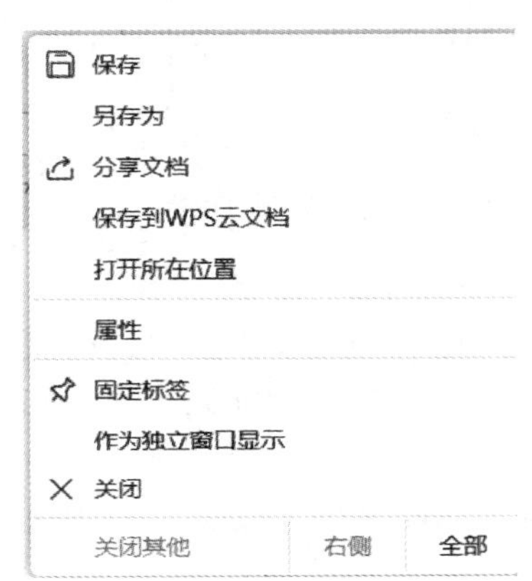

图 3-1-2　快捷菜单

图 3-1-3　下拉菜单

2. 菜单栏

WPS 文字菜单栏的功能丰富多样，单击“文件”右侧的下拉按钮 ，会弹出下拉列表（图 3-1-3），以下是一些常见的功能：

①“文件”菜单：用于新建、打开、保存、关闭文档等操作。

②“编辑”菜单：提供复制、粘贴、剪切等文本编辑功能。

③“视图”菜单：可切换文档的视图模式，如大纲视图、页面视图等。

④“插入”菜单：支持插入表格、图片、图表、流程图、超链接等元素。

⑤“格式”菜单：包含调整字体、段落、边框和底纹等格式设置。

⑥“工具”菜单：包括拼写检查、字数统计等实用工具。

⑦“表格”菜单：用于对表格进行绘制、插入、删除等。

⑧“窗口”菜单：用于管理多个文档窗口。

左侧快速访问工具栏中，默认包含“保存”“输出为 PDF”“打印”“打印预览”“撤消”“恢复”六个按钮。单击右侧的“自定义快速访问工具栏”按钮（图 3-1-4），在其中可以增加或删除快速访问工具栏中按钮的类型和数量。

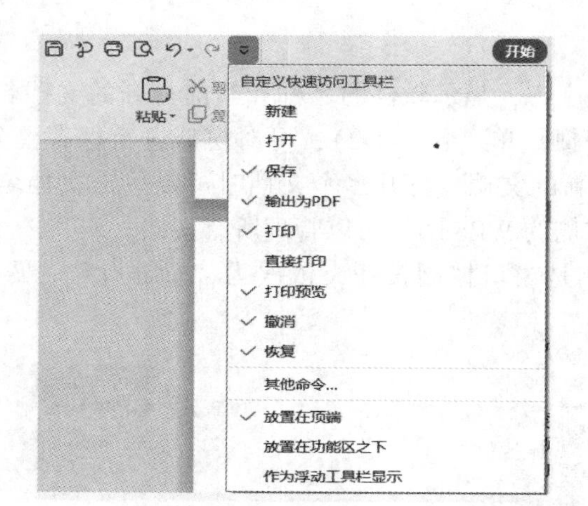

图 3-1-4　自定义快速访问工具栏

3. 功能区

功能区包括“开始”“插入”“页面布局”等选项卡，单击标签，可以切换并展开选项卡。如果在文档中选择表格、图片等对象，功能区会显示与所选对象相关的选项卡。

一些功能区右下角的图标 ，称为“功能扩展”按钮，单击该按钮，可以弹出相应的对话框。

4. 编辑区

编辑区用来输入文字、编辑文本和处理表格等。如果文档超出了窗口可显示的范围，则右侧和底端会出现垂直与水平滚动条。单击滑块或滚动条两侧的按钮，可以查看其他内容。

5. 状态栏

状态栏位于窗口底端左侧，显示当前文档的页数/总页数、字数等信息，单击字数可以看到具体的字数统计，还可以快捷打开/关闭“拼写检查”功能。

6. 标尺

勾选“视图”选项卡下的“标尺”复选框，标尺才会显示。WPS 文字窗口中有两种标尺，水平标尺和垂直标尺。标尺可用来调整段落的缩进、页边距、表格的行高和列宽等。

7. 视图

状态栏右侧的“视图栏”如图 3-1-5 所示，WPS 文字的视图功能提供了多种查看文档的方式，在“视图”选项卡下可进行 6 种视图的切换（图 3-1-6）。

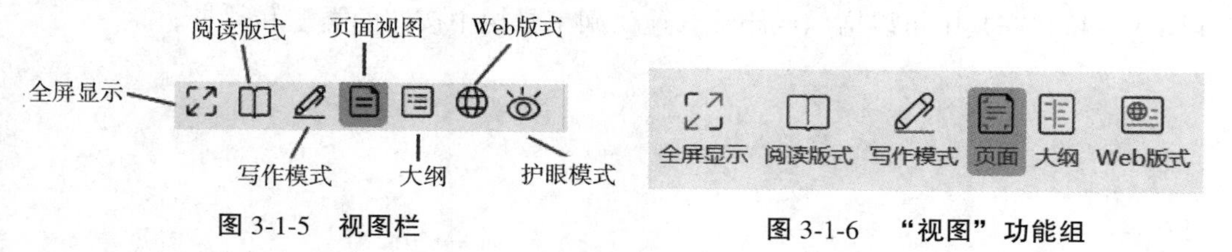

图 3-1-5　视图栏

图 3-1-6　“视图”功能组

（1）阅读版式：便于阅读，编辑区的工具栏会在切换成阅读视图时隐藏起来，使阅读的界面更大。

（2）页面视图：有“所见即所得”功能，文档的每一个页面与打印所得的页面相同，可以查看文档的页面布局、页眉、页脚等。页面视图是最常用的视图。

（3）Web 版式：可用于查看文档在网页上的显示效果，适用于发送电子邮件、创建网页等。

（4）大纲：能直观显示文章的纲目结构，有助于快速调整文档的结构和层次。

（5）写作模式：可以智能识别目录、统计累计字数等。

三、WPS 文字的基本操作

1. 新建文档

启动 WPS 文字，文档的默认名称为“文字文稿 1”。如果需要再次新建文档，可执行“文件”→“新建”命令，或按【Ctrl】+【N】组合键来新建另一个文档。WPS 文字提供了多种类型的模板，如“求职简历”“人事行政公文”等，可用于快速建立一些专业的文档。

2. 打开文档

打开文档有以下两种方法：① 双击文件名打开相应文档；② 启动 WPS 文字后，执行“文件”→“打开”命令或按【Ctrl】+【O】组合键，打开相应文档。

3. 输入内容

（1）输入文本。启动 WPS 文字之后，就可以输入文本了。使用【Ctrl】+【空格】组合键可在中英文输入法之间切换，使用【Ctrl】+【Shift】组合键可在各种输入法之间切换。

退格键(【Backspace】键)：删除光标前的字符。

【Delete】键：删除光标后的字符。

撤消与恢复：单击快速访问工具栏的“撤消键入（【CTRL】+【Z】组合键）”，可以取消最近一次的输入。单击“重复键入（【CTRL】+【Y】组合键）”，可恢复所做的撤消操作。

（2）段落的合并与拆分。将光标放在需要另起一段的地方，按【Enter】键，可实现段落的拆分。将光标放在需要合并的段落的结尾处，按【Delete】键，则将下一段和此段合并成一个段落。

（3）在文档中插入对象。

① 插入特殊符号：单击“插入”选项卡下的“符号”按钮，打开如图 3-1-7 所示的“符号”对话框，在“符号”对话框中选择相应字体的相应符号，单击“插入”按钮即可。

② 插入页码：单击“插入”选项卡下的“页眉和页脚”按钮，即可在文档的不同位置插入不同类型的页码。单击“插入”选项卡下的“页码”按钮，在下拉列表中选择“页码”命令，打开如图 3-1-8 所示的“页码”对话框，即可设置页码的

编号格式、起始页码等。

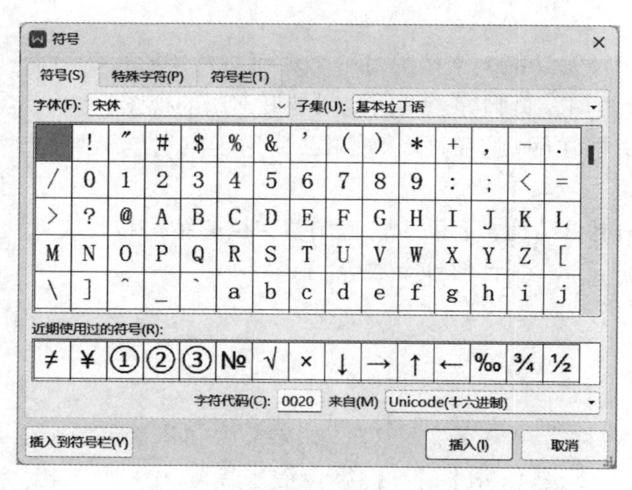

图 3-1-7　“符号”对话框

图 3-1-8　“页码”对话框

③ 插入分页符：单击“插入”选项卡下的“分页”按钮，文档将插入新的页，并且光标也会移到下一页的开始处。

④ 插入编号：选中几行文字，单击“开始”选项卡下的“编号”按钮，在下拉列表中选择你所需要的编号样式。

⑤ 插入文件：单击“插入”选项卡下的“文件中的文字”按钮，可将另一个文档插入当前文档。

⑥ 插入脚注或尾注：脚注位于每一页的底端，尾注位于文档的结尾处。将光标定位到需要插入脚注（尾注）的文字之后，单击“引用”选项卡下的“插入脚注”按钮（“插入尾注”按钮），输入内容即可。

⑦ 插入封面：将鼠标定位到首页的起始位置，单击“插入”选项卡下的“封面页”按钮，在打开的下拉列表中选择喜欢的封面样式插入即可。

4. 保存文档

执行“文件”→“保存”（“另存为”）命令，或按组合键【Ctrl】+【S】，弹出“另存为”对话框，选择保存的位置，并输入文件名，单击“保存”按钮即可保存当前文档。

文档在编辑过程中需要及时保存，以防止因为断电、死机等原因造成信息丢失。

四、文档的基本编辑

1. 光标的定位

WPS 文字启动以后，闪烁的光标“｜”即为插入点，此时可以输入文本。

光标的定位有以下两种方法：① 利用鼠标定位，在要插入文本的地方单击鼠标，即可输入文本；② 利用键盘定位，定位时所用到的快捷键及其作用见表 3-1-1。

表 3-1-1　键盘定位时用到的快捷键及其作用

快捷键	作用	快捷键	作用
【←】	左移一个字符	【Ctrl】+【←】	左移一个字词
【→】	右移一个字符	【Ctrl】+【→】	右移一个字词
【↑】	上移一个字符	【Ctrl】+【↑】	上移一个字词
【↓】	下移一个字符	【Ctrl】+【↓】	下移一个字词
【Page Up】	上移一屏	【Ctrl】+【Home】	移至文件首
【Page Down】	下移一屏	【Ctrl】+【End】	移至文件尾

2. 文档的简单编辑

(1) 选定文本。要对文本的内容进行编辑，首先要选定相关的文本。当鼠标变成“I”形状时，将鼠标移到要选定的文本的开始处，按住左键不放，拖动到要选定的文本的结尾处，松开左键，即可选定你想要的文本。被选定的文本会反白显示。如果要取消选定的文本，只需在任意处单击左键。

选定整行、整段和整篇文档：在文档左侧的空白处有一个选择栏，当把鼠标移到此处时，鼠标变成向右侧倾斜的空白箭头 。此时，单击鼠标左键，可选择当前行，双击选择当前段，三击选择整篇文档。此外，使用【Ctrl】+【A】组合键也可选定整篇文档。

利用【Shift】键选定文本：首先在要选定的文档的开始处单击鼠标，然后找到要选定的文档的结尾处，按住【Shift】键并单击鼠标，两次单击之间的文本将被选定。

选定一个句子：按住【Ctrl】键，在要选定的句子任意处单击鼠标左键。

(2) 移动文本的具体操作步骤如下：

① 选定要移动的文本。

② 按下【Ctrl】+【X】组合键，或单击“开始”选项卡下的“剪切”按钮，或右击选定的文本，在弹出的快捷菜单中选择“剪切”命令，即可将选定的文本移动到剪贴板。

③ 在需要插入文本的位置单击鼠标左键。

④ 按下【Ctrl】+【V】组合键，或单击“开始”选项卡下的“粘贴”按钮，或右击鼠标，在弹出的快捷菜单中选择“粘贴”命令，即可将选定的文本移动到当前位置。

另外，在同一个文档中也可用以下方法移动文本：选定文本之后，按住鼠标左键，直接拖动选定的文本到新的位置，松开鼠标，也可完成文本的移动。

(3) 复制文本的具体操作步骤如下：

① 选定要复制的文本。

② 按下【Ctrl】+【C】组合键，或单击“开始”选项卡下的“复制”按钮，或右击选定的文本，在弹出的快捷菜单中选择“复制”命令，即可将选定的文本复制到剪贴板。

③ 在需要插入文本的位置单击鼠标左键。

④ 按下【Ctrl】+【V】组合键，或单击“开始”选项卡下的“粘贴”按钮，或右击鼠标，在弹出的快捷菜单中选择“粘贴”命令，即可将选定的文本复制到当前位置。

另外，在同一个文档中也可用以下方法复制文本：选定文本之后，按住【Ctrl】键，并拖动选定的文本到新的位置，先松开鼠标，再松开键盘，也可完成文本的复制。

（4）删除文本。选定文本之后，按【Delete】键，或单击“开始”选项卡下的“剪切”按钮，即可删除文本。

3. 查找与替换

单击“开始”选项卡下的“查找替换”按钮，可以打开“查找和替换”对话框，如图 3-1-9 所示。

（1）简单替换。选择“替换”选项卡，输入要查找的内容和替换为的内容，即可按需要将部分内容进行简单替换。

（2）高级替换。如果要替换的内容包含某些特殊格式，则需要使用高级替换功能。单击“格式”按钮，在下拉列表中选择“字体”命令，打开“替换字体”对话框（图 3-1-10），在其中可以设置特殊格式。

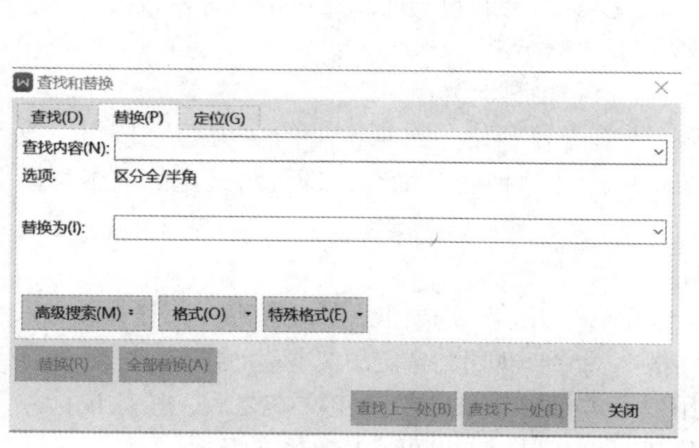

图 3-1-9 “查找和替换”对话框

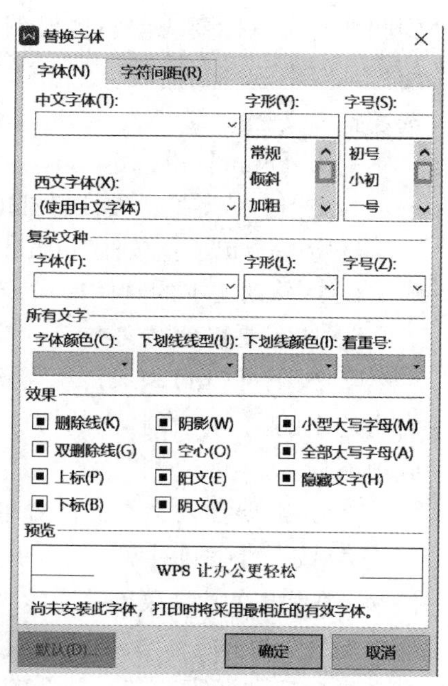

图 3-1-10 “替换字体”对话框

1. 新建文档

启动 WPS 文字，认识 WPS 文字窗口的各元素，此时文档的默认名称为“文字文稿 1”。

2. 保存

执行“文件”→“保存”或“文件”→“另存为”命令，也可直接按【Ctrl】+【S】组合键，选择“浏览”命令，弹出“另存文件”对话框（图 3-1-11），在保存位置中选择“D:\模块三 规范文档编辑”文件夹，“文件名”中输入“主题班会邀请函”，“文件类型”为“WPS 文字文件（＊.wps）”，单击“保存”按钮即可保存当前文档。

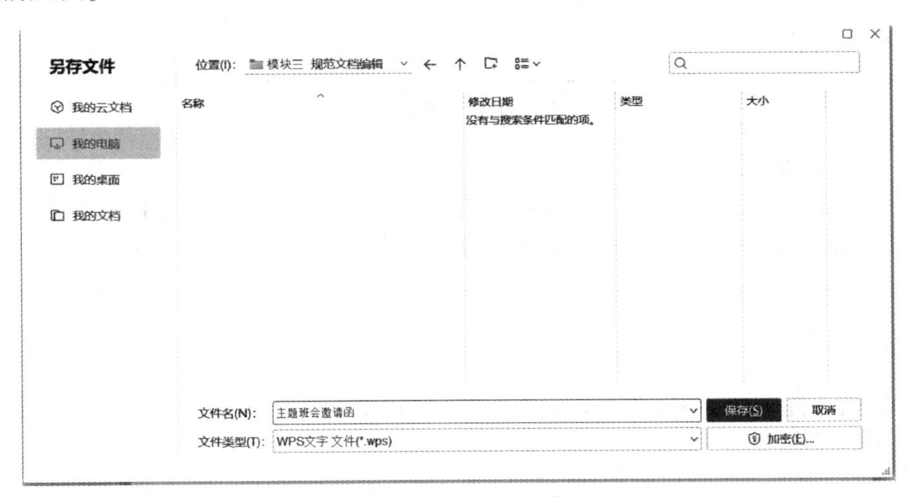

图 3-1-11 保存文件

3. 输入内容

先切换到中文输入法，在文档中输入相关的信息（图 3-1-12）。

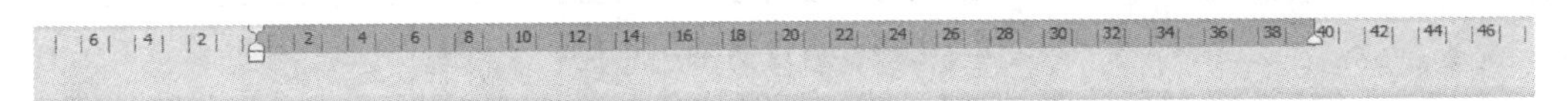

尊敬的学校领导，尊敬的老师：您好！19513 班全体师生欢迎您的到来！您的到来是对我们班级工作的肯定与支持！欢迎您参加我们班的主题班会。时间:2024 年 6 月 18 日下午第三节课地点:教学楼 5-303(19513 班教室)主题:人生梦想，由我开启！19513 班全体师生

图 3-1-12 邀请函内容

4. 简单编辑

【拆分段落】

将光标定位在需要另起一段的地方，按【Enter】键，实现段落的拆分（图 3-1-13）。

尊敬的学校领导，尊敬的老师：
您好!
19513 班全体师生欢迎您的到来!您的到来是对我们班级工作的肯定与支持!欢迎您参加我们班的主题班会。
时间:2024 年 6 月 18 日下午第三节课
地点:教学楼 5-303(19513 班教室)
主题:人生梦想，由我开启!
19513 班全体师生

图 3-1-13　拆分段落

【首行缩进 2 个字符】

选中第二、第三段，单击“开始”选项卡下“段落”组中右下角的扩展按钮，打开“段落”对话框，在其中设置首行缩进 2 个字符，效果如图 3-1-14 所示。

尊敬的学校领导，尊敬的老师：
　　您好!
　　19513 班全体师生欢迎您的到来!您的到来是对我们班级工作的肯定与支持!欢迎您参加我们班的主题班会。
时间:2024 年 6 月 18 日下午第三节课
地点:教学楼 5-303(19513 班教室)
主题:人生梦想，由我开启!
19513 班全体师生

图 3-1-14　首行缩进 2 个字符

【插入项目符号】

选中第四、五、六段，分别对应时间、地点、主题，单击“开始”选项卡下“项目符号”按钮，在打开的下拉列表中选择所需要的项目符号即可，效果如图 3-1-15 所示。

尊敬的学校领导，尊敬的老师：
　　您好!
　　19513 班全体师生欢迎您的到来!您的到来是对我们班级工作的肯定与支持!欢迎您参加我们班的主题班会。
❖ 时间:2024 年 6 月 18 日下午第三节课
❖ 地点:教学楼 5-303(19513 班教室)
❖ 主题:人生梦想，由我开启!
19513 班全体师生

图 3-1-15　插入项目符号

【插入日期】

在最后一段的前面，单击“插入”选项卡下的“日期”按钮，打开“日期和时间”对话框，选择合适的日期格式，单击“确定”按钮。同时在该日期的最后用【Enter】键实现分段，效果如图 3-1-16 所示。

尊敬的学校领导，尊敬的老师：

您好!

19513 班全体师生欢迎您的到来!您的到来是对我们班级工作的肯定与支持!欢迎您参加我们班的主题班会。

❖ 时间:2024 年 6 月 18 日下午第三节课

❖ 地点:教学楼 5-303(19513 班教室)

❖ 主题:人生梦想，由我开启!

2024 年 4 月 6 日

19513 班全体师生

图 3-1-16 插入日期

【设置对齐方式】

选中最后两段文字，单击“开始”选项卡下的“右对齐”按钮，使它们靠右对齐，效果如图 3-1-17 所示。

尊敬的学校领导，尊敬的老师：

您好!

19513 班全体师生欢迎您的到来!您的到来是对我们班级工作的肯定与支持!欢迎您参加我们班的主题班会。

❖ 时间:2024 年 6 月 18 日下午第三节课

❖ 地点:教学楼 5-303(19513 班教室)

❖ 主题:人生梦想，由我开启!

2024 年 4 月 6 日
19513 班全体师生

图 3-1-17 设置对齐方式

最后单击“保存”按钮，保存对文档所做出的修改。

项目拓展

1. 项目描述

制作一则如图 3-1-18 所示的通知。

2. 项目分析

（1）按要求输入文字，并用【Enter】键分成多个段落。

（2）标题加粗，并居中对齐。

（3）各分类奖项添加项目符号。

（4）最后一段插入日期。按要求设置最后两段的对齐方式。

（5）设置密码“123”，并将文档保存为“获奖通知 . docx”。

关于“创新创业知识竞赛”的获奖通知

各学院：

经过同学们的充分准备和激烈角逐，我校“创新创业知识竞赛”取得圆满成功。经过评委老师的一致评选，现将获奖情况通知如下：

一、个人奖

◆ 一等奖：

李葑（23409 班）

周秀君（22507 班）

叶晔（23302 班）

◆ 二等奖：

李莉（22306 班）

王曲威（23108 班）

赵荔（22206 班）

◆ 三等奖：

时晓峰（23310 班）

石宇恒（23409 班）

周翔（22107 班）

张晓辉（23409 班）

二、团体奖

23409 班、22507 班、23107 班

祝贺以上获奖的个人和班级，也希望同学们再接再厉！

***中等专业学校

2024-06-10

图 3-1-18　获奖通知

1. 学习评价

根据任务实施的内容，进行自我评估或学生互评，根据实际情况在教师引导
拓展。

观　察　点	☺	😐	☹
会用多种方法创建文档			
会用多种方法打开文档			
会保存文档并能保存为不同格式			
会设置文档密码			
会分段，插入符号、日期等			
能按要求复制、移动文本			

2. 反思与探究

从学习结果和评价两个方面进行反思，分析存在的问题，寻求解决的方法。

存在的问题	解决的方法

3. 修正与完善

根据反思与探究中寻求到的解决问题的方法，进一步完善邀请函的内容和格式。

项目 3.2　制作“美文欣赏”

（1）会使用“字体”对话框或功能组设置字体的格式。

（2）会使用“段落”对话框或功能组设置段落的格式。

（3）会设置文字或段落的边框和底纹。

（4）能根据实际需要，对文档的页面进行设置。

我们已经了解了 WPS 文字的基本操作界面，会在文档中输入信息，并进行一些简单的设置，接下来我们将学习美文的排版，即如何根据实际要求设置页面，并对字体和段落进行修饰，使文档看起来更符合实际需要。

一、字体及段落的排版

WPS 文字提供了丰富的排版功能，主要包括文字和段落格式的设置，版面设置，分栏和页眉页脚的设置等。

1. 设置文字格式

文字的格式设置包括对字体、字形、字号的设置等，另外可以给文字加颜色、边框、下划线等。

（1）“字体”功能组的使用。

“字体”功能组的功能如图 3-2-1 所示。

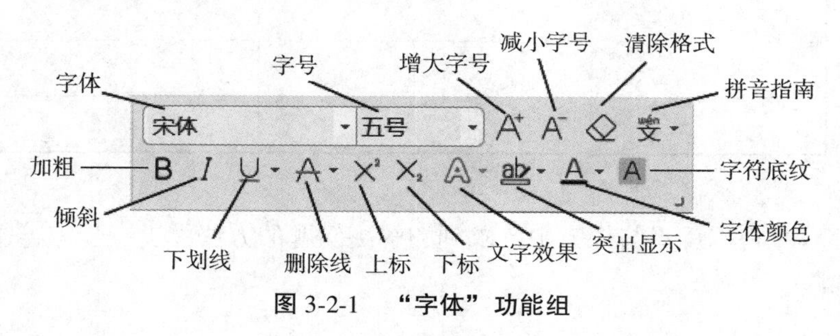

图 3-2-1　**“字体”功能组**

➤ 实践一：利用“字体”功能组设置字体格式。

输入如图 3-2-2 所示的文字，并按文字要求设置。

具体操作步骤如下：

① 输入文字“宋体　小四号　加粗　倾斜　上标　下标”。

② 选定文本“宋体”，在“开始”选项卡下设置字体为“宋体”。

③ 用类似的方法，设置“小四号　加粗　倾斜　上标　下标”所对应的格式。

（2）“字体”浮动窗口的使用。

选定需要设置字体的文字后，右上方自动弹出“字体”浮动窗口（图 3-2-3）。用户在其中可以设置选定文本的格式。

宋体　小四号　**加粗**　*倾斜*　上标　下标

图 3-2-2　**设置字体格式（一）**

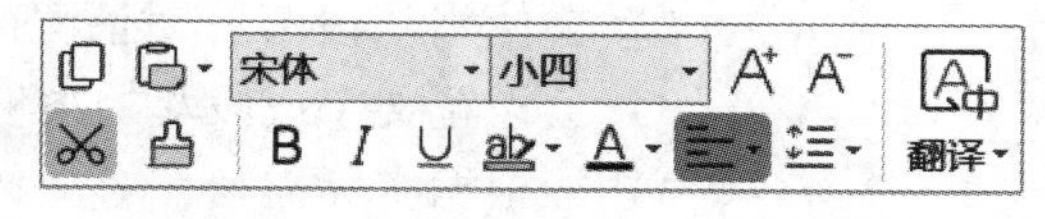

图 3-2-3　**“字体”浮动窗口**

（3）“字体”对话框的使用。

➤ 实践二：利用“字体”对话框设置字体格式。

输入如图 3-2-4 所示的文字，并按文字要求设置。

红色双波浪下划线　着重号　~~删除线~~字 符 间 距 加 宽 2 磅

图 3-2-4　**设置字体格式（二）**

具体操作步骤如下：

① 选定“红色双波浪下划线”文本，单击“开始”选项卡下“字体”组右下角的扩展按钮，打开“字体”对话框，如图 3-2-5 所示。在“字体”选项卡的“下划线线型”中选择双波浪线，“下划线颜色”设置为“标准颜色”中的“红色”，单击“确定”按钮。

② 用同样的方法完成着重号、删除线的格式设置。

③ 选定“字符间距加宽 2 磅”文本，单击“开始”选项卡下“字体”组右下角的扩展按钮，打开“字体”对话框，在“字符间距”选项卡中设置间距为“加宽”，值为“2 磅”，如图 3-2-6 所示，单击“确定”按钮。

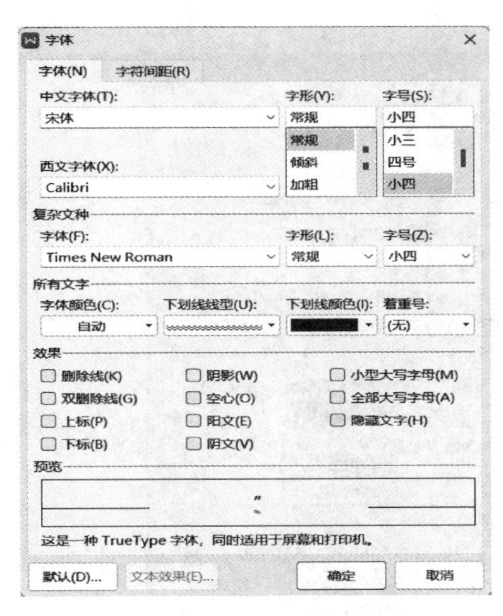

图 3-2-5　“字体”对话框

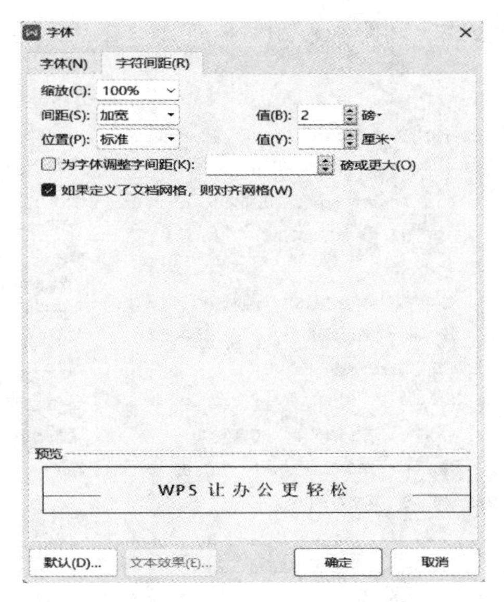

图 3-2-6　“字符间距”选项卡

2. 设置段落格式

输入完一段内容，按【Enter】键后，就会有一个段落标记“↵”，它不仅表示一个段落的结束，也包含了该段落的格式信息，如对齐方式、行间距、段间距等。

(1)“段落”功能组的使用。

“段落”功能组的功能如图 3-2-7 所示。

➢ 实践三：设置简单的段落对齐方式。

输入四段文字，并按文字要求设置四种段落对齐方式，如图 3-2-8 所示。

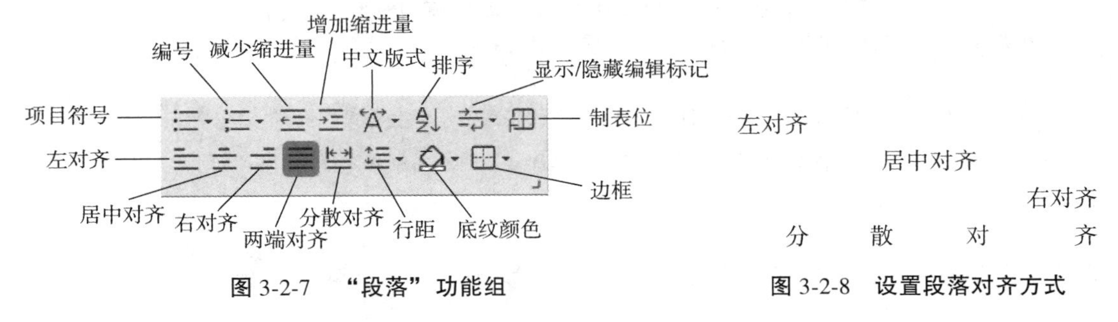

图 3-2-7　“段落”功能组

图 3-2-8　设置段落对齐方式

具体操作步骤如下：

① 输入如图 3-2-8 所示的四段文字。

② 选定第一段，单击“开始”选项卡下的“左对齐”按钮，即可完成第一段文字的对齐方式。

③ 用上述方法，分别设置第二至第四段文字为居中对齐、右对齐、分散对齐。

(2)“段落”对话框的使用。

单击“开始”选项卡下“段落”组右下角的扩展按钮，打开“段落”对话框，如图 3-2-9 所示。在“段落”对话框中，可以设置对齐方式、文本之前或文本之后缩进、特殊格式、间距和行距等，如图 3-2-10 所示。

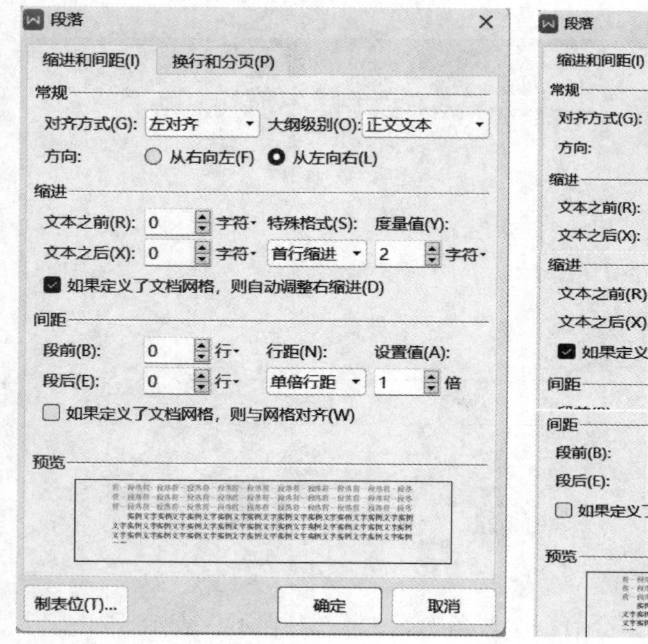

图 3-2-9　“段落”对话框

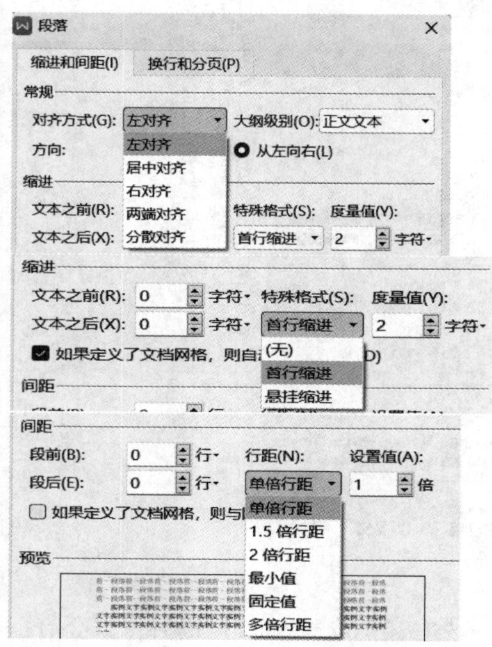

图 3-2-10　“缩进和间距”选项卡

➢ 实践四：利用“段落”对话框设置特殊格式和行距。

打开文档“天目湖”，设置第二段为左对齐，左、右各缩进 2 字符，首行缩进 2 字符，段前距、段后距均为 1 行，1.3 倍行距，效果如图 3-2-11 所示。

天目湖位于常州溧阳市南八千米处，因属天目山余脉，故名“天目湖”。天目湖为一东西窄、南北长的深水湖（水库），南部水深约 4～5m ，北部水深约 10～14m。↵

　　天目湖的周围，现存许多历史文化遗址：以春秋时代楚人伍子胥名“员”命名的伍员山，东汉大文学家蔡邕读书台，太白楼，报恩禅寺，唐代名刹龙兴寺旧址，“天下第一石拱坝”等。↵

天目湖地区物产丰富，有“沙河桂茗”绿茶、“乌龙茶”、“珍珠栗”、“桂元栗”、“砂锅鱼头”等。↵

图 3-2-11　设置段落格式

具体操作步骤如下：

① 选定第二段文字，单击“开始”选项卡下“段落”组右下角的扩展按钮，打开“段落”对话框，选择“缩进和间距”选项卡。

② 设置对齐方式：在“常规”选项组中，设置对齐方式为“左对齐”。

③ 设置缩进：在“缩进”选项组中，调整文本之前、文本之后均缩进 2 字符。

④ 设置特殊格式：在“特殊格式”选项组中，选定“首行缩进”，度量值为

“2 字符”。

⑤ 设置段落间距：在“间距”选项组中，设置段前、段后均为 1 行。

⑥ 设置行距：选定“多倍行距”，设置值为“1.3”。

设置完成后，在预览框中可以看到排版的预览效果，单击“确定”按钮。

3. 使用水平标尺，调整段落缩进

选中或取消选中“视图”选项卡下“标尺”复选框，可以显示或隐藏标尺。水平标尺（图 3-2-12）的作用是拖动这些标记，可以设置相应的格式。

（1）左缩进：用于设置段落的左边界。

（2）悬挂缩进：设置除段落第一行之外，其他行的起始位置。

（3）首行缩进：设置段落第一行的起始位置。

（4）右缩进：用于设置段落的右边界。

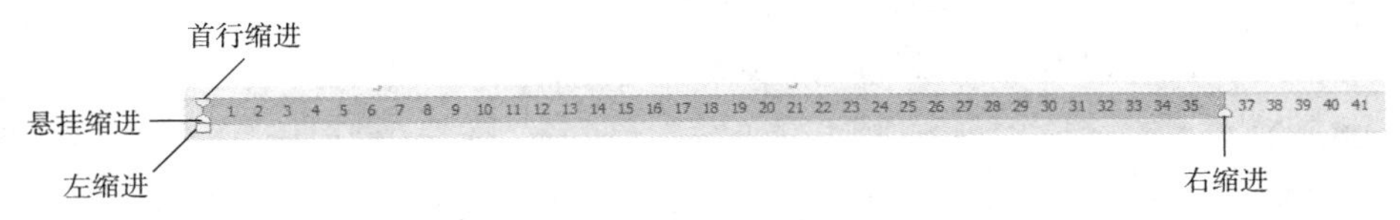

图 3-2-12　水平标尺

4. 项目符号和编号

单击“开始”选项卡下的“项目符号”按钮，可打开如图 3-2-13（a）所示的项目符号库。单击“开始”选项卡下的“编号”按钮，可打开如图 3-2-13（b）所示的编号库。

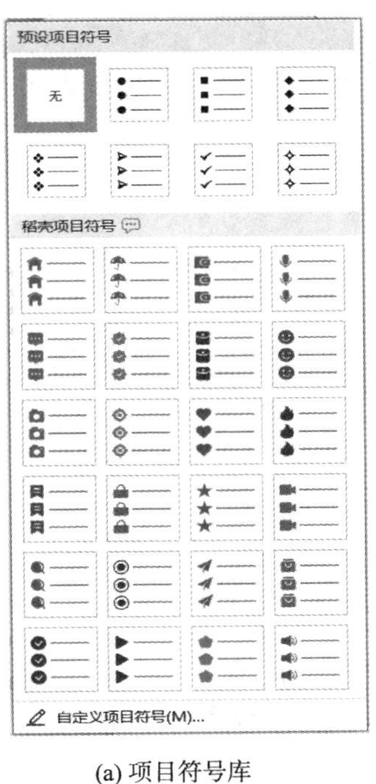

(a) 项目符号库

编号

无

多级编号

更改编号级别(E)

自定义编号(M)...

(b) 编号库

✧ 段落一

✧ 段落二

✧ 段落三

(1) 段落四

(2) 段落五

(3) 段落六

(c) 输入文本

图 3-2-13　项目符号和编号

➢ 实践五：利用“段落”功能组，添加项目符号和编号。

输入六段文字，前三段添加项目符号，后三段添加编号。具体操作步骤如下：

① 输入如图 3-2-13（c）所示的文本。

② 选定前三行，单击“开始”选项卡下的“项目符号”按钮，选择所需的项目符号，也可自定义项目符号。

③ 用同样的方法，添加后三行文字的编号。

二、设置边框和底纹

1. 设置文字或段落的边框和底纹

➢ 实践一：输入如图 3-2-14 所示的文字，并按要求加边框和底纹。

给文字加双波浪线蓝色边框，黄色底纹

图 3-2-14　设置边框和底纹

具体操作步骤如下：

① 输入以上文字，选定文字，单击“开始”选项卡下的“边框”按钮，在下拉列表中选择“边框和底纹”命令，打开“边框和底纹”对话框。

② 在“边框”选项卡中，“设置”为“方框”，“线型”为“双波浪线”，“颜色”为“蓝色”，“应用于”为“文字”，如图 3-2-15 所示。

③ 在“底纹”选项卡中，“填充”为“黄色”，“应用于”为“文字”，如图 3-2-16 所示。

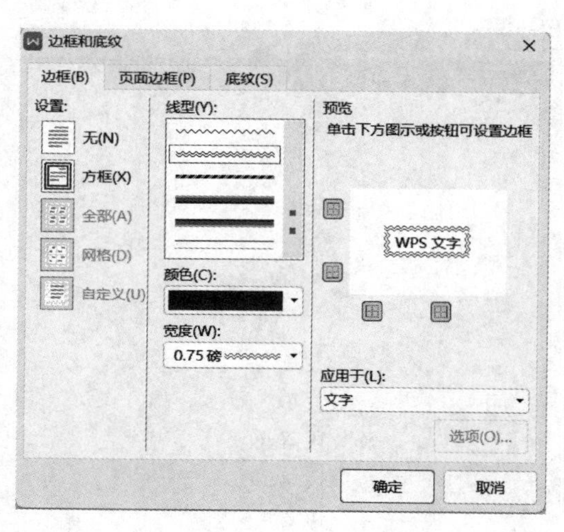

图 3-2-15　“边框”选项卡

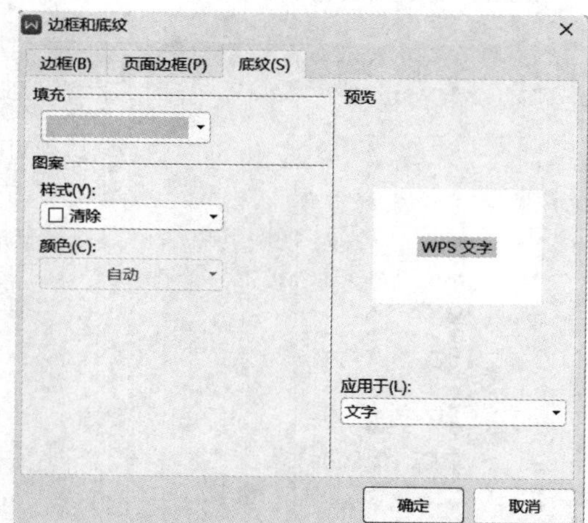

图 3-2-16　“底纹”选项卡

④ 单击“确定”按钮，完成边框和底纹的设置。

如果在“边框”选项卡和“底纹”选项卡的“应用于”中选择“段落”，则效果如图 3-2-17 所示。

给段落加双波浪线蓝色边框，黄色底纹。

图 3-2-17 “应用于”选择“段落”的效果

2. 复制和清除格式

（1）复制格式。在带格式的文本处单击鼠标，单击“开始”选项卡下的“格式刷”按钮，此时鼠标变成格式刷形状，表示已复制了相关格式。然后，将鼠标移到要复制格式的文本开始处，按下鼠标左键并拖动到结尾处。此时，复制的格式将应用到被选定的文本上。

如果双击格式刷，被复制的格式就能多次使用。要取消格式刷的功能，只需再单击一次格式刷图标。

（2）清除格式。选定带格式的文本，单击“开始”选项卡下的“清除格式”按钮即可。

3. 分栏

➢ 实践二：打开文档“天目湖”，给第四段文本分栏。要求：分两栏，加分隔线，栏宽度为 19 字符，效果如图 3-2-18 所示。

天目湖被誉为“江南明珠”“绿色仙境”，天目湖全区拥有 300 平方公里的生态保护区，区内坐落着沙河、大溪两座国家级大型水库，是江苏省首批生态旅游示范区。

图 3-2-18 段落分栏

具体操作步骤如下：

① 选定第四段文本，单击“页面布局”选项卡下的“分栏”按钮，在下拉列表中选择“更多分栏”命令，打开“分栏”对话框。

② 设置“栏数”为“2”，选中“分隔线”复选框，设置“栏宽度”为“19 字符”，单击“确定”按钮。

注意：如果文档的最后一段参与分栏，操作时不要选定最后一段的回车符。

4. 首字下沉

➢ 实践三：打开文档“天目湖”，将第一段文字设置为首字下沉 2 行，距正文 0.3 厘米，如图 3-2-19 所示。

天目湖位于常州溧阳市南八千米处，因属天目山余脉，故名“天目湖”。天目湖为一东西窄、南北长的深水湖（水库），南部水深约 4～5m，北部水深约 10～14m。

图 3-2-19 首字下沉

具体操作步骤如下：

① 选定第一段文本，单击“插入”选项卡下的“首字下沉”按钮，打开如图 3-2-20所示的“首字下沉”对话框。

② 在“位置”选项中选择“下沉”，下沉行数设定为“2”，距正文的值为“0.3 厘米”，单击“确定”按钮。

三、设置版面

WPS 文字中，可以根据需要，重新设定页边距、每页的行数和每行的字符数等。

1. 页面设置

纸张大小、页边距确定了可用文本的区域，图 3-2-21 显示了纸张大小、左右边距、段落边距的关系。页面设置的内容主要包括：页边距、纸张、版式和文档网格。

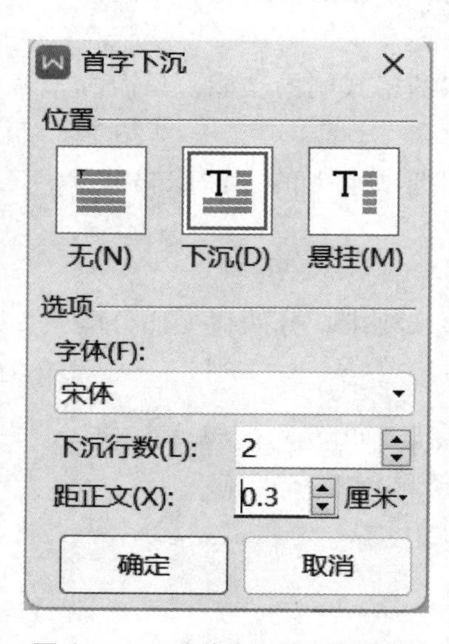

图 3-2-20 “首字下沉”对话框

纸张宽度
页面上边距
纸张高度
页面左边距
段落左边距
段落右边距
页面右边距
页面下边距

图 3-2-21 页面示意图

➢ 实践一：新建空白 WPS 文字文件，设置上、下边距均为 2. 5 厘米，左、右边距均为 3 厘米，纸张方向为纵向，纸张大小为 16 开，页眉和页脚设置首页不同，每行 35 字符，每页 38 行。

具体操作步骤如下：

① 新建空白 WPS 文字文件，单击“页面布局”选项卡下“页面设置”组右下角的扩展按钮，打开“页面设置”对话框。在“页边距”选项卡中，调整上、下边距均为 2. 5 厘米，左、右边距均为 3 厘米，纸张方向选择“纵向”，如图 3-2-22 所示。

② 切换至“纸张”选项卡，在“纸张大小”中选择“A4”，如图 3-2-23 所示。

③ 切换至“版式”选项卡，在页眉和页脚设置中选择“首页不同”，如图 3-2-24 所示。

④ 切换至“文档网格”选项卡，在网格中选择“指定行和字符网格”单选按钮，并设置每行字符数为 35，每页行数为 38，如图 3-2-25 所示。

2. 页眉和页脚

在页面的顶端和底部，各有一个区域称为“页眉”和“页脚”，可以在此处添加文档的相关信息，如章节、标题、页码等。

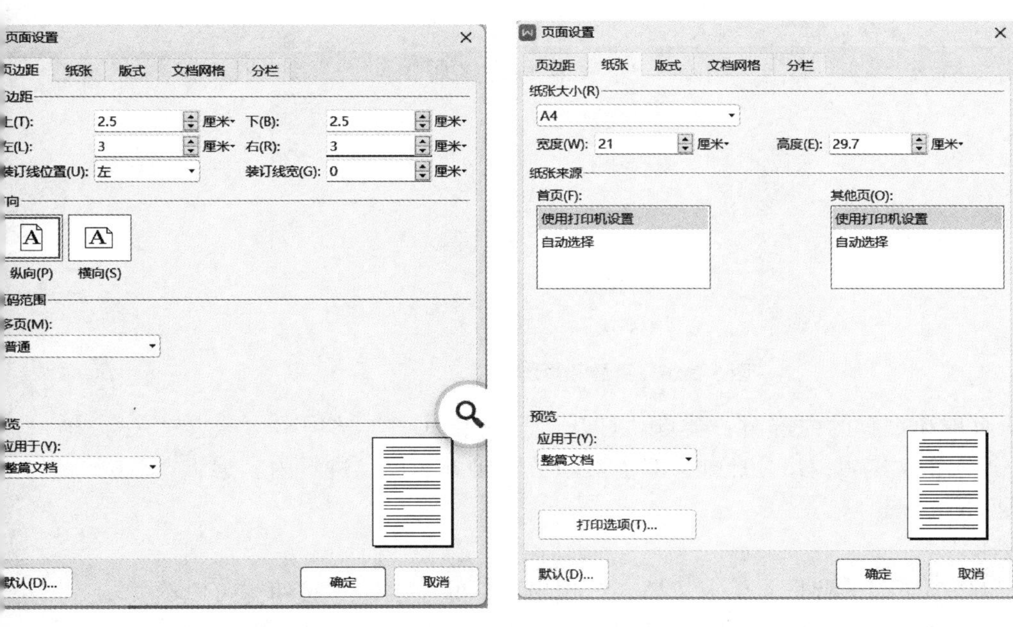

图 3-2-22　“页边距”选项卡　　图 3-2-23　“纸张”选项卡

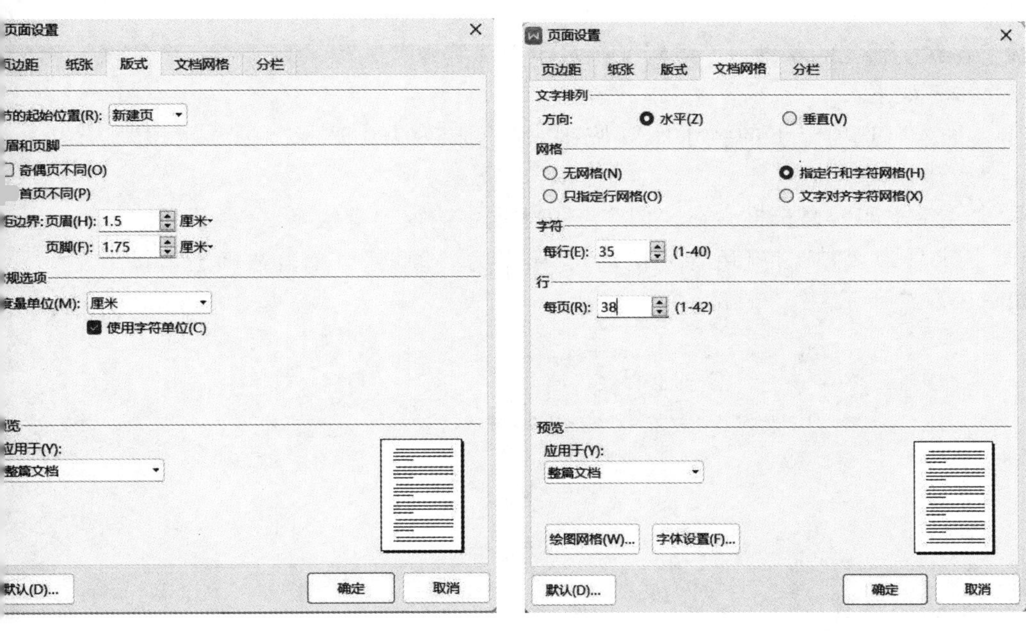

图 3-2-24　“版式”选项卡　　图 3-2-25　“文档网格”选项卡

➢ 实践二：在实践一的基础上，插入页眉，内容为“WPS 文字处理”，插入页脚，内容为“信息技术”，设置页眉和页脚居中对齐。

具体操作步骤如下：

① 单击“插入”选项卡下的“页眉和页脚”，在页眉位置输入内容“WPS 文字处理”。

② 切换到页脚，在页脚位置输入内容“信息技术”。

③ 单击页眉或页脚，单击“开始”选项卡下的“居中对齐”按钮，效果如图 3-2-26所示。

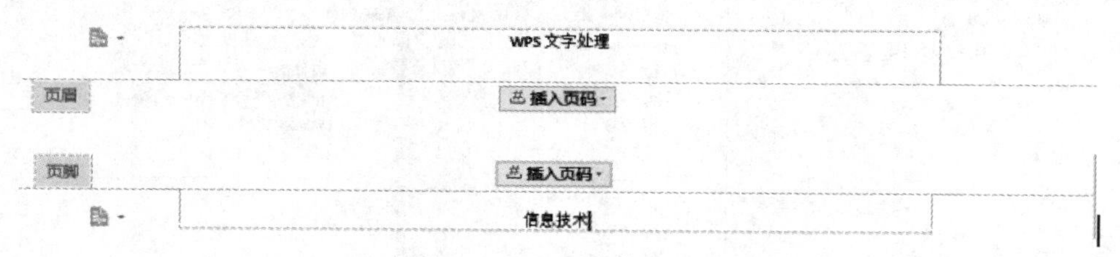

图 3-2-26　页眉和页脚

④ 编辑页眉和页脚的内容时，会自动打开“页眉和页脚”选项卡，单击“关闭”按钮，返回正文编辑窗口。此外，双击页眉或页脚处，可以进行内容编辑，双击正文，返回正文编辑状态。

3. 设置水印

水印可以作为页面的背景，单击“插入”选项卡下的“水印”按钮，可以给文档设置水印，如“机密”“严禁复制”等。水印分成图片水印和文字水印两种形式，水印可以自定义。

➢ 实践三：在实践二的基础上，设置文档水印为“等级考试”。

具体操作步骤如下：

① 单击“插入”选项卡下的“水印”按钮，在下拉列表中选择“插入水印”命令，打开“水印”对话框。

② 选中“文字水印”复选框，在“内容”文本框中输入“等级考试”，设置字体为“宋体”，字号为“72”，颜色为“橙色”，版式为“倾斜”，单击“确定”按钮。效果如图 3-2-27 所示。

图 3-2-27　水印效果

四、文档的打印

执行“文件”→“打印”→“打印预览”命令，可以看到文档打印预览的效果。设置打印份数、打印范围、打印方向等后，单击“打印”按钮进行打印。如果要对文档进行修改，单击“文件”菜单，返回文档编辑状态。

项目完成后的“美文欣赏 1”效果图如图 3-2-28 所示。

美文欣赏——荷塘月色

荷塘月色（节选）

朱自清[1]

曲曲折折的荷塘上面，弥望的是田田的叶子。叶子出水很高，像亭亭的舞女的裙。层层的叶子中间，零星地点缀着些白花，有袅娜地开着的，有羞涩地打着朵儿的；正如一粒粒的明珠，又如碧天里的星星，又如刚出浴的美人。微风过处，送来缕缕清香，仿佛远处高楼上渺茫的歌声似的。这时候叶子与花也有一丝的颤动，像闪电般，霎时传过荷塘的那边去了。叶子本是肩并肩密密地挨着，这便宛然有了一道凝碧的波痕。叶子底下是脉脉的流水，遮住了，不能见一些颜色；而叶子却更见风致了。

月光如流水一般，静静地泻在这一片叶子和花上。薄薄的青雾浮起在荷塘里。叶子和花仿佛在牛乳中洗过一样；又像笼着轻纱的梦。虽然是满月，天上却有一层淡淡的云，所以不能朗照；但我以为这恰是到了好处——酣眠固不可少，小睡也别有风味的。月光是隔了树照过来的，高处丛生的灌木，落下参差的斑驳的黑影，峭楞楞如鬼一般；弯弯的杨柳的稀疏的倩影，却又像是画在荷叶上。塘中的月色并不均匀；但光与影有着和谐的旋律，如梵婀玲上奏着的名曲。

荷塘的四面，远远近近，高高低低都是树，而杨柳最多。这些树将一片荷塘重重围住；只在小路一旁，漏着几段空隙，像是特为月光留下的。树色一例是阴阴的，乍看像一团烟雾；但杨柳的丰姿，便在烟雾里也辨得出。树梢上隐隐约约的是一带远山，只有些大意罢了。树缝里也漏着一两点路灯光，没精打采的，是渴睡人的眼。这时候最热闹的，要数树上的蝉声与水里的蛙声；但热闹是它们的，我什么也没有。

《荷塘月色》是中国现代文学家朱自清任教清华大学时所写的一篇散文。文章写了荷塘月色美丽的景象，含蓄而又委婉地抒发了作者不满现实，渴望自由，想超脱现实而又不能的复杂的思想感情，为后人留下了旧中国正直知识分子在苦难中徘徊前进的足迹。寄托了作者一种向往于未来的政治思想，也寄托了作者对荷塘月色的喜爱之情。

[1] 朱自清（1898-1948），原名自华，字佩弦，号秋实，江苏扬州人。

图 3-2-28　“美文欣赏 1”效果图

1. 设置页面

打开文档“美文欣赏 1. docx”。单击“页面布局”选项卡下“页面设置”组右下角的扩展按钮，打开“页面设置”对话框，设置纸张的上、下、左、右页边距均为 3 厘米，纸张方向为“纵向”，纸张大小为“A4”，单击“确定”按钮。

2. 设置页眉和页脚

【添加页眉】

单击“插入”选项卡下的“页眉和页脚”按钮，切换到页眉编辑状态。在顶端页眉处输入“美文欣赏——荷塘月色”，并在文档上双击，回到文档编辑状态，如图 3-2-29 所示。

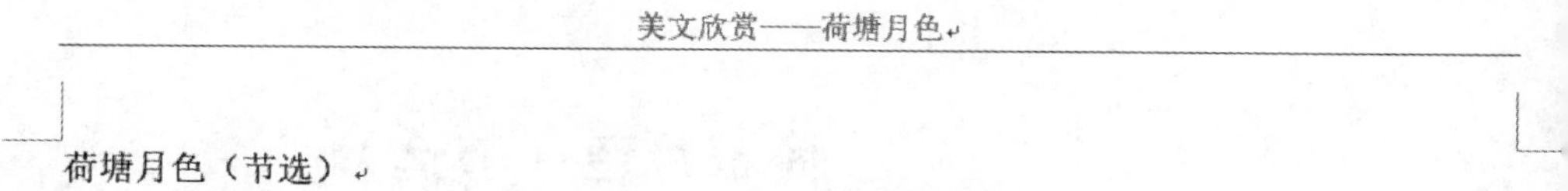

美文欣赏——荷塘月色

荷塘月色（节选）

图 3-2-29　设置页眉

【插入页码】

单击“插入”选项卡下的“页码”按钮，在下拉列表中选择“页脚中间”，将在页面底端插入页码，如图 3-2-30 所示。

1

图 3-2-30　插入页码

3. 设置标题

（1）选中标题，在“开始”选项卡下“字体”组中，选择字体为“黑体”，字号为“一号”，“加粗”，以“黄色”突出显示，字体颜色为“蓝色”，并在“段落”组中选择“居中对齐”。设置后的效果如图 3-2-31 所示。

（2）对第二段（作者）进行如下设置：字体为“楷体”，字号为“小四”，“下划线”，颜色为“蓝色”，并居中显示。设置后的效果如图 3-2-32 所示。

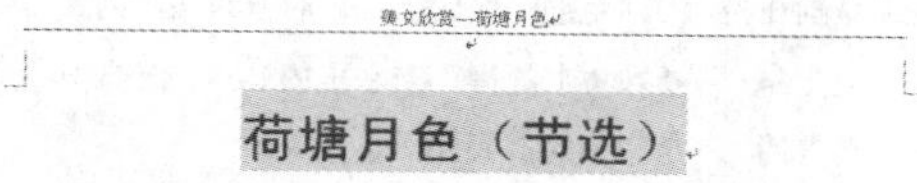

美文欣赏——荷塘月色

荷塘月色（节选）

图 3-2-31　“标题”设置效果

荷塘月色（节选）

朱自清

图 3-2-32　“作者”设置效果

4. 设置正文

【利用“字体”对话框设置字体】

选中正文第一段文字，单击“开始”选项卡下“字体”组右下角的扩展按钮，打开“字体”对话框。设置中文字体为“宋体”，西文字体为“使用中文字体”，字形为“常规”，字号为“小四”，字体颜色为“黑色，文本 1”，下划线为“单实线”，下划线颜色为“蓝色”。最终设置效果如图 3-2-33 所示。

荷塘月色（节选）

朱自清

曲曲折折的荷塘上面，弥望的是田田的叶子。叶子出水很高，像亭亭的舞女的裙。层层的叶子中间，零星地点缀着些白花，有袅娜地开着的，有羞涩地打着朵儿的；正如一粒粒的明珠，又如碧天里的星星，又如刚出浴的美人。微风过处，送来缕缕清香，仿佛远处高楼上渺茫的歌声似的。这时候叶子与花也有一丝的颤动，像闪电般，霎时传过荷塘的那边去了。叶子本是肩并肩密密地挨着，这便宛然有了一道凝碧的波痕。叶子底下是脉脉的流水，遮住了，不能见一些颜色；而叶子却更见风致了。

图 3-2-33　第一段正文设置效果图

利用同样的方法，设置正文第二、第三段的格式为“宋体”“常规”“小四”“黑色，文本 1”。

【利用“段落”功能组设置段落格式】

选中正文第一段文字，在“段落”功能组中，选择“左对齐”，底纹为“金色，背景 2，深色 25%”，段落行间距为“1.5 倍行距”，完成第一段的段落格式设置。效果如图 3-2-34 所示。

曲曲折折的荷塘上面，弥望的是田田的叶子。叶子出水很高，像亭亭的舞女的裙。层层的叶子中间，零星地点缀着些白花，有袅娜地开着的，有羞涩地打着朵儿的；正如一粒粒的明珠，又如碧天里的星星，又如刚出浴的美人。微风过处，送来缕缕清香，仿佛远处高楼上渺茫的歌声似的。这时候叶子与花也有一丝的颤动，像闪电般，霎时传过荷塘的那边去了。叶子本是肩并肩密密地挨着，这便宛然有了一道凝碧的波痕。叶子底下是脉脉的流水，遮住了，不能见一些颜色；而叶子却更见风致了。

图 3-2-34　第一段段落格式设置效果图

【利用“段落”对话框设置段落格式】

选中正文第二、三段，将字号设置为“小四”。单击“开始”选项卡下“段落”组右下角的扩展按钮，打开“段落”对话框，并进行如下设置：对齐方式为“两端对齐”，左、右各缩进“1 字符”，首行缩进“2 字符”，段前距和段后距均为“0.5 行”，行距为“固定值，20 磅”。

5. 首字下沉和分栏

【首字下沉】

鼠标在正文第一段文字任意处单击，单击“插入”选项卡下的“首字下沉”按钮，打开“首字下沉”对话框，设置位置为“下沉”，下沉行数为“2”，距正文为“0.3 厘米”（图 3-2-35）。设置效果如图 3-2-36 所示。

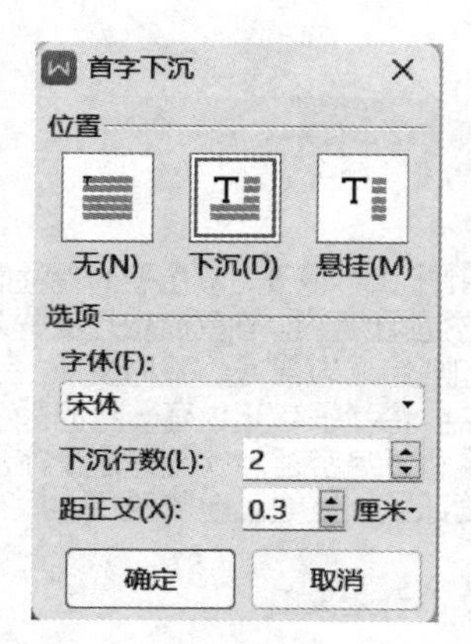

图 3-2-35 “首字下沉”对话框

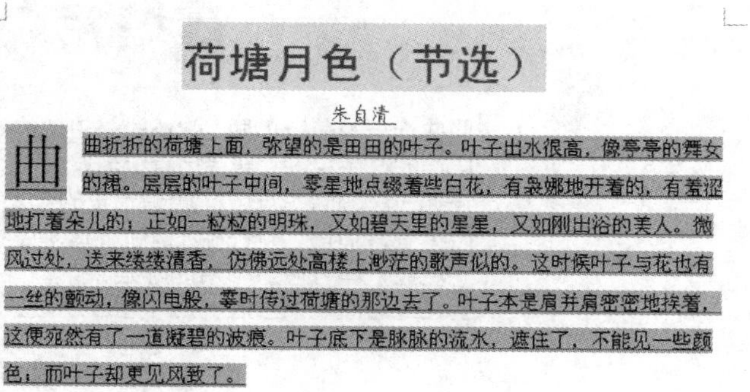

荷塘月色（节选）

朱自清

曲曲折折的荷塘上面，弥望的是田田的叶子。叶子出水很高，像亭亭的舞女的裙。层层的叶子中间，零星地点缀着些白花，有袅娜地开着的，有羞涩地打着朵儿的；正如一粒粒的明珠，又如碧天里的星星，又如刚出浴的美人。微风过处，送来缕缕清香，仿佛远处高楼上渺茫的歌声似的。这时候叶子与花也有一丝的颤动，像闪电般，霎时传过荷塘的那边去了。叶子本是肩并肩密密地挨着，这便宛然有了一道凝碧的波痕。叶子底下是脉脉的流水，遮住了，不能见一些颜色；而叶子却更见风致了。

图 3-2-36 “首字下沉”效果图

【分栏】

选中正文第二、三段，单击“页面布局”选项卡下的“分栏”按钮，在下拉列表中选择“更多分栏”命令，打开“分栏”对话框。选择“两栏”“分隔线”“栏宽相等”，确定之前，可以看一下右侧预览效果（图 3-2-37）。操作效果如图 3-2-38 所示。

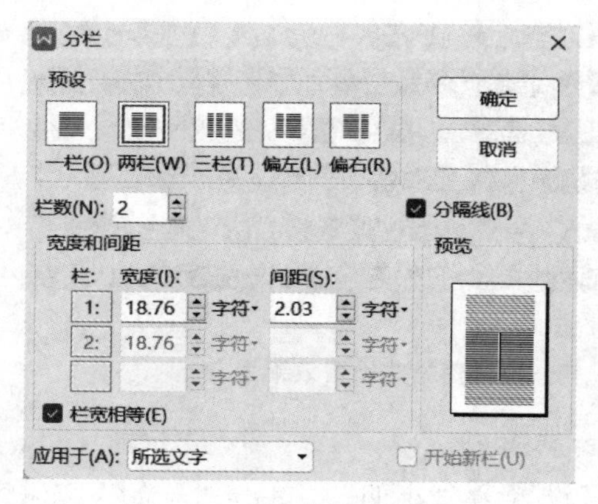

图 3-2-37 “分栏”对话框

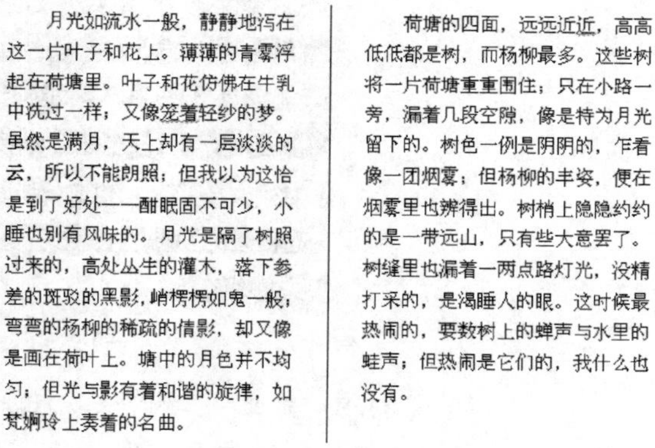

月光如流水一般，静静地泻在这一片叶子和花上。薄薄的青雾浮起在荷塘里。叶子和花仿佛在牛乳中洗过一样；又像笼着轻纱的梦。虽然是满月，天上却有一层淡淡的云，所以不能朗照；但我以为这恰是到了好处——酣眠固不可少，小睡也别有风味的。月光是隔了树照过来的，高处丛生的灌木，落下参差的斑驳的黑影，峭楞楞如鬼一般；弯弯的杨柳的稀疏的倩影，却又像是画在荷叶上。塘中的月色并不均匀；但光与影有着和谐的旋律，如梵婀玲上奏着的名曲。

荷塘的四面，远远近近，高高低低都是树，而杨柳最多。这些树将一片荷塘重重围住；只在小路一旁，漏着几段空隙，像是特为月光留下的。树色一例是阴阴的，乍看像一团烟雾；但杨柳的丰姿，便在烟雾里也辨得出。树梢上隐隐约约的是一带远山，只有些大意罢了。树缝里也漏着一两点路灯光，没精打采的，是渴睡人的眼。这时候最热闹的，要数树上的蝉声与水里的蛙声；但热闹是它们的，我什么也没有。

图 3-2-38 分栏后的效果图

6. 设置边框和底纹

（1）选中最后一段文字，单击“开始”选项卡下的“边框”按钮，在下拉列表中选择“边框和底纹”命令，打开“边框和底纹”对话框。设置为“方框”，线型为“单实线”，颜色为“蓝色”，宽度为“1 磅”，应用于“段落”，如图 3-2-39 所示。

（2）切换到“底纹”选项卡，在“填充”列表下选择“白色，背景 1，深色 25%”，应用于“段落”，如图 3-2-40 所示，单击“确定”按钮。操作效果如图 3-2-41所示。

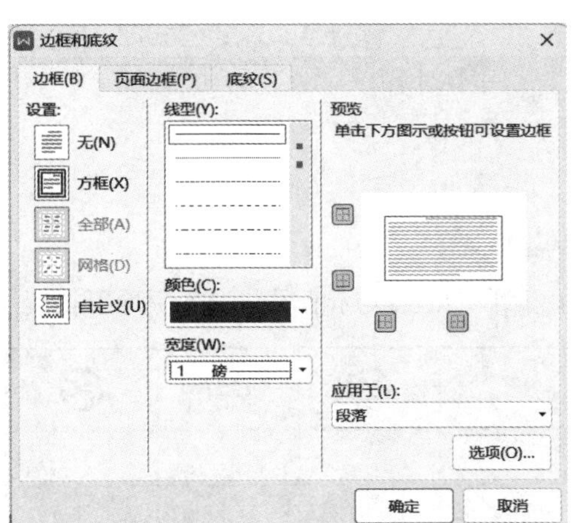

图 3-2-39　“边框”选项卡

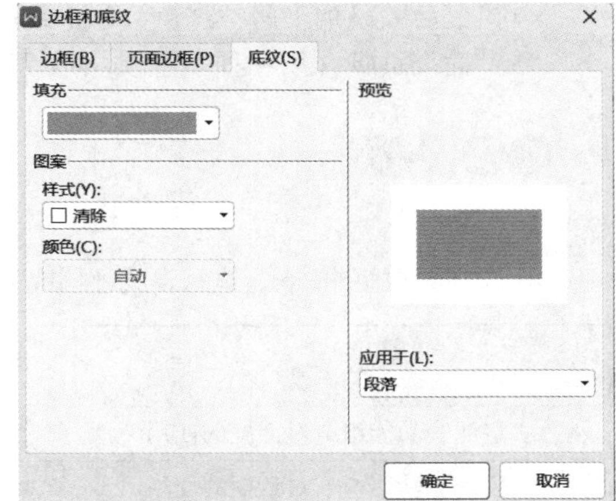

图 3-2-40　“底纹”选项卡

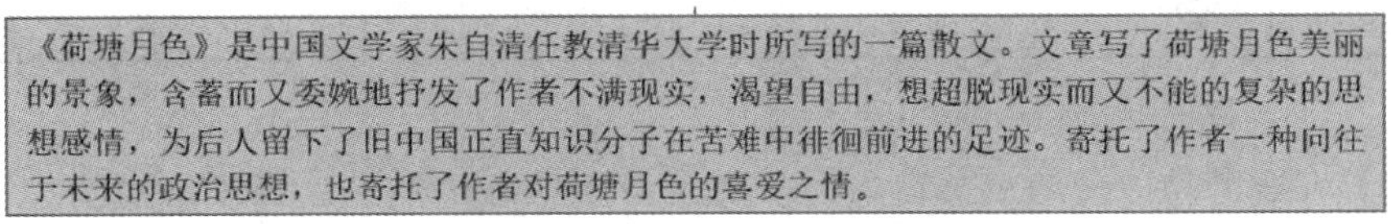

《荷塘月色》是中国文学家朱自清任教清华大学时所写的一篇散文。文章写了荷塘月色美丽的景象，含蓄而又委婉地抒发了作者不满现实，渴望自由，想超脱现实而又不能的复杂的思想感情，为后人留下了旧中国正直知识分子在苦难中徘徊前进的足迹。寄托了作者一种向往于未来的政治思想，也寄托了作者对荷塘月色的喜爱之情。

图 3-2-41　“边框和底纹”操作效果图

7. 插入尾注

将光标定位到作者（朱自清）之后，单击“引用”选项卡下的“插入尾注”按钮，在文章末尾处插入尾注：“朱自清（1898—1948），原名自华，字佩弦，号秋实，江苏扬州人。”操作效果如图 3-2-42 所示。

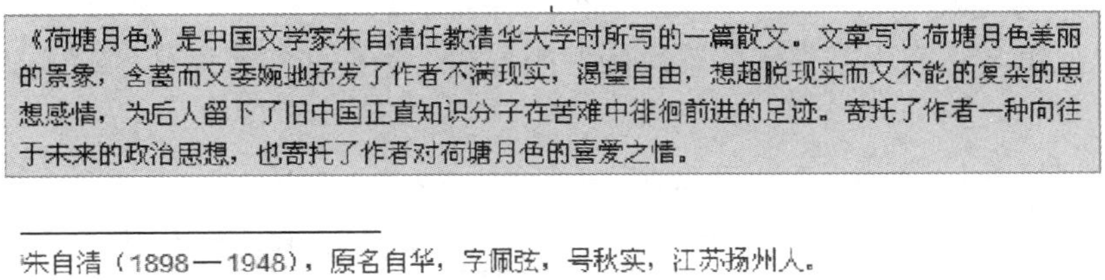

《荷塘月色》是中国文学家朱自清任教清华大学时所写的一篇散文。文章写了荷塘月色美丽的景象，含蓄而又委婉地抒发了作者不满现实，渴望自由，想超脱现实而又不能的复杂的思想感情，为后人留下了旧中国正直知识分子在苦难中徘徊前进的足迹。寄托了作者一种向往于未来的政治思想，也寄托了作者对荷塘月色的喜爱之情。

朱自清（1898—1948），原名自华，字佩弦，号秋实，江苏扬州人。

图 3-2-42　插入尾注效果图

项目拓展

打开文档“美文欣赏 2. docx”，对文档进行如下操作：

（1）设置纸张为 16 开，上、下、左、右页边距均为 2 厘米。

（2）文章标题格式为二号、宋体、加粗、居中对齐、1. 8 倍行距。作者格式为小四号、宋体、居中对齐，行距为固定值 18 磅。作者加尾注：“《绿》是朱自清先生早期的游记散文，作于 1924 年 2 月 8 日。”

（3）正文部分：宋体、小四、左对齐，段落首行缩进 2 字符，段前、段后距 0. 5 行，1. 5 倍行距。除最后一段外，分两栏，加分隔线。

（4）最后一段加 1 磅、红色、单实线边框，“金色，背景 2，深色 25%”底纹。
（5）插入页脚（第一种）：“美文欣赏”，并居中对齐。

1. 学习评价

根据任务实施的内容，进行自我评估或学生互评，根据实际情况在教师引导下拓展。

观　察　点	☺	😐	☹
熟悉“字体”功能组或对话框的使用			
熟悉“段落”功能组或对话框的使用			
会插入脚注、尾注、页码、页眉、页脚等			
会设置边框和底纹、首字下沉和分栏			

2. 反思与探究

从学习结果和评价两个方面进行反思、分析存在的问题，寻求解决的方法。

存在的问题	解决的方法

3. 修正与完善

根据反思与探究中寻求到的解决问题的方法，进一步完善文档的格式化。

项目 3.3　制作“个人简历”

（1）能根据实际需求设计合适的表格结构。
（2）能熟练地在 WPS 文档中插入表格，调整表格结构，设置表格格式。
（3）了解一份简历要呈现的基本要素，认识到在校期间培养自己各方面能力的重要性。

一份个人简历是应聘时必不可少的材料，请利用 WPS 文字制作一份个人简历。

生活中，经常用表格来表达一些信息，如成绩管理、个人简历、工资表等。WPS 文字提供了强大的表格处理功能，包括表格的新建、编辑、计算等，还可以完成文本和表格之间的相互转换。

一、新建表格

➢实践一：创建 4 行 5 列的表格。

（1）使用菜单创建表格：单击“插入”选项卡下的“表格”按钮，鼠标往下拉，拖出 4 行 5 列的表格，松开鼠标，在插入点插入相应的表格。

（2）使用“插入表格”对话框创建表格：单击“插入”选项卡下的“表格”按钮，在下拉列表中选择“插入表格”命令，打开“插入表格”对话框，在列数和行数中分别输入“5”和“4”，如图 3-3-1 所示，单击“确定”按钮。

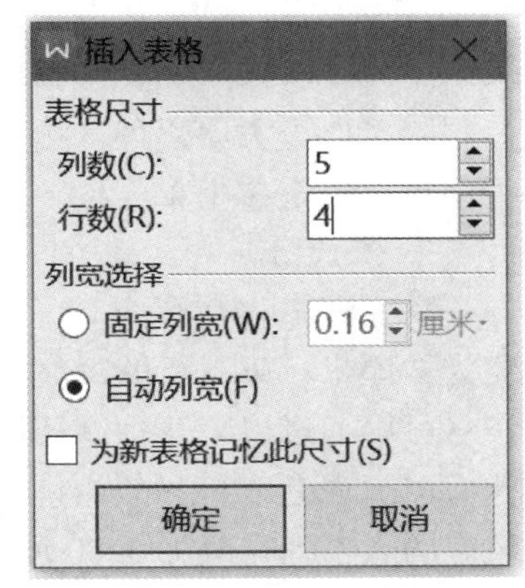

图 3-3-1　“插入表格”对话框

➢ 实践二：将下列文本转换成表格，以空格作为文字分隔位置。

姓名　工资　奖金　补贴
赵明　2800　860　300
李莉　2780　880　350
刘孜　2850　900　300

具体操作步骤如下：

① 选定四行文字，单击“插入”选项卡下的“表格”按钮，在下拉列表中选择“文本转换成表格”命令，打开“将文字转换成表格”对话框。

② 设置列数为 5，行数为 4，“文字分隔位置”为“空格”，如图 3-3-2 所示。转换后的效果图如图 3-3-3 所示。

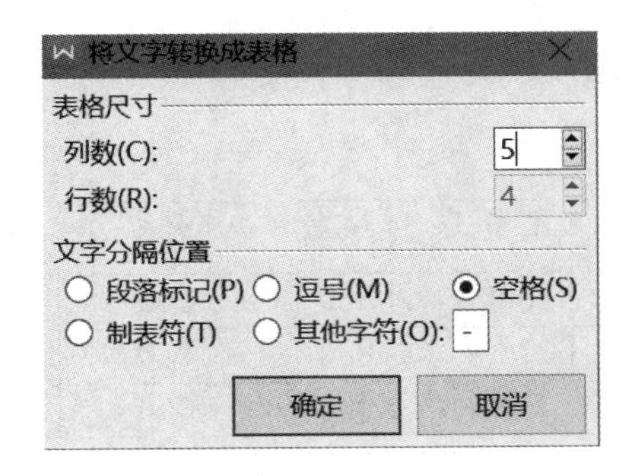

图 3-3-2　“将文字转换成表格”对话框

姓名	工资	奖金	补贴
赵明	2800	860	300
李莉	2780	880	350
刘孜	2850	900	300

图 3-3-3　文字转换成表格后的效果图

二、表格的基本编辑

1. 表格中的选定

（1）选定单元格：将鼠标移动到单元格的左下角，当指针变成向右上方的黑色箭头↗时，单击鼠标左键，可选定单元格。

（2）选定行：将鼠标移动到行的左侧，当指针变成向右上方的空心箭头⇗时，单击鼠标左键，选定鼠标所指向的行。此时，按住鼠标左键，上下拖动，可以选择多行。

（3）选定列：将鼠标移动到列的上方，当指针变成向下的黑色箭头⬇时，单击鼠标左键，选定鼠标所指向的列。此时，按住鼠标左键，左右拖动，可以选择多列。

（4）选定表格：将鼠标移动到表格上，当表格左上角出现⊞时，单击它可选定整个表格。此时，鼠标左键按住⊞拖动，即可移动表格。

除了以上方法之外，按住鼠标左键拖动，所经过之处的单元格均被选中，这个方法可以选定多个单元格、多行、多列，也可以选定整张表格。

2. 修改行高和列宽

➢实践三：在图 3-3-3 所示的表格中，设置第 1 列的列宽为 3 厘米，其他列的列宽为 2 厘米；第 1 行的行高为 0.8 厘米，其他行的行高为 0.6 厘米。

可以通过以下两种途径设置行高或列宽：

（1）利用功能区设置。选定第一列，将“表格工具”选项卡下“单元格大小”组中的表格列宽改为 3.00 厘米。

（2）利用“表格属性”对话框设置。选定其他列，在选定的列上单击鼠标右键，选择“表格属性”命令，打开“表格属性”对话框，选择“列”选项卡，将指定宽度改为 2 厘米，如图 3-3-4 所示。用类似的方法，设定第一行和其他行的高度。设定之后的表格效果如图 3-3-5 所示。

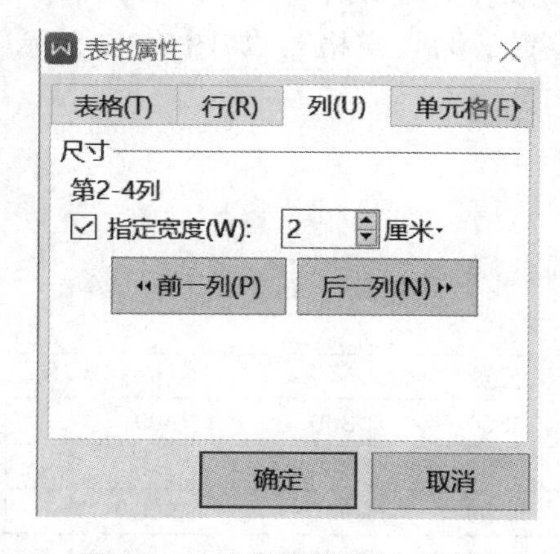

图 3-3-4　“表格属性”对话框

姓名	工资	奖金	补贴
赵明	2800	860	300
李莉	2780	880	350
刘孜	2850	900	300

图 3-3-5　设定行高、列宽后的效果图

3. 插入/删除行或列

➢ 实践四：在图 3-3-5 所示的表格中，在最后分别插入 1 行和 1 列。

具体操作步骤如下：

① 光标定位在最后一行任意单元格中，单击“表格工具”选项卡下的“在下方插入行”按钮，或者将鼠标放在表格上，单击表格最下面的 [+] 按钮，即可在最后一行下插入新的一行。

② 用类似的方法插入新的一列。

注：表格中，任意一行的上方或下方可以插入行，任意一列的左侧或右侧可以插入列。

➢ 实践五：将实践四中最后一行和最后一列删除。

具体操作步骤如下：

① 选定第 5 行，单击“表格工具”选项卡下的“删除”按钮，在下拉列表中选择“行”命令，或者在选定的行上右击鼠标，在弹出的快捷菜单中执行“删除行”命令，删除第 5 行。

② 用类似的方法，删除第 5 列。

4. 合并/拆分单元格

（1）合并单元格：选定需要合并的单元格，单击“表格工具”选项卡下的“合并单元格”按钮，即可将几个单元格合并为一个单元格；或者右击选定的单元格，利用快捷菜单也可完成合并单元格。

（2）拆分单元格：选定需要拆分的单元格，单击“表格工具”选项卡下的“拆分单元格”按钮；或者单击鼠标右键，选择“拆分单元格”命令，弹出“拆分单元格”对话框，输入想要拆分的行数和列数，如图 3-3-6 所示，单击“确定”按钮即可。

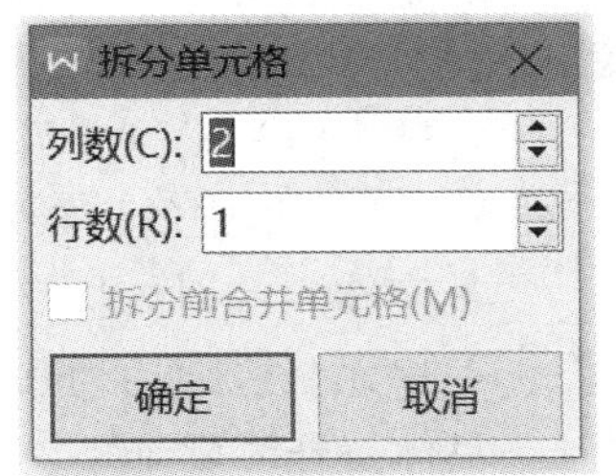

图 3-3-6 “拆分单元格”对话框

5. 表格的自动调整和标题行的重复

WPS 文字提供了表格的自动调整功能，选定表格，通过单击“表格工具”选项卡下的“自动调整”按钮，就可以根据内容或窗口自动调整表格，也可以平均分布行或列。

当表格跨页显示时，选定表格，单击“表格工具”选项卡下的“表格属性”按钮，打开“表格属性”对话框，选择“行”选项卡，选定“允许跨页断行”和“在各页顶端以标题行形式重复出现”，可以在每一页都重复显示标题行。

6. 设置表格格式

（1）自动套用表格样式。

表格创建完成后，可以自动套用表格样式。先将插入点移到表格中，然后在“表格样式”功能区中，选择预设样式，如图 3-3-7 所示，单击所需要的表格样式即可。

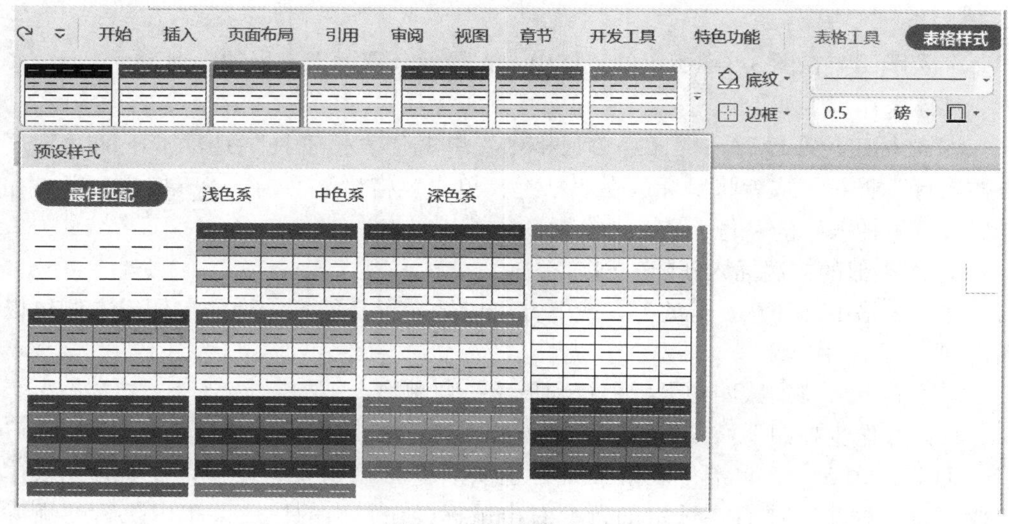

图 3-3-7　预设样式列表

（2）表格的对齐方式。

将插入点移到表格中，单击“表格工具”选项卡下的“表格属性”按钮，打开“表格属性”对话框，在“表格”选项卡中，可以设置表格的对齐方式，包括左对齐、居中、右对齐等。

（3）单元格对齐方式和边距。

将插入点移动到单元格中，或选定单元格，然后单击“表格工具”选项卡下“对齐方式”组中的各种对齐方式，可设置单元格的对齐方式。

➢ 实践六：对如图 3-3-5 所示的表格，设置上、下单元格边距均为 0.1 厘米，左、右单元格边距均为 0.2 厘米。

具体操作步骤如下：

① 选定表格，单击“表格工具”选项卡下的“表格属性”按钮，打开“表格属性”对话框，在“单元格”选项卡中，单击“选项”按钮，打开“单元格选项”对话框。

② 调整上、下边距均为 0.1 厘米，左、右边距均为 0.2 厘米，如图 3-3-8 所示。

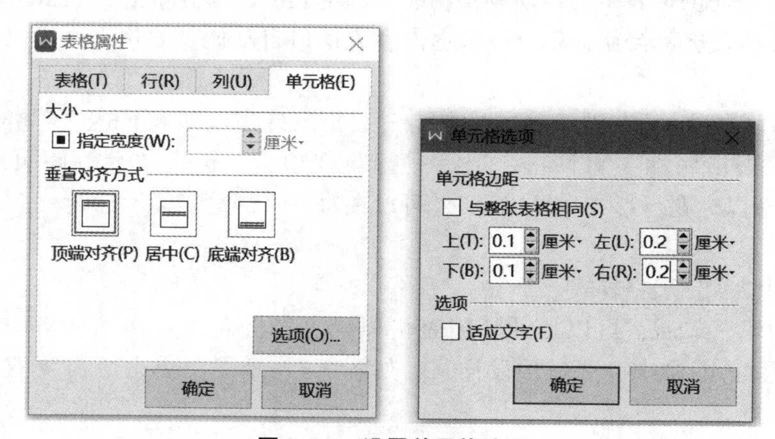

图 3-3-8　设置单元格边距

（4）边框和底纹。

➢ 实践七：为图 3-3-5 所示的表格设置边框和底纹。外边框为 1.5 磅蓝色双实线，内边框为 0.5 磅红色单实线，表格底纹为“橙色，着色 4，浅色 60%”。

具体操作步骤如下：

① 设置外侧框线：选定表格，单击“表格样式”选项卡下的“线型”右侧的下拉按钮，在列表中选择“双实线”，如图 3-3-9 所示。在“线型粗细”下拉列表中选择“1.5 磅”，如图 3-3-10 所示。在“边框颜色”下拉列表中选择标准色“蓝色”，如图 3-3-11 所示。单击“表格样式”选项卡下的“边框”右侧的下拉按钮，在列表中选择“外侧框线”，如图 3-3-12 所示。

图 3-3-9　设置“线型”

图 3-3-10　设置“线型粗细”

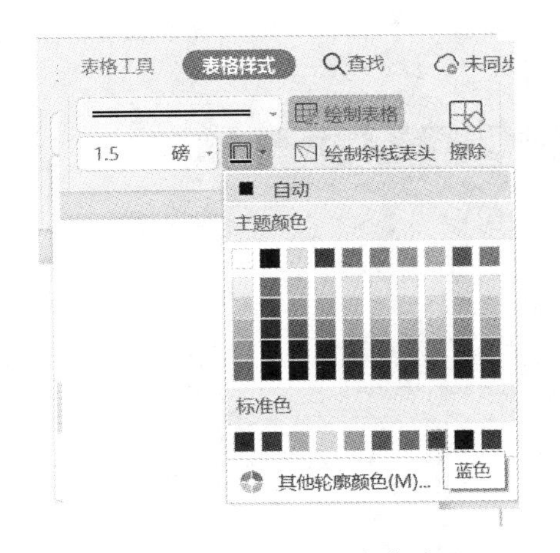

图 3-3-11　设置“边框颜色”

图 3-3-12　设置“外侧框线”

② 设置内部框线：按以上方法，再次选择“单实线”“0.5 磅”“红色”“内部框线”。

③ 设置底纹：选定表格，在“底纹”下拉列表中，选择“橙色，着色 4，浅色 60%”，如图 3-3-13 所示。最终设置效果如图 3-3-14 所示。

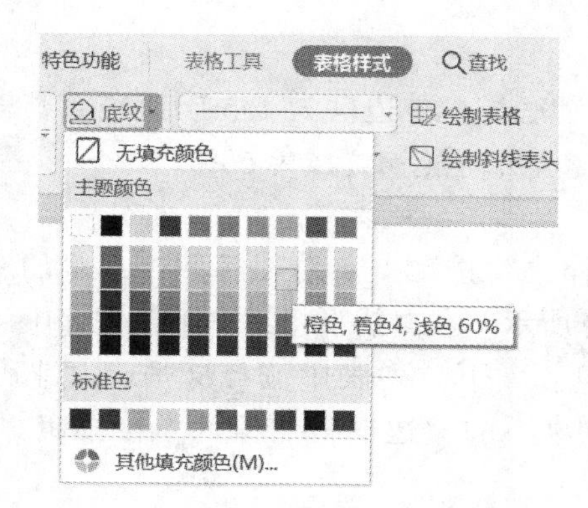

图 3-3-13　设置“底纹”

姓名	工资	奖金	补贴
赵明	2800	860	300
李莉	2780	880	350
刘孜	2850	900	300

图 3-3-14　表格的边框和底纹设置效果图

三、表格中的数据处理

WPS 文字中的表格，可以进行简单的排序和计算。

1. 排序

➢ 实践一：对如图 3-3-5 所示的表格进行排序。要求：先按工资降序排序，如果工资相同，再按奖金降序排序。

具体操作步骤如下：

① 单击“表格工具”选项卡下的“排序”按钮，打开“排序”对话框。

② 在“列表”中选中“有标题行”单选按钮。

③ 在“主要关键字”中选择“工资”，选中“降序”单选按钮。

④ 在“次要关键字”中选择“奖金”，选中“降序”单选按钮，如图 3-3-15 所示，单击“确定”按钮。结果如图 3-3-16 所示。

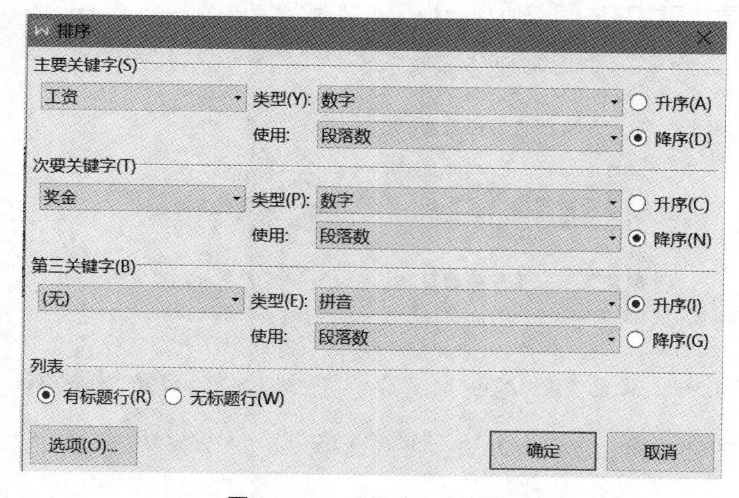

图 3-3-15　“排序”对话框

姓名	工资	奖金	补贴
刘孜	2850	900	300
赵明	2800	860	300
李莉	2780	880	350

图 3-3-16 排序后的表格

2. 计算

WPS 文字中的表格，可以进行简单的计算，比如求平均值、求和等。

（1）常用函数：SUM（求和），AVERAGE（求平均值）。

（2）常用参数：ABOVE（插入点上方各数值单元格），LEFT（插入点左侧各数值单元格）。

➢ 实践二：在如图 3-3-16 所示的表格的最后分别添加一行和一列，标题为“平均值”和“收入合计”（图 3-3-17），并进行相应计算。

姓名	工资	奖金	补贴	收入合计
刘孜	2850	900	300	
赵明	2800	860	300	
李莉	2780	880	350	
平均值				

图 3-3-17 计算前的表格

具体操作步骤如下：

① 按照前面介绍的方法，为如图 3-3-16 所示的表格添加一行和一列，并在第 5 行第 1 列中输入“平均值”，在第 5 列第 1 行中输入“收入合计”。

② 将插入点移动到第 5 列第 2 行，单击“表格工具”选项卡下的“公式”按钮，打开“公式”对话框。

③ 在“公式”下的文本框中输入“=SUM（LEFT）”，表示计算左边各列数据的和。公式名也可以在“粘贴函数”列表框中选定。“数字格式”设置为“0.00”，表示保留小数点后两位（图 3-3-18）。单击“确定”按钮，即可完成第一个收入合计的计算。用同样的方法，计算第 3 行和第 4 行的收入合计。

④ 将插入点移动到第 2 列第 5 行，打开“公式”对话框，输入公式“=AVERAGE（ABOVE）”，表示计算上方各单元格的平均值。“数字格式”设置为“0.00”（图 3-3-19），单击“确定”按钮。用同样的方法，计算第 3 列和第 4 列的平均值。计算后的表格如图 3-3-20 所示。

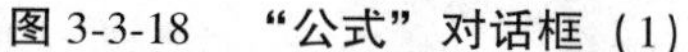
图 3-3-18 “公式”对话框（1）

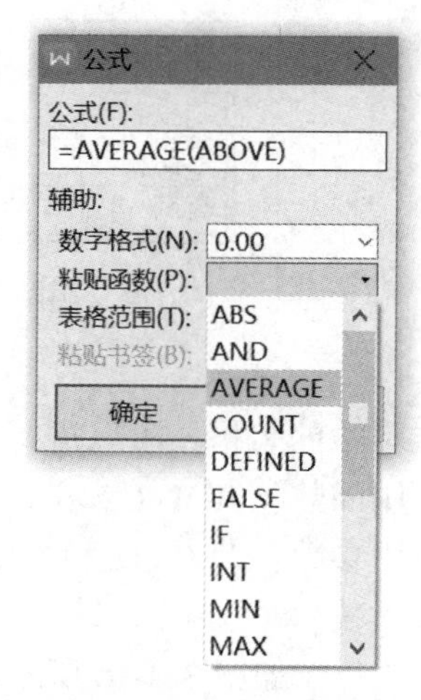

图 3-3-19 “公式”对话框（2）

姓名	工资	奖金	补贴	收入合计
刘孜	2850	900	300	4050.00
赵明	2800	860	300	3960.00
李莉	2780	880	350	4010.00
平均值	2810.00	880.00	316.67	

图 3-3-20 计算后的表格

项目实施

1. 创建初始表格

根据简历内容确定表格结构，设定初始表格的行数和列数。

（1）新建空白 WPS 文档，在第 1 行输入“个人简历”。

（2）按回车键，将光标定位在要插入表格的位置（第 2 行）。

（3）单击“插入”选项卡下的“表格”按钮，在下拉列表中选择“插入表格”命令，在打开的“插入表格”对话框中设置列数为“7”、行数为“11”，单击“确定”按钮。

2. 设置行、列、单元格

使用合并与拆分单元格、插入与删除行或列、表格的行高与列宽的调整等技术，将表格结构修改成需要的样式。

【合并单元格】

（1）选择第 7 列的 1—4 行，单击“表格工具”选项卡下的“合并单元格”按钮。

（2）用同样的方法，合并第 3 行的 2—6 列、第 5 行的 2—4 列、第 5 行的 6—7 列、第 6—11 行的 2—7 列。

【调整行高】

调整第 6—11 行的行高：将鼠标指针移至对应行的上下框线上，当鼠标指针变

成调整行高形状时，按住鼠标左键，上下拖动即可改变行高。

设置后的效果图如图 3-3-21 所示。

个人简历

图 3-3-21　设置行、列、单元格效果图

3. 在表格中输入相应的信息

在表格中填入相应的信息，如果行高或列宽不够，可及时调整。输入信息后的效果图如图 3-3-22 所示。

个人简历

姓名	张浩	性别	男	出生年月	2005.2	照片
民族	汉	政治面貌	团员	健康状况	良好	
毕业学校	江苏省**中等专业学校					
学历	中专	专业	计算机	毕业时间	2023.6	
联系电话	1391588****			E-mail	88888888@qq.com	
求职意向	软硬件营销 网站编辑 计算机网络维护					
教育经历	2017.9—2020.6　江苏省**初级中学 2020.9—2023.6　江苏省**中等专业学校 计算机应用专业					
技能情况	熟练使用 Photoshop、Python 等软件，能搭建中小型网站 熟练操作 WPS office 办公软件，能高效进行日常办公 获得计算机中级工证书					
社会实践	1.2021.6—2021.7，在本市电脑城实习，主要工作为销售计算机软硬件、常用电子产品等。工作中能给客户提出比较专业的意见，丰富了自己的社会经历。 2.2022.2，在**餐厅做服务员，让我懂得了，作为一名员工，应具备哪些基本素质，让自己努力从学生向员工转变。					
获奖情况	2020 年第一学期，被评为校三好生 2021 年第二学期，被评为校优秀团员 2022 年第一学期，被评为校优秀学生干部、三好生					
自我介绍	性格开朗，工作认真负责，有上进心，对待学习和工作，有责任心，尽自己的能力做好每件事，具有团队合作意识，能快速适应不同的工作环境。人生格言：自信的人容易成功，成功的人一定自信！					

图 3-3-22　输入信息

4. 编辑表格及文字

【美化文字】

(1) 设置字体。

① 选中表格第1列所有文字，以及“性别”“出生年月”“政治面貌”“健康状况”“专业”“毕业时间”“照片”“E-mail”，通过“字体”功能组，设置为黑体、小四。

② 其他文字设置成宋体、小四。

(2) 设置文字的对齐方式。

① 选定表格第6—11行的第2列，单击“表格工具”选项卡下的“对齐方式”按钮，在下拉列表中选择“中部两端对齐”命令，设置选定的单元格文字两端对齐。

② 选定表格中的其他文字，单击“表格工具”选项卡下的“对齐方式”按钮，在下拉列表中选择“水平居中”命令，设置选定的单元格文字水平居中。

【设置边框和底纹】

(1) 设置表格的边框。

① 设置外侧框线：选定表格，在“表格样式”选项卡下，在“线型”“线型粗细”“边框颜色”“边框”中依次选择“单实线”“1.5磅”“黑色，文本1”“外侧框线”。

② 设置内部框线：再次选定表格，在“表格样式”选项卡下，在“线型”“线型粗细”“边框颜色”“边框”中，依次选择“单实线”“0.5磅”“黑色，文本1”“内部框线”。

(2) 设置表格的底纹。

① 按住【Crtl】键，选定表格的第6、8、10行，单击“表格样式”选项卡下的“底纹”按钮，在下拉列表中，选择“钢蓝，着色1，浅色60%”。

② 用以上方法，设置第7、9、11行底纹为“橙色，着色3，浅色60%”。

③ 将表格标题“个人简历”设置为黑体、一号、加粗、居中。

操作后的效果如图3-3-23所示。

个人简历

姓名	张浩	性别	男	出生年月	2005.2	照片
民族	汉	政治面貌	团员	健康状况	良好	
毕业学校	江苏省**中等专业学校					
学历	中专	专业	计算机	毕业时间	2023.6	
联系电话	1391588****			E-mail	88888888@qq.com	
求职意向	软硬件营销 网站编辑 计算机网络维护					
教育经历	2017.9—2020.6　江苏省**初级中学 2020.9—2023.6　江苏省**中等专业学校 计算机应用专业					
技能情况	熟练使用 Photoshop、Python 等软件，能搭建中小型网站 熟练操作 WPS 办公软件，能高效进行日常办公 获得计算机中级工证书					
社会实践	1. 2021.6—2021.7，在本市电脑城实习，主要工作为销售计算机软硬件、常用电子产品等。工作中能给客户提出比较专业的意见，丰富了自己的社会经历。 2. 2022.2，在**餐厅做服务员，让我懂得了，作为一名员工，应具备哪些基本素质，让自己努力从学生向员转变。					
获奖情况	2020 年第一学期，被评为校三好生 2021 年第二学期，被评为校优秀团员 2022 年第一学期，被评为校优秀学生干部、三好生					
自我介绍	性格开朗，工作认真负责，有上进心，对待学习和工作，有责任心，尽自己的能力做好每件事，具有团队合作竞赛，能快速适应不同的工作环境。相信：自信的人容易成功，成功的人一定自信！					

图 3-3-23　“个人简历”设置效果图

项目拓展

1. 项目描述

制作一张如图 3-3-24 所示的课程表。

	星期一	星期二	星期三	星期四	星期五
课程					
第 1 节	语文	数学	数学	语文	数学
第 2 节	体育	外语	外语	历史	外语
第 3 节	化学	语文	生物	外语	物理
第 4 节	数学	生物	语文	数学	语文

图 3-3-24　“课程表”效果图

2. 项目分析

（1）初始表格为6列6行。

（2）第1行行高要大一点。

（3）第2行单元格要合并，并添加灰色底纹。

（4）表格内框线为单实线（第2行上下边框线为蓝色），颜色为“黑色，文本1”，外框线为蓝色双实线。

（5）给表格第一格添加红色斜线。

（6）合理设置单元格文字格式。

1. 学习评价

根据项目实施的内容，进行自我评估或学生互评，根据实际情况在教师引导下进行拓展。

观　察　点	☺	😐	☹
表格结构完整、清晰、布局合理			
内容表述简洁准确，无文字及语法错误			
边框和底纹设置合适			
字体、字号、对齐方式等格式设计合理			

2. 反思与探究

从学习结果和评价两个方面进行反思，分析存在的问题，寻求解决的方法。

存在的问题	解决的方法

3. 修正与完善

根据反思与探究中寻求到的解决问题的方法，进一步完善个人简历的内容和格式。

项目 3.4　制作电子贺卡

（1）掌握图片、艺术字、文本框的插入方法。
（2）能设置图片、文本框的格式。
（3）能利用文本框技术灵活排版。
（4）了解图文混排的实际意义。

我们已经学习了 WPS 文字基本的编辑功能，会设置版面，也能完成表格的基本操作，接下来，我们将制作母亲节电子贺卡，学习如何插入文本框和图片等对象，并设置它们的格式。

图文混排，就是将文字与图片混合排版，是 WPS 文字的特色功能之一。我们可以在文档中插入图片、艺术字、文本框等，使一篇文章达到图文并茂的效果。WPS 文字提供了强大而方便的图文混排功能，文字可以在图片的四周，图片可以衬于文字下方、浮于文字上方等。

一、插入图片

图片是指本地计算机或连接到的其他计算机中的图片，也可以是互联网上的图片或扫描仪中的图片等。

➢ 实践一：新建文档，插入图片“爱心”，并设置其高度为 5 厘米，宽度为 6 厘米，文字环绕方式为四周型环绕。

具体操作步骤如下：

① 将光标移到插入点，单击“插入”选项卡下的“图片”按钮，在下拉列表中选择“来自文件”，打开“插入图片”对话框，找到图片存放的位置，选择“爱心”图片，单击“打开”按钮。

② 右击“爱心”图片，在弹出的快捷菜单中选择“其他布局选项”命令，打开“布局”对话框，在“大小”选项卡中，取消勾选“锁定纵横比”选项，并设置高度绝对值为“5 厘米”，宽度绝对值为“6 厘米”，如图 3-4-1 所示。

③ 单击“文字环绕”选项卡，设置“环绕方式”为“四周型”（图 3-4-2），单

击“确定”按钮。

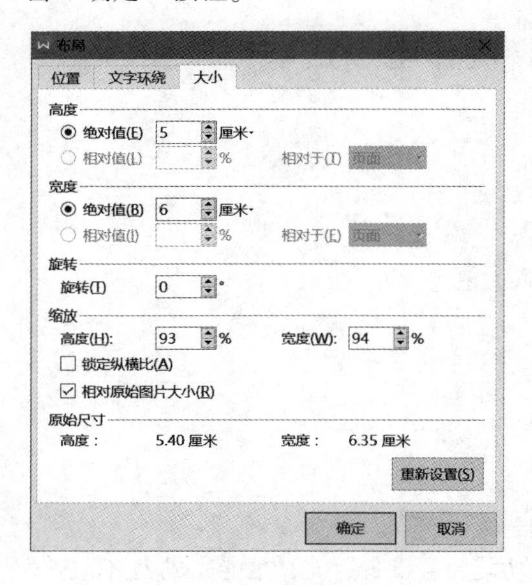

图 3-4-1　设置图片大小

图 3-4-2　设置文字环绕方式

默认情况下，插入到 WPS 文档中的图片其位置随着其他字符的改变而改变，用户不能自由移动图片。而通过为图片设置文字环绕方式，则可以自由移动图片的位置。

二、插入艺术字

艺术字在 WPS 文字中的应用极为广泛，它是一种具有特殊效果的文字，比一般的文字更具艺术性。使用艺术字可以实现某种特殊效果，具有美观有趣、醒目张扬等特点。

➢ 实践二：在实践一的基础上，插入艺术字“让世界充满爱”，艺术字的样式为“填充-白色，轮廓-着色 5，阴影”，初号字，文字效果为“转换-跟随路径-下弯弧”。

具体操作步骤如下：

① 单击“插入”选项卡下的“艺术字”按钮，在下拉列表中选择“填充-白色，轮廓-着色 5，阴影”样式（图 3-4-3）。

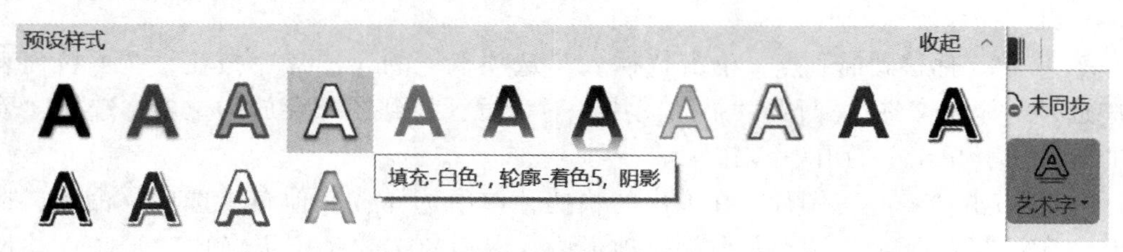

图 3-4-3　选择艺术字样式

② 在弹出的文本框中，输入“让世界充满爱”，并设置为“初号”。

③ 选定艺术字，单击“文本工具”选项卡下的“文本效果”按钮，在下拉列表中选择“转换”→“下弯弧”命令（图 3-4-4）。

④ 选定艺术字，调整到合适的位置，效果如图 3-4-5 所示。

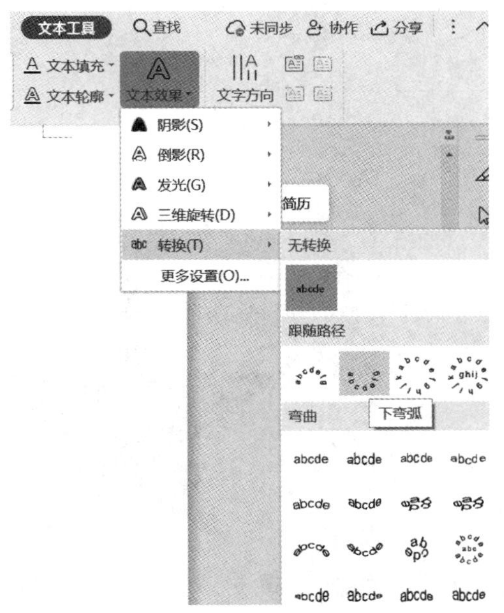

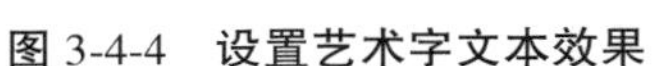
图 3-4-4　设置艺术字文本效果

图 3-4-5　艺术字效果图

除此之外，艺术字还可以设置文本填充和文本轮廓。

三、插入形状和文本框

WPS 文字提供了绘制图形的工具。对于绘制好的图形，可以添加文字，可以组合。

文本框是独立的对象，文本框中的文字可以随文本框移动，可以单独排版。

➢ 实践三：绘制“五角星”图形，无边框，填充为红色。再添加文本框，内容为“五角星”，无填充，无边框，设置文字为四号、加粗、黄色、宋体。

具体操作步骤如下：

① 单击“插入”选项卡下的“形状”按钮，在下拉列表中选择“星与旗帜”组中的“五角星”，在文档中单击鼠标左键，插入五角星形状。

② 右击图形，在弹出的快捷菜单中选择“设置对象格式”命令，打开“属性”任务窗格，将“填充与线条”下的“填充”设置为“纯色填充”，“颜色”设置为“红色”，“线条”设置为“无线条”（图 3-4-6）。

③ 单击“插入”选项卡下的“文本框”按钮，在下拉列表中选择“横向”文本框，并在插入的文本框中输入文本“五角星”。

④ 右击文本框边框，在弹出的快捷菜单中选择“设置对象格式”命令，在“属性”任务窗格中，“填充”设置为“无填充”，“线条”设置为“无线条”（图 3-4-7）。

⑤ 选定文本框，将“五角星”三个字设置为四号、加粗、黄色、宋体，并将文本框拖动到图形上的合适位置（图3-4-8）。

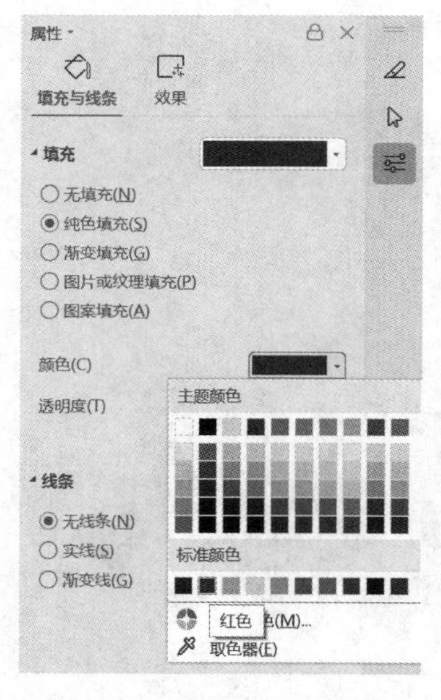

图3-4-6 设置图形形状格式

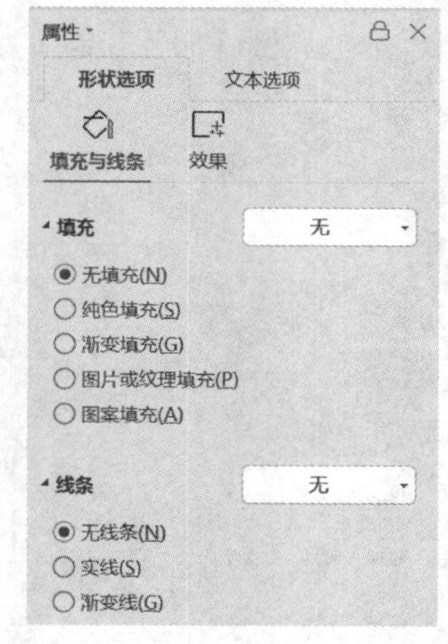

图3-4-7 设置文本框形状格式

图3-4-8 插入形状与文本框

1. 设置页面

单击“页面布局”选项卡下“页面设置”组右下角的扩展按钮，打开“页面设置”对话框。

【设置纸张大小】

选择“纸张”选项卡，自定义大小，设置宽度为22厘米，高度为13厘米，如图3-4-9所示。

【设置页边距】

选择“页边距”选项卡，上、下、左、右页边距均设置为0.5厘米，方向为横向（图3-4-10）。

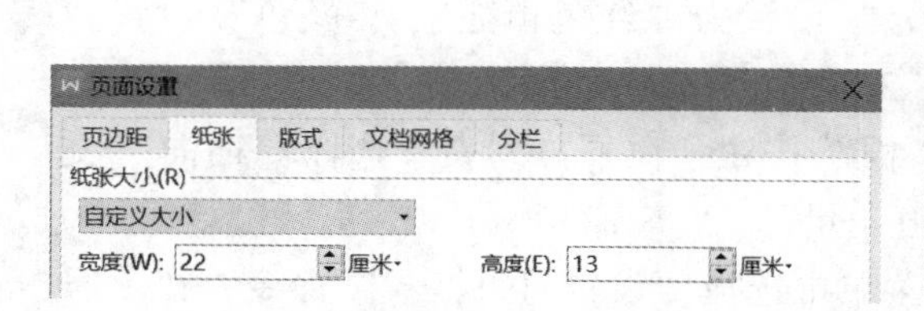

图3-4-9 设置纸张大小

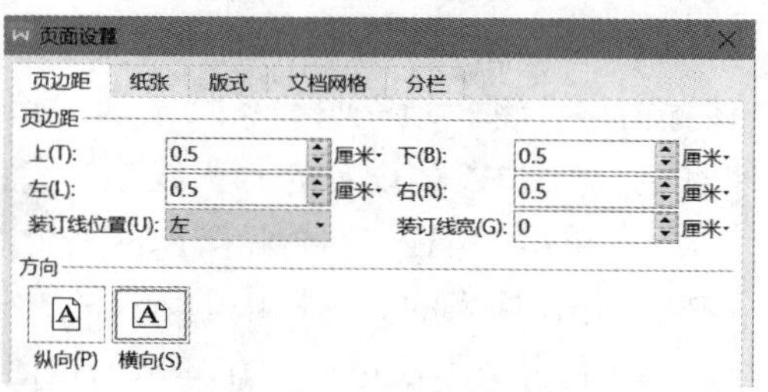

图3-4-10 设置页边距

2. 设置页面背景和边框

为了使贺卡更加漂亮，我们可以设置贺卡的背景和边框。

【设置页面背景】

单击“页面”选项卡下“效果”组中的“背景”，在下拉列表中的“主题颜色”中选择“矢车菊蓝，着色 5，浅色 80%”。

【设置页面边框】

（1）单击“页面布局”选项卡下的“页面边框”按钮，打开“边框和底纹”对话框。

（2）在“页面边框”选项卡中，“设置”选择“方框”，“艺术型”选择“心形”，“宽度”选择“12 磅”，如图 3-4-11 所示。

（3）单击“选项”按钮，设置上、下、左、右距正文均为 0 磅（图 3-4-12），单击“确定”按钮。

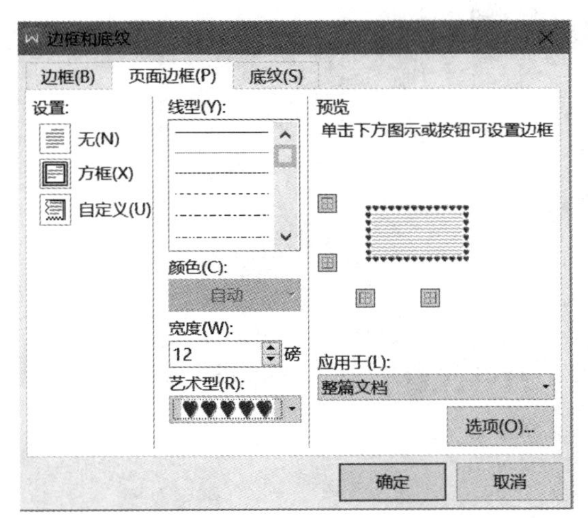

图 3-4-11　设置页面边框

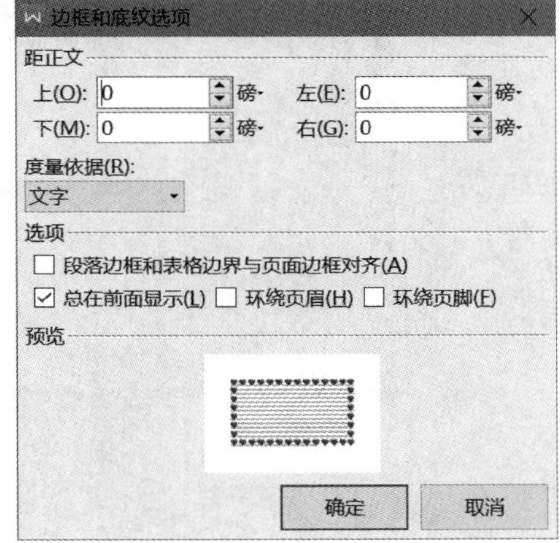

图 3-4-12　设置边框和底纹选项

3. 插入图片

单击“插入”选项卡下的“图片”按钮，在下拉列表中选择“来自文件”命令，打开“插入图片”对话框，插入图片“母亲节 1. jpg”，并调整图片大小。

4. 插入并设置艺术字

（1）单击“插入”选项卡下的“艺术字”按钮，在下拉列表中选择“填充-钢蓝，着色 5，轮廓-背景 1，清晰阴影-着色 5”（图 3-4-13），输入文字“母亲节快乐”。

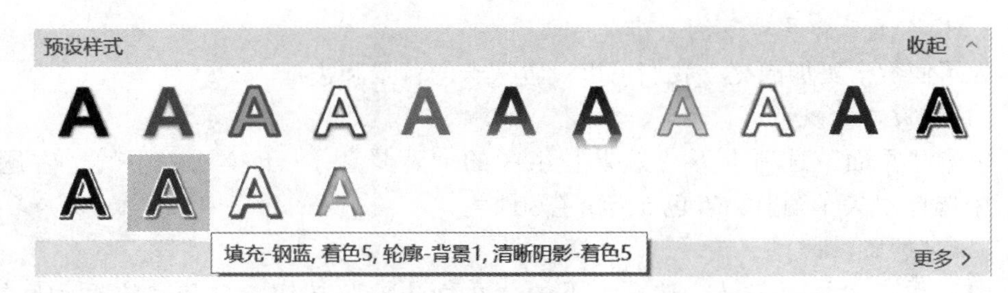

图 3-4-13 插入艺术字

（2）设置字体为方正粗黑宋简体、55 磅、红色，也可以根据自己的喜好选择，拖动艺术字到合适的位置，效果如图 3-4-14 所示。

图 3-4-14 艺术字效果图

5. 使用文本框添加文字

（1）单击“插入”选项卡下的“文本框”按钮，在下拉列表中选择“横向文本框”，将鼠标定位到需要插入文字的位置。

（2）在文本框中输入如图 3-4-15 所示的文字，并设置文字为方正粗黑宋简体、四号。

（3）选定文本框，单击鼠标右键，在弹出的快捷菜单中选择“设置对象格式”命令，打开“属性”对话框。设置“填充”为“无填充”，“线条”为“无线条”（图 3-4-16）。

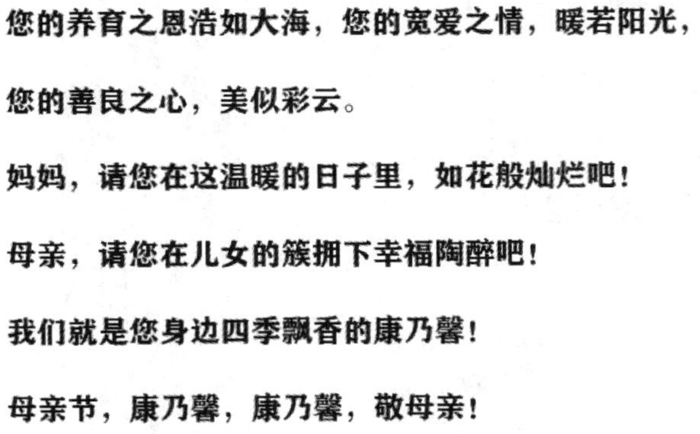

您的养育之恩浩如大海，您的宽爱之情，暖若阳光，

您的善良之心，美似彩云。

妈妈，请您在这温暖的日子里，如花般灿烂吧！

母亲，请您在儿女的簇拥下幸福陶醉吧！

我们就是您身边四季飘香的康乃馨！

母亲节，康乃馨，康乃馨，敬母亲！

图 3-4-15　插入文本框及文字

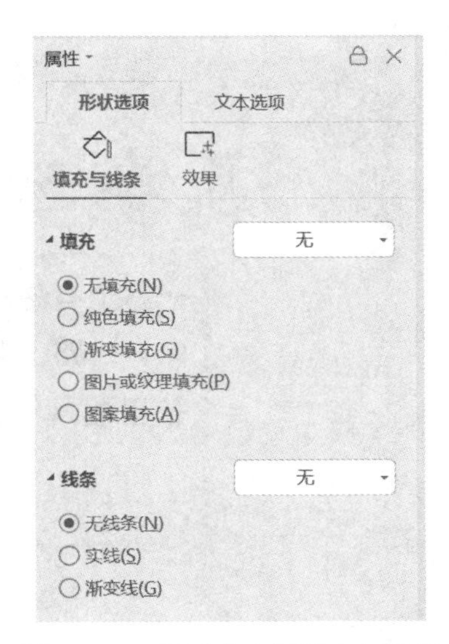

图 3-4-16　设置文本框填充与线条

（4）拖动文本框到合适的位置，最终效果图如图 3-4-17 所示。

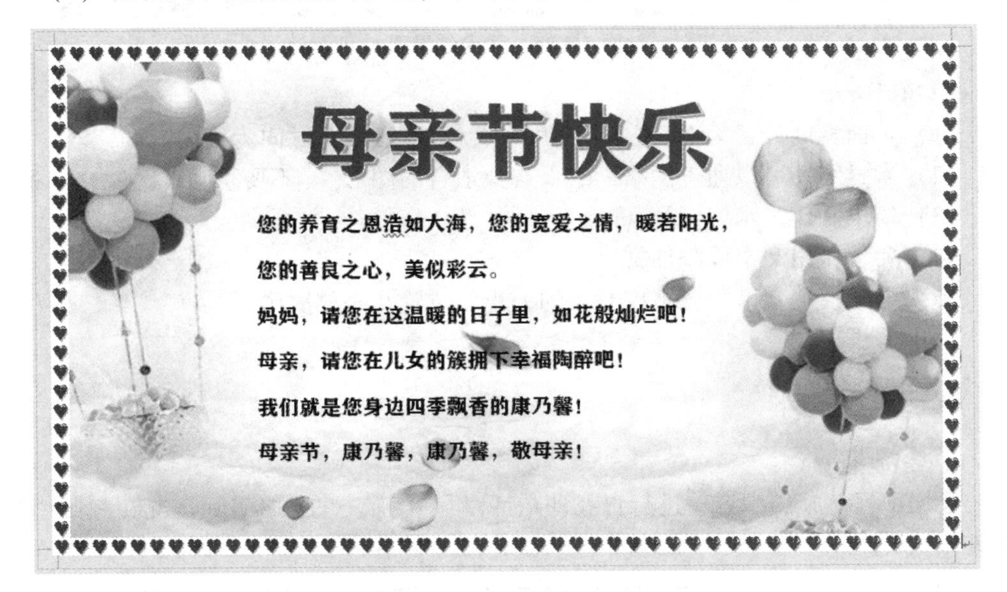

图 3-4-17　电子贺卡效果图

项目拓展

1. 项目描述

制作一张如图 3-4-18 所示的贺卡。

图 3-4-18 贺卡效果图

2. 项目分析

（1）页面宽度设置为 22 厘米，高度设置为 13 厘米，方向为横向。

（2）素材图片可以通过网络下载，选择适合的图形。（不要求与样图完全一致）

（3）要求制作艺术字标题。

（4）要求使用文本框添加文字。

（5）合理设置贺卡中各组成对象的大小、位置及叠放次序。

项目评价

1. 学习评价

根据项目实施的内容，进行自我评估或学生互评，并根据实际情况在教师引导下进行拓展。

观 察 点	☺	😐	☹
尺寸符合要求			
图片选择合适，色彩搭配合理			
整体版面和谐美观，结构完整、清晰、布局合理			
内容无错误，表达丰富、有感染力			

2. 反思与探究

根据学习结果和评价两个方面进行反思，分析存在的问题，寻求解决的方法。

存在的问题	解决的方法

3. 修正与完善

根据反思与探究中寻求到的解决问题的方法，进一步修正和完善此贺卡。

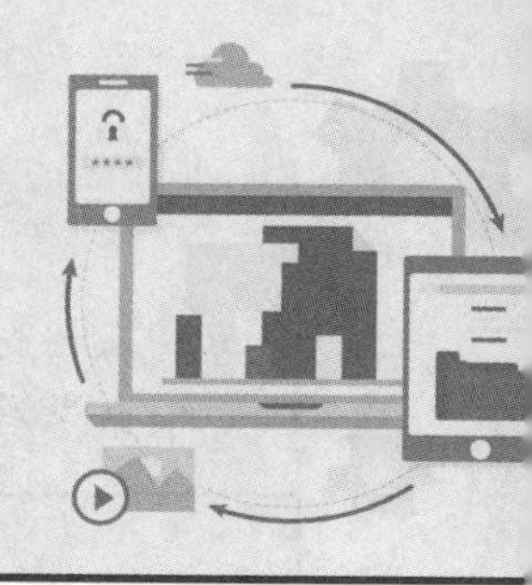

模块四　高效数据管理

项目 4.1　创建与编辑表格

（1）熟悉 WPS 表格的基本操作界面，了解其功能。

（2）掌握 WPS 表格的基本概念以及工作簿和工作表的建立、保存等。

（3）掌握工作表的数据输入和编辑，会设置行高和列宽等。

学生成绩表是一个实用而简单的实例，这个项目要做的主要工作是把学生相关成绩输入到 WPS 表格中，方便以后需要时使用，最终效果如图 4-1-1 所示。

	A	B	C	D	E	F
1	2023级计算机信息管理班期末成绩表					
2	学号	姓名	语文	数学	英语	计算机
3	2331010101	黄新	82	90	90	84
4	2331010102	周剑	77	89	87	86
5	2331010103	李伟	78	91	90	82
6	2331010104	张鹏	91	98	81	78
7	2331010105	陈成	82	88	90	88
8	2331010106	周云	73	53	60	89
9	2331010107	张杰	80	85	83	90
10	2331010108	魏勇	78	65	52	86
11	2331010109	顾凯	72	97	82	57
12	2331010110	苏晓青	72	100	76	80

图 4-1-1　学生成绩表效果图

一、WPS 表格的启动与退出

1. WPS 表格的启动

WPS 表格的启动有以下三种方法：

① 单击“开始”→“WPS Office”→“新建”→“表格”命令。② 双击 Windows 桌面上的快捷图标。③ 双击桌面上带有图标的文件，即可启动并打开该文档。

采用前两种方法都能新建一个名为“工作簿 1”的工作簿，采用方法③将打开已经存在的 WPS 表格。

2. WPS 表格的退出

WPS 表格的退出有以下三种方法：

① 单击 WPS 表格窗口右上角的图标。② 使用快捷键【Alt】+【F4】。③ 单击

菜单栏中的“文件”选项，选择“退出”命令。

注意：如果文档内容有修改，退出时会提示用户是否需要保存，请根据需要进行选择。

二、WPS表格的工作界面

启动WPS表格之后，屏幕上出现WPS表格的应用程序窗口，如图4-1-2所示。该窗口界面由标题栏、快速访问工具栏、功能区、名称框、编辑栏、工作表编辑区、工作表标签、状态栏等组成。

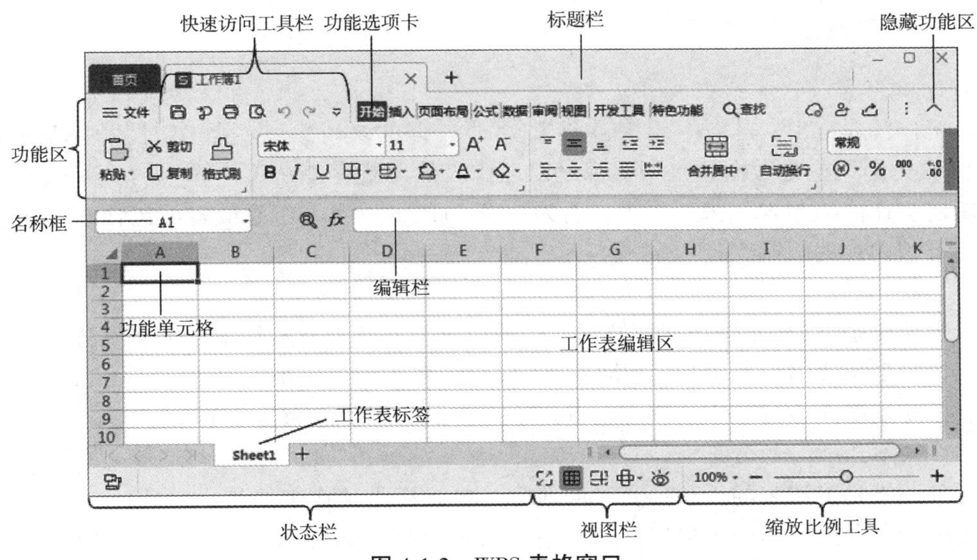

图4-1-2　WPS表格窗口

1. 标题栏

标题栏位于WPS表格工作界面的最上方。标题栏中显示当前工作簿名称，右侧显示“最小化”、“最大化（向下还原）”和“关闭”按钮。

2. 快速访问工具栏

快速访问工具栏位于“文件”选项的右侧，用于显示常用命令按钮，如图4-1-2所示启用了“保存”“撤消”等按钮，用户可以自定义快速访问工具栏。

3. 功能区

功能区是位于标题栏下方的一个带状区域，由多个选项卡组成，如“文件”“插入”“页面布局”“公式”“数据”“审阅”“视图”等。选择不同的选项卡显示不同的功能区，每个功能区包含多个命令按钮。

4. 名称框

名称框位于功能区下方左侧，用于显示活动单元格地址或所选单元格、单元格区域或对象的名称。

5. 编辑栏

编辑栏位于名称框的右侧，用于显示或编辑活动单元格中的数据、公式和函数。

6. 工作表编辑区

工作表编辑区位于编辑栏的下方，是工作表内容的显示和编辑区域，主要用于工作表数据的输入、编辑和各种数据处理。

7. 工作表标签

工作表标签位于编辑区的左下方，用于显示工作表名。

8. 状态栏

状态栏位于窗口的最下方，用于显示所选单元格或单元格区域数据的状态，如平均值、最大值、求和等。

三、WPS 表格的基本概念

1. 工作簿

工作簿是 WPS 表格中用来存储并处理数据的文件，其扩展名是“xlsx”。在 WPS 表格中无论是数据还是图表都是以工作表的形式存储在工作簿中的，默认情况下新建工作簿只包含一张工作表，名为“Sheet1”，一个工作簿最多可包含的工作表数受可用内存的限制。

2. 工作表

工作表是 WPS 表格存储和处理数据的最重要的部分，是显示在工作簿窗口中的一张二维电子表格。在 WPS 表格中，工作表最多可以由 1 048 576 行和 16 384 列构成。在使用工作表时，当前正在对其进行操作的工作表称为活动工作表。

3. 单元格

单元格是工作表的行和列交叉的地方。单元格是工作表的最小单位，也是 WPS 表格用于保存数据的最小单位。每个单元格都有唯一的标识，称为单元格地址，它是用列标和行号来标识的，列标在前，行号在后。行号用数字标识，行的编号从 1 到 1 048 576。列标用英文字母标识，列的编号依次用字母 A、B、C……表示，超过 26 列后用 AA、AB……AZ、BA、BB……表示，共 16 384 列。例如，第 1 行第 1 列的单元格的地址是 A1。在一张工作表中，尽管单元格很多，但活动单元格只有一个。

4. 单元格区域

在对数据进行操作时，经常需要对某一区域内所有数值进行各种各样的运算，所以了解表示区域的方法非常重要。单元格区域可以用该区域左上角的单元格地址和右下角的单元格地址，中间加一个“:”表示，例如：A1:C3。

四、工作簿的创建、打开、保存

1. 创建工作簿

启动 WPS 表格，系统会自动创建一个名为“工作簿 1”的空白工作簿。如果需要再次创建工作簿，可执行“文件”→“新建”命令，如图 4-1-3 所示。按组合键【Ctrl】+【N】也可以新建一个工作簿。WPS 表格提供了很多默认的工作簿模板，使用模板可以快速地创建同类别的工作簿。

图 4-1-3 新建工作簿

2. 打开工作簿

要打开一个已经保存过的工作簿，可以采用下面的任意一种方法。

（1）直接通过文件打开：找到工作簿文件保存的位置，双击文件图标打开。

（2）使用“打开”对话框：选择“文件”选项卡中的“打开”命令，单击“浏览”按钮，弹出“打开文件”对话框，如图 4-1-4 所示，选择需要打开的工作簿，单击“打开”按钮。

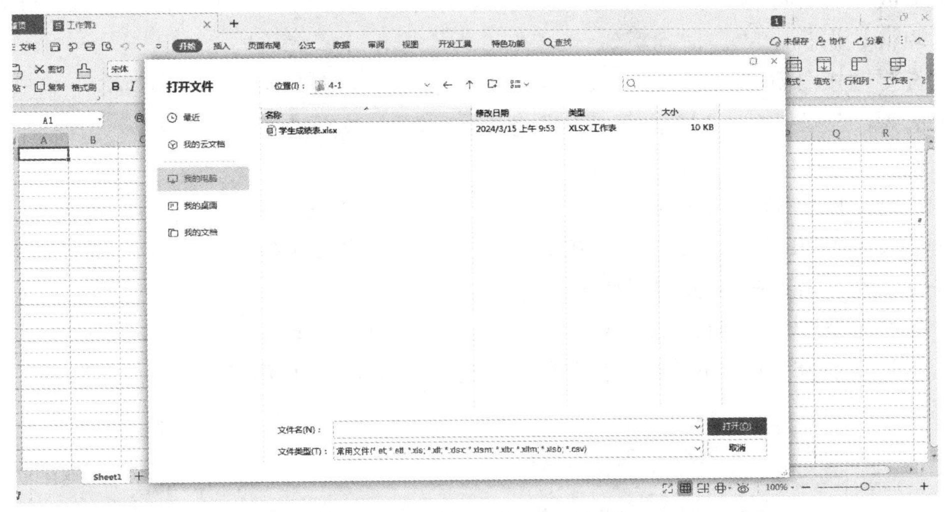

图 4-1-4 “打开文件”对话框

3. 保存工作簿

（1）执行“文件”→“保存”命令。

（2）直接按组合键【Ctrl】+【S】。

第一次保存文档，会弹出“另存为”对话框，在对话框中选择要保存的位置。

五、工作表数据的输入

单击要进行编辑的单元格，然后在单元格或编辑栏中输入数据，按【Enter】键确认。如果单元格中的数据需要换行，可按组合键【Alt】+【Enter】。如果要放弃输入，可以按【Esc】键或单击编辑栏左边的“取消”按钮取消输入。

在实际工作中，WPS 表格经常使用的数据类型有文本、数值、日期和时间，下面分别介绍它们的特点和输入方法。

1. 输入文本

WPS 表格中的文本由中文、英文、数字、空格和特殊符号组成，一般不参与运算，在单元格中默认对齐方式为左对齐。录入较长的数字字符串，比如学号、手机号、身份证号等时，应输入英文的单引号“′”，再录入数字，系统将作为文本数据处理。

➢ 实践一：在单元格 A1 中输入学号 018。

具体操作步骤如下：选定单元格 A1，输入英文单引号“′”，再输入数值 018，回车。此时，单元格左上角会出现一个绿色三角标记，并且左对齐，如图 4-1-5 所示。

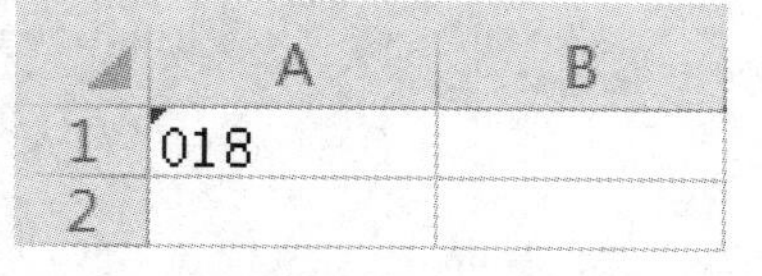

图 4-1-5　输入学号

2. 输入数值

WPS 表格中的数值由数字、运算符号（加、减、乘、除等）以及小数点、%、E 等组成，可以进行运算，在单元格中默认对齐方式为右对齐，如“1234”“12. 34”等。如果输入的数值较大，会自动转化为科学计数法，如：输入“123456789012”会显示成“1. 23457E+11”。如果输入的数据太长显示不全，可以双击列标交叉处，快速调整数据显示的合适列宽。

若要输入分数 3/4，则应先输入 0 和空格，再输入分数，即“0 3/4”，会右对齐显示为“3/4”，可参与运算，否则将作为日期型数据处理。

3. 输入日期和时间

在单元格中输入日期时，可以用“/”或者“-”分隔日期的年、月、日。例如，输入“2020/8/9”或者“2020-8-9”，回车，效果如图 4-1-6 所示。要获取系统当前的日期，可以按组合键【Ctrl】+【;】。

在单元格中输入时间时，可以用“:”分隔时间的时、分、秒，如图 4-1-7 所示。要获取系统当前的时间，可以按【Ctrl】+【Shift】+【;】组合键。

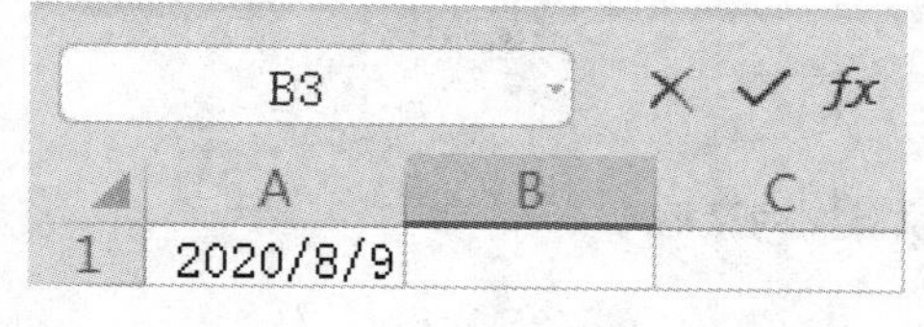

图 4-1-6　输入日期

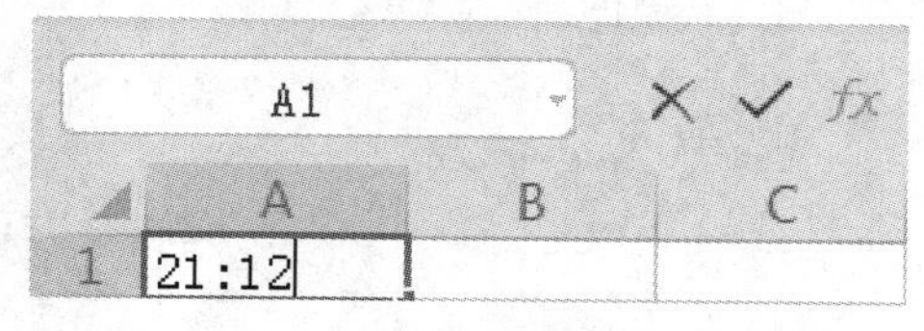

图 4-1-7　输入时间

六、快速填充数据

为了提高向工作表中输入数据的效率，WPS 表格提供了快速填充数据的功能，常用的快速填充表格数据的方法有使用填充柄填充、使用填充命令填充等。

1. 使用填充柄填充

具体使用方法是：将鼠标指针移至填充柄（填充柄是位于单元格或单元格区域右下角的小黑方块）处，当鼠标指针呈“+”字形时按住鼠标左键拖动。

2. 使用填充命令填充

具体使用方法是：单击“开始”选项卡下的“填充”按钮，在下拉列表中选择相应的填充命令。

3. 快速输入相同数据

（1）对于数值型数据或一般文本，输入第一个数据后按住【Ctrl】键，用填充柄拖动填充。

（2）对于包含数字的文本型数据，先在单元格中输入第一个数据，然后直接用填充柄拖动填充。

（3）选定需要填充相同数据的单元格区域，在“编辑栏”中输入内容后按【Ctrl】+【Enter】组合键。

4. 填充有规律的数据

（1）使用填充柄输入等差序列。在需要填充区域的前两个单元格中输入等差序列的前两个数值并选定这两个单元格，用填充柄拖动填充。

➢ 实践二：在 A1—A10 单元格中输入等差序列“1、2、3、4、5、6、7、8、9、10”。

具体操作步骤如下：先在 A1、A2 单元格中输入“1”和“2”，并选定这两个单元格（A1:A2），将鼠标指针置于单元格 A2 的填充柄处，按住鼠标左键拖动至结束单元格（A10）即可完成填充，如图 4-1-8 所示。

1	1	
2	2	
3		
4		
5		
6		
7		
8		
9		
10		
11		
12		

(a)

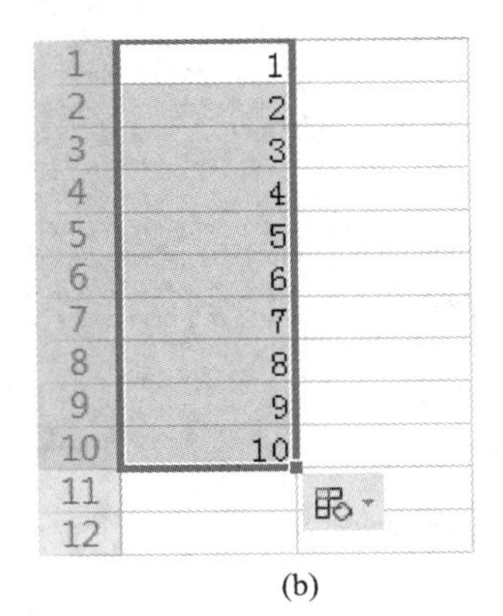

(b)

图 4-1-8　用填充柄输入等差序列

（2）使用“序列”对话框输入序列。利用“序列”对话框可在单元格区域中输入不同类型的数据序列，如等差序列、等比序列、日期等。

➢ 实践三：在 A1—A10 单元格中输入等比序列“1、3、9……19683”。

具体操作步骤如下：在A1单元格中输入“1”，选定A1—A10单元格，单击“开始”选项卡下的“填充”按钮，在展开的下拉列表中选择“序列”命令（图4-1-9），打开“序列”对话框，按如图4-1-10所示设置各参数后单击“确定”按钮即可。

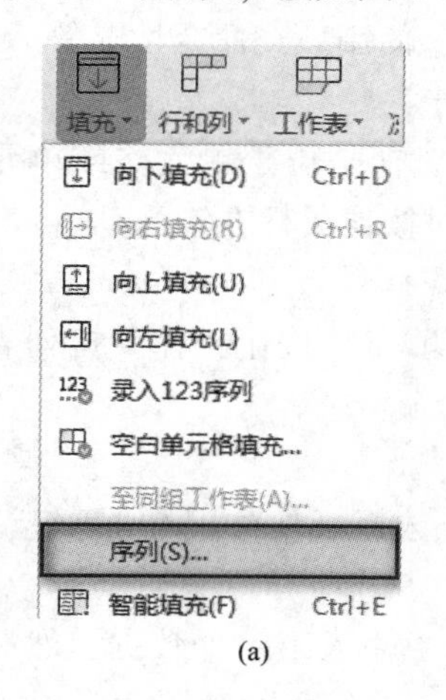

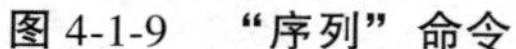

(a)

图4-1-9 “序列”命令

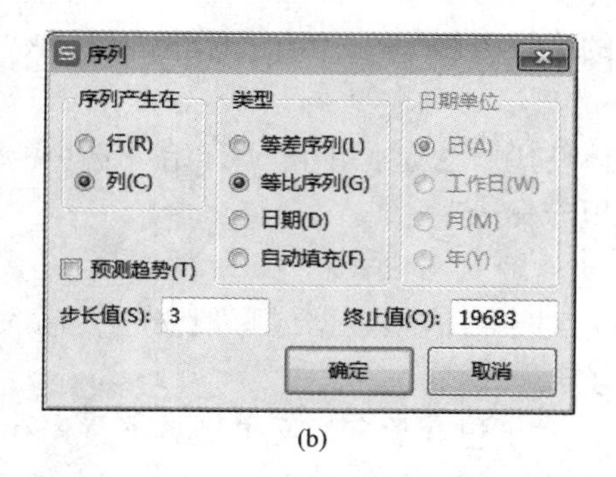

(b)

图4-1-10 “序列”对话框

5. 填充自定义序列数据

WPS表格提供了常用的序列，如“星期一，星期二，星期三……”“一月，二月，三月……”等，用于序列数据的自动填充。例如，在单元格中输入“一月”后，当按住鼠标左键拖动该单元格的填充柄时，会自动填充“二月，三月，四月……”。

此外，WPS表格也允许用户设置自定义序列，方法如下：执行“文件”→“选项”命令，打开“选项”对话框，在最左侧一栏中单击“自定义序列”，如图4-1-11

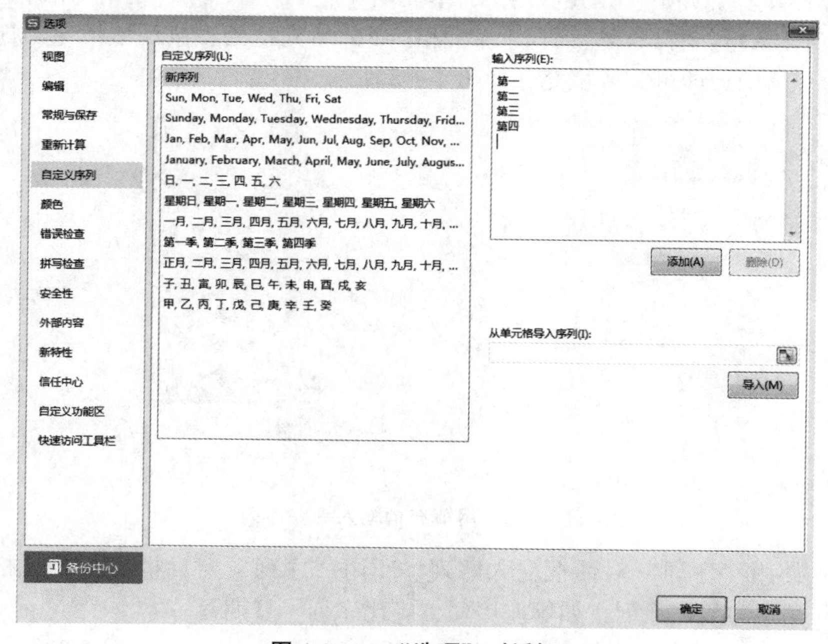

图4-1-11 “选项”对话框

所示。在“输入序列”列表框中输入自定义的序列，如“第一、第二、第三、第四”等，输入每一项后按【Enter】键，输入完成后单击“添加”按钮。单击“确定”按钮后完成自定义序列。完成设置后，在第一个单元格中输入“第一”，拖动填充柄即可自动填充第二、第三、第四。

项目实施

1. 创建工作表

启动 WPS 表格，使用默认新建的工作簿和工作表。将鼠标移至 Sheet1 标签处，单击鼠标右键，在弹出的快捷菜单中选择“重命名”命令，如图 4-1-12（a）所示，并输入“学生成绩表”。双击工作表标签也可对工作表进行重命名［图 4-1-12（b）］。

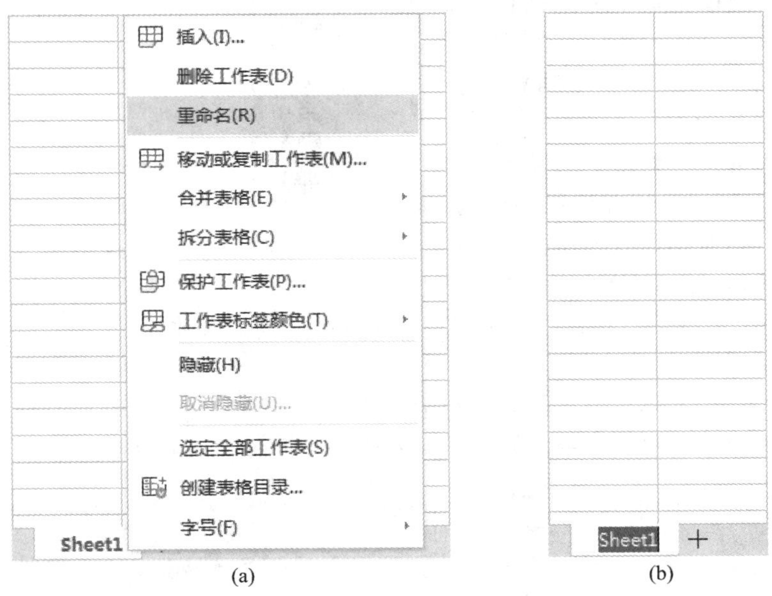

图 4-1-12　重命名工作表

2. 输入总标题

在学生成绩表中单击 A1 单元格，输入总标题“2023 级计算机信息管理班期末成绩表”，如图 4-1-13 所示。如果要修改输入的数据，可单击该单元格，输入数据后回车，将会覆盖以前的数据；或双击单元格，在单元格中修改，将会对以前的数据进行修改。

如果要删除单元格的内容，只要选定相关单元格，按【Delete】键即可。

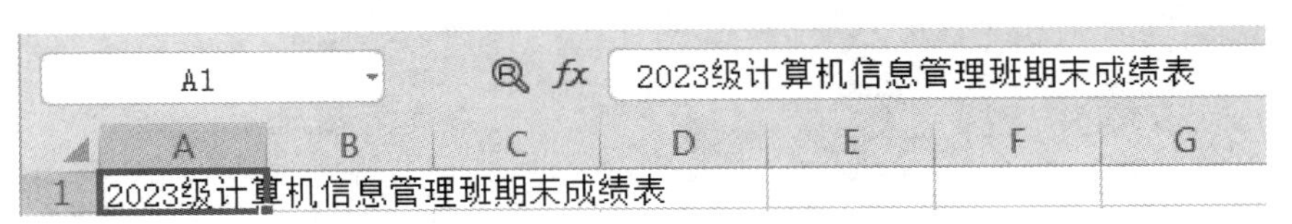

图 4-1-13　输入总标题

3. 输入各字段

依次在 A2 至 F2 单元格内输入各列数据的标题“学号”“姓名”“语文”“数学”“英语”“计算机”，如图 4-1-14 所示。

	A	B	C	D	E	F
1	2023级计算机信息管理班期末成绩表					
2	学号	姓名	语文	数学	英语	计算机
3						

图 4-1-14　输入各字段

4. 输入学号和其他数据

在 A3、A4 单元格中输入学号。注意在输入学号前要先输入英文的单引号，这样就能把数值型数据转换成文本型数据。我们发现学号的排列有一定的规律，相连学号之间相差 1，这时可用填充柄进行序列填充。选中 A3 和 A4 单元格，将鼠标移动到选定区域的右下角，此时按住鼠标左键，向下拖动，如图 4-1-15 所示。实际操作要求拖动到 A12 单元格。用常规方法在“姓名”“语文”“数学”“英语”“计算机”列输入数据。

	A	B	C	D	E	F
1	2023级计算机信息管理班期末成绩表					
2	学号	姓名	语文	数学	英语	计算机
3	2331010101					
4	2331010102					
5	2331010103					
6	2331010104					
7	2331010105					
8	2331010106					
9	2331010107					
10	2331010108					
11	2331010109					
12	2331010110					
13						
14						

图 4-1-15　自动填充录入学号

5. 合并单元格

选中 A1 至 F1 单元格，单击“开始”选项卡下的“合并居中”按钮，在下拉列表中选择“合并居中”命令，如图 4-1-16 所示，将所选多个单元格合并。

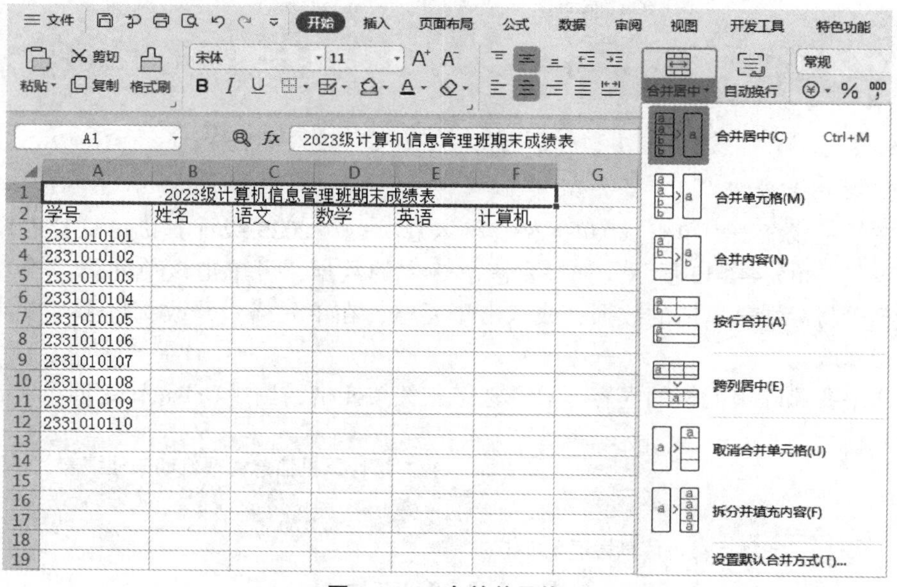

图 4-1-16　合并单元格

6. 设置行高和列宽

（1）设置行高：将第 1、2 行的行高设置为 30，其他行的行高设置为 15。

方法一：选中第 1、2 行，单击“开始”选项卡下的“行和列”按钮，在下拉列表中选择“行高”命令，在打开的“行高”对话框中输入“30”，如图 4-1-17 所示。用同样的方法设置其他行的行高。

方法二：选中第 1、2 行，在选中的行上单击鼠标右键，在弹出的快捷菜单中选择“行高”命令，并输入相应的值。用同样的方法设置其他行的行高。

（2）设置列宽：将 A—F 列宽设置为 10。

方法一：选中第 1 列，即 A 列，单击“开始”选项卡的“行和列”按钮，在下拉列表中选择“列宽”命令，在打开的“列宽”对话框中输入“10”，如图 4-1-18 所示。用同样的方法设置其他列的列宽。

方法二：选中第 1 列，右击选中列的列标，在弹出的快捷菜单中选择“列宽”，并输入相应的值。用同样的方法设置其他列的列宽。

（3）设置最合适的行高和列宽：选中行或列，单击“开始”选项卡下的“行和列”按钮，在下拉列表中选择“最适合的行高”命令即可，如图 4-1-19 所示。另外，双击行或列的分隔线也可设置最合适的行高和列宽。

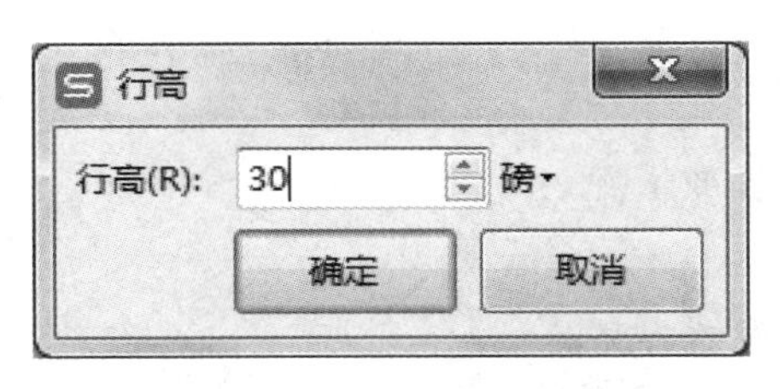

图 4-1-17　设置行高

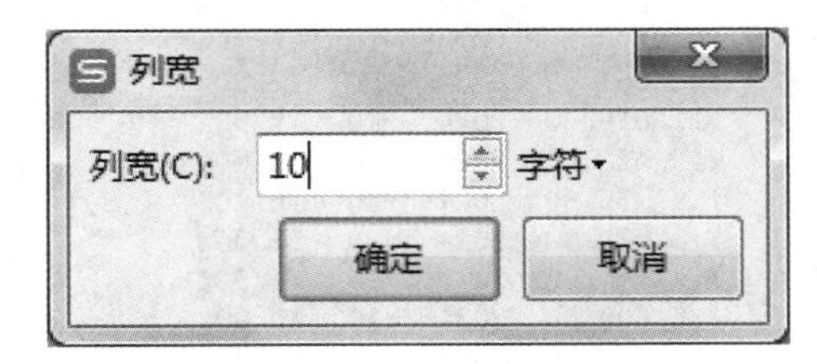

图 4-1-18　设置列宽

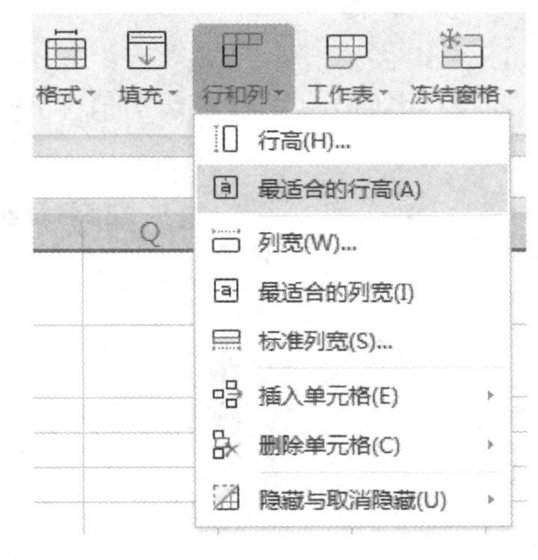

图 4-1-19　设置最合适的行高（列宽）

7. 设置单元格内容对齐方式

选中要设置对齐方式的单元格，单击“开始”选项卡下的“水平居中”按钮即可，效果如图 4-1-20 所示。

	A	B	C	D	E	F
1	2023级计算机信息管理班期末成绩表					
2	学号	姓名	语文	数学	英语	计算机
3	2331010101	黄新	82	90	90	84
4	2331010102	周剑	77	89	87	86
5	2331010103	李伟	78	91	90	82
6	2331010104	张鹏	91	98	81	78
7	2331010105	陈成	82	88	90	88
8	2331010106	周云	73	53	60	89
9	2331010107	张杰	80	85	83	90
10	2331010108	魏勇	78	65	52	86
11	2331010109	顾凯	72	97	82	57
12	2331010110	苏晓青	72	100	76	80

图 4-1-20　设置单元格内容居中对齐效果图

1. 项目描述

制作一张如图 4-1-21 所示的销售员奖金发放情况表。

	A	B	C	D	E	F	G
1	销售员奖金发放情况表						
2	员工号	姓名	性别	年龄	销售金额	发放时间	提成比例
3	1001	张玉	男	30	¥12,525.00	2024-5-10	15.80%
4	1002	王林	女	32	¥13,600.00	2024-5-10	16.50%
5	1003	李伟	男	29	¥12,390.00	2024-5-10	15.70%
6	1004	钱科	男	28	¥13,464.00	2024-5-10	16.20%
7	1005	赵晓敏	女	32	¥12,616.00	2024-5-10	15.90%
8	1006	沈玉	女	26	¥12,422.00	2024-5-10	15.50%
9	1007	孙菲	女	28	¥13,437.00	2024-5-10	16.40%
10	1008	周一	男	40	¥13,521.00	2024-5-10	16.50%
11	1009	吴昊	男	45	¥12,644.00	2024-5-10	15.90%
12	1010	郑笑	女	35	¥12,609.00	2024-5-10	15.90%

图 4-1-21　销售员奖金发放情况表

2. 项目分析

（1）本项目中具有多种类型的数据，其中“员工号”是数字字符串，应先输入单引号，再输入数值。“姓名”“性别”是文本型，“年龄”是数值型，“销售金额”是货币型，“发放时间”是日期型，“提成比例”是百分比型，并保留两位小数。

（2）标题为宋体、14 号、加粗，其中 A1:G1 合并居中。

（3）表格内所有文字居中对齐。

（4）请自主设置表格的行高和列宽。

1. 学习评价

根据任务实施的内容，进行自我评估或学生互评，并根据实际情况在教师引导下拓展。

观　察　点	☺	😐	☹
会用多种方法创建文档			
会用多种方法打开文件			
会输入正确的数据类型			
会设置行高、列宽			

2. 反思与探究

从学习结果和评价两个方面进行反思，分析存在的问题，寻求解决的方法。

存在的问题	解决的方法

3. 修正与完善

根据反思与探究中寻求到的解决问题的方法，进一步完善学生成绩表。

项目 4.2　格式化表格

(1) 会对工作表进行基本操作，包括选定、插入、移动和隐藏等。
(2) 熟练设置单元格的基本格式，包括字体、边框、填充等。
(3) 掌握条件格式、批注和数据验证的设置方法。
(4) 了解自动套用格式的设置方法。

我们已经学会了在 WPS 表格中输入不同类型的数据，接下来我们将学习如何格式化工作表，使工作表看起来更美观。最终效果如图 4-2-1 所示。

	A	B	C	D	E	F
1	2023级计算机信息管理班期末成绩表					
2						2024年1月
3	学号	姓名	语文	数学	英语	计算机
4	2331010101	黄新	82	**90**	**90**	84
5	2331010102	周剑	77	89	87	86
6	2331010103	李伟	78	**91**	**90**	82
7	2331010104	张鹏	**91**	**98**	81	78
8	2331010105	陈成	82	88	**90**	88
9	2331010106	周云	73	*53*	60	89
10	2331010107	张杰	80	85	83	**90**
11	2331010108	魏勇	78	65	*52*	86
12	2331010109	顾凯	72	**97**	82	*57*
13	2331010110	苏晓青	72	**100**	76	80

图 4-2-1　工作表格式化效果图

一、工作表的基本操作

1. 选择工作表

（1）单击工作表标签，可选择单张工作表。

（2）单击第一张工作表标签后，按住【Shift】键，再单击最后一张工作表标签，可选择多张连续的工作表。

（3）单击第一张工作表标签后，按住【Ctrl】键，再逐个单击其他工作表标签，可选择多张不连续的工作表。

2. 插入工作表

（1）使用“新建工作表”按钮插入工作表。单击工作表标签上的“新建工作表”按钮，就可以将新工作表插在现有工作表的后面，如图 4-2-2 所示。

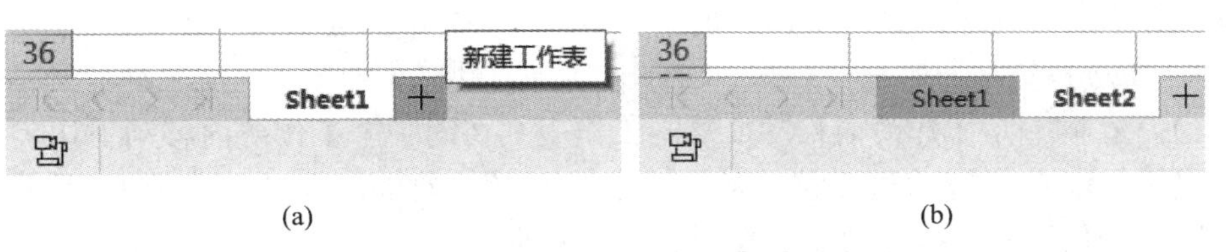

(a)　　　　　　　　　　　　(b)

图 4-2-2　使用“新建工作表”按钮插入工作表

（2）使用快捷菜单插入工作表。右击工作表标签，在弹出的快捷菜单中选择“插入”命令，打开“插入工作表”对话框，如图 4-2-3 所示，输入插入数目，选择“当前工作表之后（A）”单选按钮，单击“确定”按钮，将在被右击的工作表标签之后插入指定数目的新工作表。

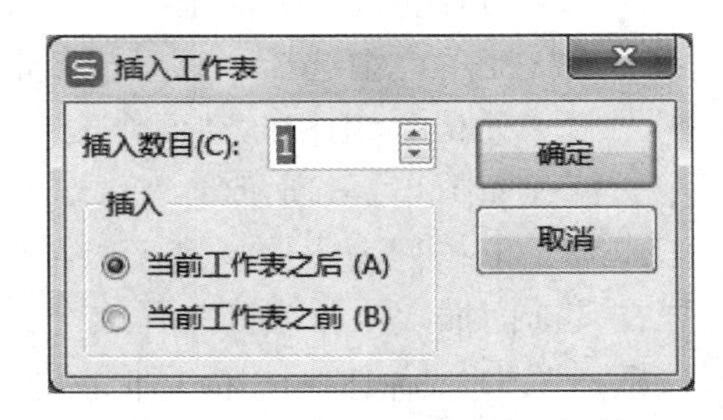

图 4-2-3　“插入工作表”对话框

（3）单击“开始”选项卡下的“工作表”按钮，在下拉列表中选择“插入工作表”命令，如图 4-2-4 所示。

图 4-2-4　使用功能区命令插入工作表

3．删除工作表

（1）单击“开始”选项卡下的“工作表”按钮，在下拉列表中选择“删除工作表”命令，如图 4-2-5 所示。

图 4-2-5　使用功能区命令删除工作表

（2）右击要删除的工作表标签，在弹出的快捷菜单中选择“删除”命令，即可删除工作表。要注意的是，工作表被删除了之后，表中的数据将不能恢复。

4. 移动和复制工作表

（1）在同一个工作簿内移动或复制工作表。在同一个工作簿内移动工作表可以按住鼠标左键直接拖动需要移动的工作表的标签，复制工作表则要在按住【Ctrl】键的同时按住鼠标左键拖动需要复制的工作表的标签。

（2）在不同工作簿间移动或复制工作表。右击要移动或复制的工作表标签，在弹出的快捷菜单中选择“移动或复制工作表（M）”命令；或者单击“开始”选项卡下“单元格”组中的“工作表”，在下拉列表中选择“移动或复制工作表”命令，打开如图 4-2-6 所示的“移动或复制工作表”对话框。在“将选定工作表移至工作簿”下拉列表中选择目标工作簿名；在“下列选定工作表之前”列表框中选择要在其前面插入工作表的工作表名；如果是复制工作表，则要勾选“建立副本”复选框。单击“确定”按钮，即完成了工作表的移动或复制。

5. 隐藏工作表

单击“开始”选项卡下的“工作表”按钮，在下拉列表中选择“隐藏工作表”命令，或右击工作表标签，在弹出的快捷菜单中选择“隐藏”命令，即可隐藏当前工作表。如果要取消隐藏，则在下拉列表中选择“取消隐藏工作表”命令，弹出如图 4-2-7 所示“取消隐藏”对话框，选中想要取消隐藏的工作表，单击“确定”按钮即可。

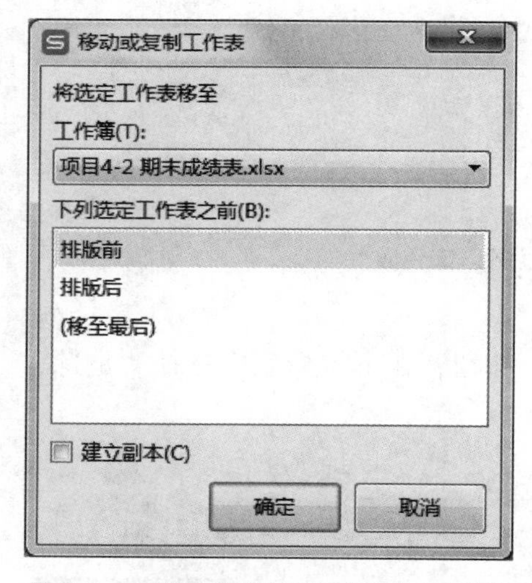

图 4-2-6 “移动或复制工作表”对话框

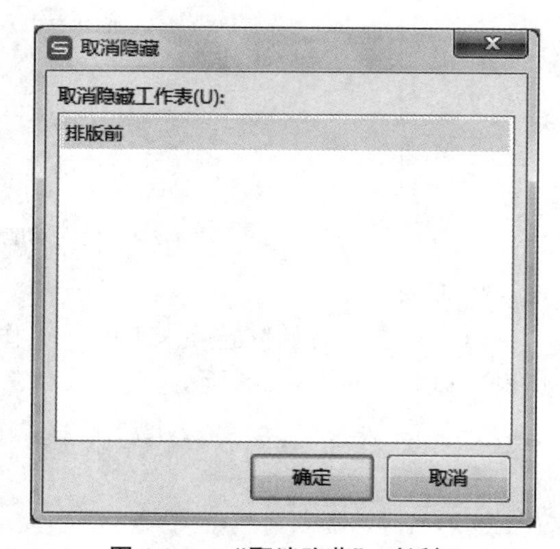

图 4-2-7 “取消隐藏”对话框

6. 设置工作表标签颜色

右击要设置颜色的工作表标签，在弹出的快捷菜单中选择“工作表标签颜色”命令；或单击“开始”选项卡下的“工作表”按钮，在下拉列表中的“工作表标签颜色”中选择所需要的颜色即可。

7. 插入或删除行和列

（1）插入行或列。选中某单元格，单击“开始”选项卡下的“行和列”按钮，在下拉列表中选择“插入单元格”→“插入行”（或“插入列”）命令，将在当前单元格的上面插入一行，或在其左边插入一列。也可右击行号或列标，在弹出的快捷菜单中选择“插入”。

（2）删除行或列。选择要删除的行或列（可以是多行、多列），单击“开始”选项卡下的“行和列”，在下拉列表中选择“删除单元格”→“删除行”（或“删除列”），也可右击选中的行或列，在弹出的快捷菜单中选择“删除”命令。

8. 浏览工作表信息

WPS 表格可以同时打开多个工作簿或多张工作表。当我们在浏览工作表时，如果发现工作表中的数据较多，无法在同一个窗口中浏览全部信息时，我们可以采用窗口拆分和冻结的方法进行处理。

（1）冻结首行或首列。单击“视图”选项卡下的“冻结窗格”按钮，在下拉列表中选择“冻结首行”（或“冻结首列”）命令，则窗口的第 1 行（或第 1 列）被冻结。此时，拖动垂直或水平滚动条时，第 1 行或第 1 列不动。效果图如图 4-2-8、图 4-2-9 所示。

	A	B	C	D	E	F	G
1	员工号	姓名	性别	年龄	销售金额	发放时间	提成比例
2	1001	张玉	男	30	¥12,525.00	2024-5-10	15.80%
3	1002	王林	女	32	¥13,600.00	2024-5-10	16.50%
4	1003	李伟	男	29	¥12,390.00	2024-5-10	15.70%
5	1004	钱科	男	28	¥13,464.00	2024-5-10	16.20%
6	1005	赵晓敏	女	32	¥12,616.00	2024-5-10	15.90%
7	1006	沈玉	女	26	¥12,422.00	2024-5-10	15.50%
8	1007	孙菲	女	28	¥13,437.00	2024-5-10	16.40%
9	1008	周一	男	40	¥13,521.00	2024-5-10	16.50%
10	1009	吴昊	男	45	¥12,644.00	2024-5-10	15.90%
11	1010	郑笑	女	35	¥12,609.00	2024-5-10	15.90%

图 4-2-8 冻结首行

	A	B	C	D	E	F	G
1	员工号	姓名	性别	年龄	销售金额	发放时间	提成比例
2	1001	张玉	男	30	¥12,525.00	2024-5-10	15.80%
3	1002	王林	女	32	¥13,600.00	2024-5-10	16.50%
4	1003	李伟	男	29	¥12,390.00	2024-5-10	15.70%
5	1004	钱科	男	28	¥13,464.00	2024-5-10	16.20%
6	1005	赵晓敏	女	32	¥12,616.00	2024-5-10	15.90%
7	1006	沈玉	女	26	¥12,422.00	2024-5-10	15.50%
8	1007	孙菲	女	28	¥13,437.00	2024-5-10	16.40%
9	1008	周一	男	40	¥13,521.00	2024-5-10	16.50%
10	1009	吴昊	男	45	¥12,644.00	2024-5-10	15.90%
11	1010	郑笑	女	35	¥12,609.00	2024-5-10	15.90%

图 4-2-9 冻结首列

（2）冻结首行和首列。单击 B2 单元格，单击“视图”选项卡下的“冻结窗格”按钮，在下拉列表中选择“冻结至第 1 行 A 列”命令，则同时冻结首行和首列。此时，拖动垂直或水平滚动条时，第 1 行和第 1 列均不动（图 4-2-10）。

	A	B	C	D	E	F	G
1	员工号	姓名	性别	年龄	销售金额	发放时间	提成比例
2	1001	张玉	男	30	¥12,525.00	2024-5-10	15.80%
3	1002	王林	女	32	¥13,600.00	2024-5-10	16.50%
4	1003	李伟	男	29	¥12,390.00	2024-5-10	15.70%
5	1004	钱科	男	28	¥13,464.00	2024-5-10	16.20%
6	1005	赵晓敏	女	32	¥12,616.00	2024-5-10	15.90%
7	1006	沈玉	女	26	¥12,422.00	2024-5-10	15.50%
8	1007	孙菲	女	28	¥13,437.00	2024-5-10	16.40%
9	1008	周一	男	40	¥13,521.00	2024-5-10	16.50%
10	1009	吴昊	男	45	¥12,644.00	2024-5-10	15.90%
11	1010	郑笑	女	35	¥12,609.00	2024-5-10	15.90%

图 4-2-10　冻结首行和首列

（3）取消冻结窗格。单击“视图”选项卡下的“冻结窗格”按钮，在下拉列表中选择“取消冻结窗格”命令，可取消被冻结的窗口。

（4）工作表的拆分。

单击 E8 单元格，执行“视图”→“拆分窗口”命令，会将窗口拆分成四个部分。也可通过拖动水平拆分条和垂直拆分条进行操作（图 4-2-11）。

	A	B	C	D	E	F	G
1	员工号	姓名	性别	年龄	销售金额	发放时间	提成比例
2	1001	张玉	男	30	¥12,525.00	2024-5-10	15.80%
3	1002	王林	女	32	¥13,600.00	2024-5-10	16.50%
4	1003	李伟	男	29	¥12,390.00	2024-5-10	15.70%
5	1004	钱科	男	28	¥13,464.00	2024-5-10	16.20%
6	1005	赵晓敏	女	32	¥12,616.00	2024-5-10	15.90%
7	1006	沈玉	女	26	¥12,422.00	2024-5-10	15.50%
8	1007	孙菲	女	28	¥13,437.00	2024-5-10	16.40%
9	1008	周一	男	40	¥13,521.00	2024-5-10	16.50%
10	1009	吴昊	男	45	¥12,644.00	2024-5-10	15.90%
11	1010	郑笑	女	35	¥12,609.00	2024-5-10	15.90%

图 4-2-11　拆分窗口

二、设置单元格格式

1. 使用“单元格格式”对话框

选定要设置格式的单元格或单元格区域，单击“开始”选项卡下的“格式”按钮，在下拉列表中选择“样式”→“新建单元格样式”命令，在打开的“样式”对话框中单击“格式”按钮，打开“单元格格式”对话框。或者右击选中的单元格或单元格区域，在弹出的快捷菜单中选择“设置单元格格式”命令，打开“单元格格式”对话框。对话框中有“数字”“对齐”“字体”“边框”“图案”“保护”共 6 个选项卡。通过这 6 个选项卡可以设置单元格的格式。

（1）设置数字格式。选择“数字”选项卡，对话框左边“分类”列表框列出

	A	B	C	D	E
1	销售数量统计表				
2	产品型号	销售量	单元（元）	总销售额	百分比
3	A11	267	33.23	¥8,872.41	21.08%
4	A12	273	33.75	¥9,213.75	21.89%
5	A13	271	45.67	¥12,376.57	29.40%
6	A14	257	45.25	¥11,629.25	27.63%
7	总计			¥42,091.98	
8					

图 4-2-12　销售数量统计表

了数字格式的类型，右边显示该类型的格式和示例。WPS 表格默认情况下，数字格式是常规格式。

➢ 实践一：熟悉“数字”选项卡。

建立如图 4-2-12 所示的工作表，各列设置成如下格式：A 列为文本型；B、C 列为数值型；D 列为货币型，单位为 ¥；E 列为百分比型，保留两位小数。

具体操作步骤如下：

① 设置 A 列为文本型。单击 A 列列标，选中 A 列并右击，在弹出的快捷菜单中选择“设置单元格格式”命令，打开“单元格格式”对话框，选择“数字”选项卡，在“分类”组中选定“文本”类型，单击“确定”按钮，如图 4-2-13 所示。

② 用同样的方法设置 B、C、D、E 列的格式。

③ 输入相关数据。

（2）设置对齐和字体方式。选择“对齐”选项卡，可以设置单元格中内容的水平对齐、垂直对齐和文本方向，还可以完成相邻单元格的合并等。

选择“字体”选项卡，可以设置单元格内容的字体、颜色、下划线和特殊效果。

➢ 实践二：熟悉“对齐”选项卡。

打开实践一中的“销售数量统计表”，按以下要求设置表格格式：

合并 A1:E1，内容横向居中，纵向靠下排列。

具体操作步骤如下：选中 A1: E1 并右击，在弹出的快捷菜单中选择“设置单元格格式”命令，打开“单元格格式”对话框，选择“对齐”选项卡，如图 4-2-14 所示，设置水平对齐为“居中”，垂直对齐为“靠下”，选中“合并单元格”复选框，单击“确定”按钮。

图 4-2-13　“数字”选项卡

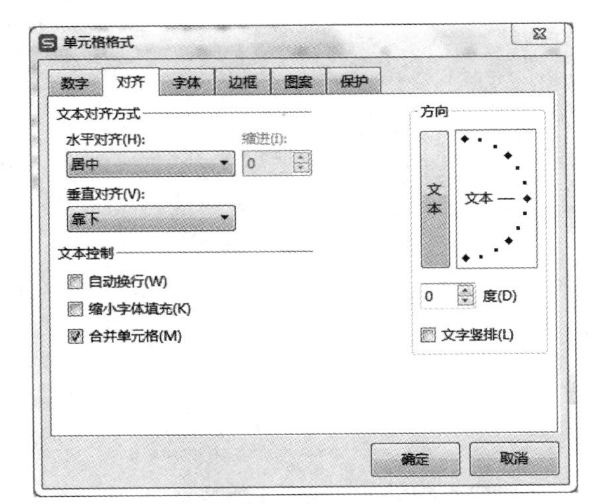

图 4-2-14　“对齐”选项卡

（3）设置单元格边框。

选择“边框”选项卡，可以利用“预置”选项组为单元格或单元格区域设置“外边框”和“内部”；利用“边框”样式为单元格设置上边框、下边框、左边框、右边框和斜线等；还可以设置边框的线条样式和颜色。如果要取消已设置的边框，选择“预置”选项组中的“无”即可。

➢ 实践三：熟悉“边框”选项卡。

打开实践一中的“销售数量统计表”，按以下要求设置表格格式：

将表格中的A2:E7单元格设置为单实线，外边框设置为双实线。

具体操作步骤如下：选中A2:E7并右击，在弹出的快捷菜单中选择“设置单元格格式”命令，打开“单元格格式”对话框，选择“边框”选项卡，在“线条”选项组中选中双线条“═══”，在“预置”选项组中单击“外边框”按钮，设置外边框为双实线，再在“线条”选项组中选中单线条“———”，在“预置”选项组中单击“内部”按钮，设置内框线为单实线，如图4-2-15所示，单击“确定”按钮。

（4）设置填充。

选择“图案”选项卡，可以为单元格或单元格区域设置不同颜色、图案和填充效果的底纹。

➢ 实践四：熟悉“图案”选项卡。

打开实践一中的“销售数量统计表”，按以下要求设置表格格式：

将标题栏设置为黄色底纹。

具体操作步骤如下：选中标题栏并右击，在弹出的快捷菜单中选择“设置单元格格式”命令，打开“单元格格式”对话框，选择“图案”选项卡，在“颜色”选项组中选择黄色，如图4-2-16所示，单击“确定”按钮。

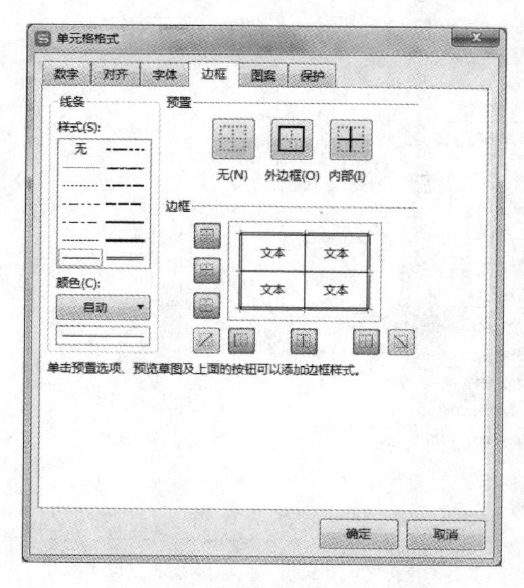

图4-2-15　“边框”选项卡

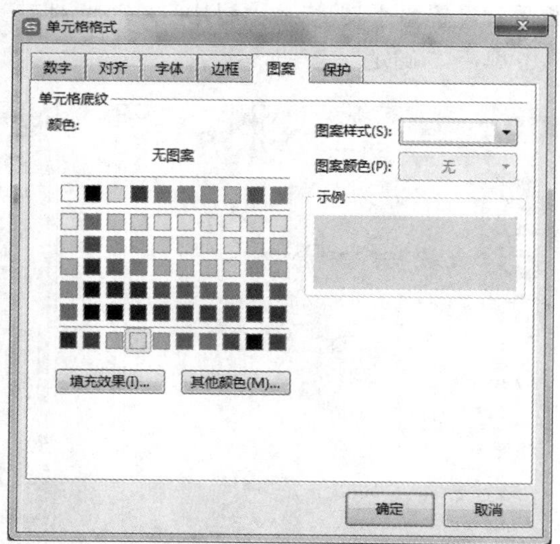

图4-2-16　“图案”选项卡

2. 使用“开始”选项卡下的“字体”“对齐方式”“数字格式”等功能区

选定要设置格式的单元格或单元格区域，然后单击“开始”选项卡下的“字体”“对齐方式”“数字”等功能组中的相应按钮即可，如图 4-2-17 所示。

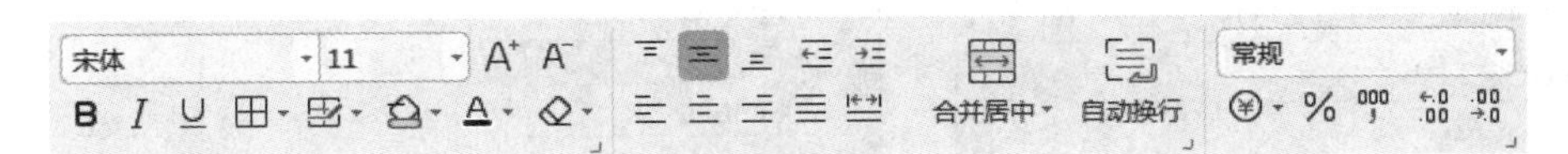

图 4-2-17　功能区按钮

三、格式的复制与删除

1. 复制格式

对已格式化的数据区域，如果其他区域也要使用该格式，可以不必重复设置格式，通过格式复制来快速完成。具体操作步骤如下：

① 选定需要复制格式的单元格。

② 单击“开始”选项卡下的“格式刷”按钮，这时鼠标指针变成刷子形状。

③ 鼠标指向目标区域拖动。

如果要复制格式到多处，则双击“格式刷”工具。

2. 删除格式

删除格式的具体操作步骤如下：

① 选定要删除格式的单元格或单元格区域。

② 单击“开始”选项卡下的“清除”按钮，在下拉列表中选择“格式”命令。

1. 复制工作表

（1）双击“学生成绩表”，打开该工作簿。右击“学生成绩表”标签，在弹出的快捷菜单中选择“移动或复制工作表”命令，弹出如图 4-2-18 所示的对话框。

（2）选择新工作表放置位置，位于 Sheet2 之前，并选中“建立副本”复选框，单击“确定”按钮。这样在原始表之后就插入一张新表“学生成绩表（2）”。将该表重命名成“学生成绩表（副表）”。下列操作均在“学生成绩表（副表）”中进行。

2. 工作表的格式化

（1）表格内数据中部居中：选中表格内数据并右击，在弹出的快捷菜单中选择“设置单元格格式”命令，打开“单元格格式”对话框，选择“对齐”选项卡，如图 4-2-19 所示；也可以通过单击“开始”选项卡下的 和 按钮将水平对齐和垂直对齐方式设置为“居中”。

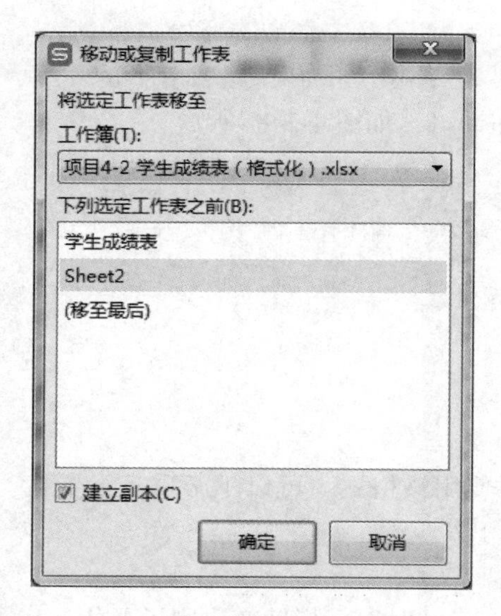

图 4-2-18 “移动或复制工作表”对话框

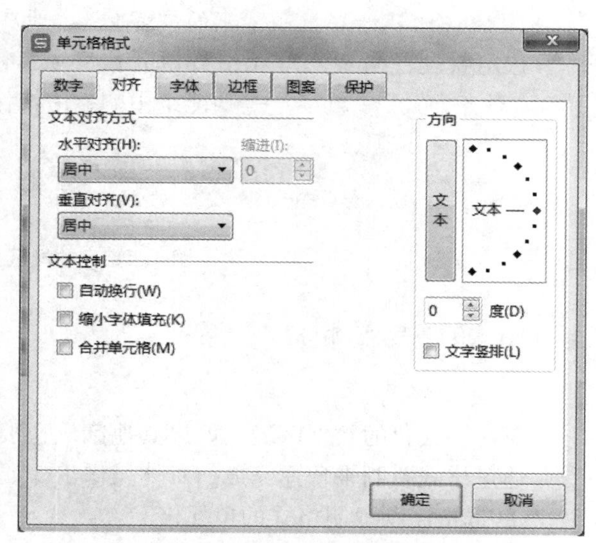

图 4-2-19 “对齐”选项卡

（2）标题格式化：选择标题，在弹出的快捷菜单中选择“设置单元格格式”命令，打开“单元格格式”对话框；也可以通过单击“开始”选项卡下“字体”组右下角的扩展按钮，打开“单元格格式”对话框。选择“字体”选项卡，在其中设置格式为蓝色、楷体、粗体、18 磅、双下划线，单击“确定”按钮，如图 4-2-20 所示。

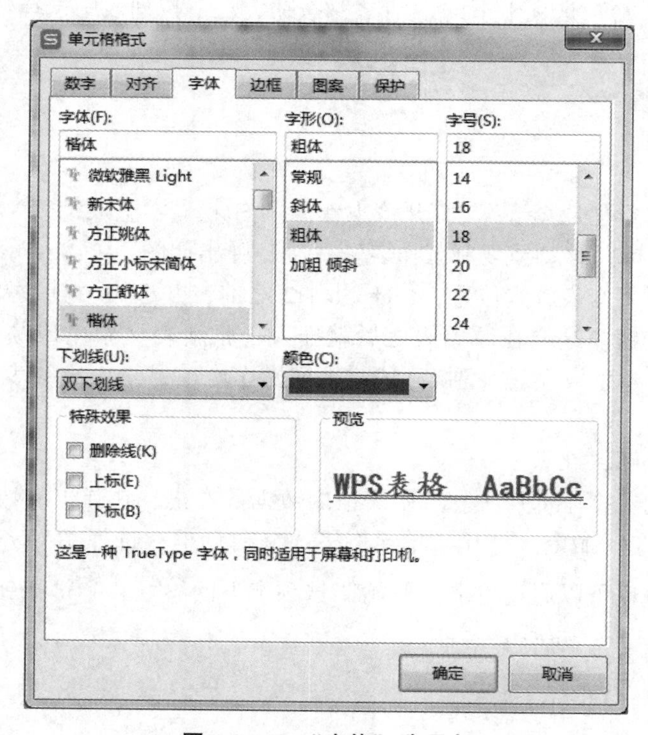

图 4-2-20 “字体”选项卡

（3）插入制表日期，并设置格式：右击行号 2，在弹出的快捷菜单中选择“插入”→“行数：1”命令，即可插入一空白行。在 A2 单元格中输入制表日期“2024 年 1 月”，合并 A2:F2 单元格，并将其设置成宋体、10 磅、右对齐、黑色、无下划线、常规字形。

（4）设置字体：选中 A3:F3，将其设置成楷体、粗体、14 磅。用同样的方法选择 A4:F13，设置为宋体、11 磅、居中。

（5）设置边框：选中 A3:F13 并右击，在弹出的快捷菜单中选择“设置单元格格式”命名，打开“单元格格式”对话框，选择“边框”选项卡，在“线条”选项组中单击最粗的单线“▬▬”，在“颜色”下拉列表中选择“蓝色”，在“预置”选项组中单击“外边框”，再在“线条”选项组中单击最细的单线“——”，颜色为“红色”，在“预置”选项组中单击“内部”，如图 4-2-21 所示，单击“确定”按钮。

（6）设置单元格底纹：选中 A3:F3 并右击，在弹出的快捷菜单中选择“设置单元格格式”命令，打开“单元格格式”对话框，切换到“图案”选项卡，在“颜色”下拉列表中选择“白色，背景 1，深色 25%”如图 4-2-22 所示，单击“确定”按钮。

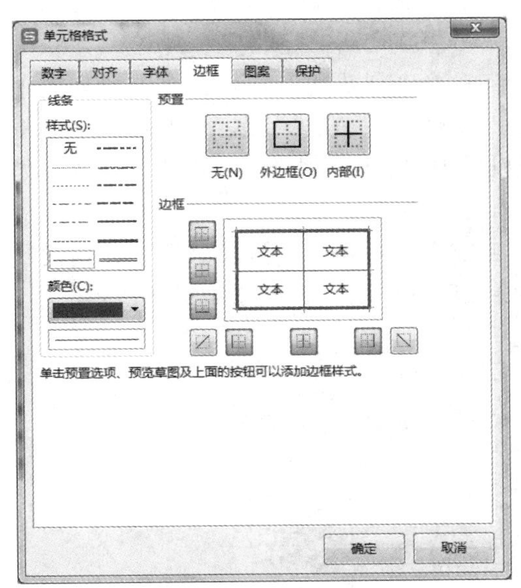

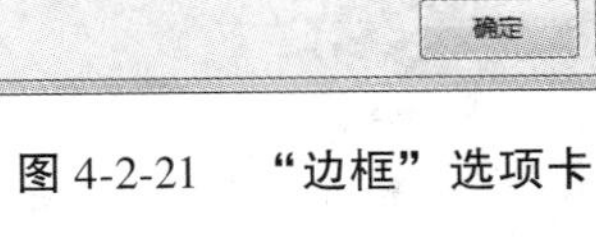

图 4-2-21　“边框”选项卡

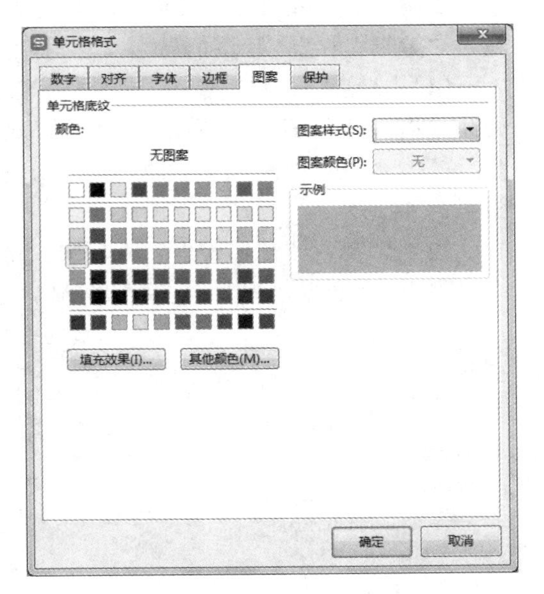

图 4-2-22　“图案”选项卡

3. 添加批注

选中 B13，单击“审阅”选项卡下的“新建批注”按钮；或右击 B13，在弹出的快捷菜单中选择“插入批注”命令。输入批注内容：“由机电班转入”。带有批注的单元格右上角用红色三角形进行标注（图 4-2-23）。

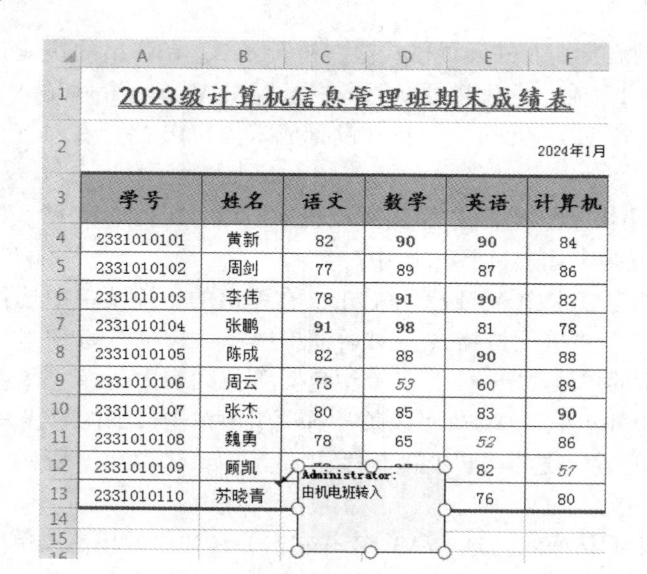

	A	B	C	D	E	F
1	2023级计算机信息管理班期末成绩表					
2						2024年1月
3	学号	姓名	语文	数学	英语	计算机
4	2331010101	黄新	82	90	90	84
5	2331010102	周剑	77	89	87	86
6	2331010103	李伟	78	91	90	82
7	2331010104	张鹏	91	98	81	78
8	2331010105	陈成	82	88	90	88
9	2331010106	周云	73	53	60	89
10	2331010107	张杰	80	85	83	90
11	2331010108	魏勇	78	65	52	86
12	2331010109	顾凯			82	57
13	2331010110	苏晓青			76	80

图 4-2-23　添加批注

4. 设置数据验证

在输入学生成绩时，要求只能输入 0~100 分之间的整数，并设置警告信息，标题为“数据错误”，错误信息为“您只能输入 0~100 之间的整数!”

（1）选定 C4:F13，单击“数据”选项卡下的“有效性”按钮，在下拉列表中选择“有效性”命令，弹出“数据有效性”对话框。在“设置”选项卡中，将“允许”“数据”“最小值”“最大值”分别设置为“整数”“介于”“0”“100”，如图 4-2-24 所示。

（2）切换到“出错警告”选项卡，将“样式”“标题”“错误信息”分别设置为“警告”“数据错误”“您只能输入 0~100 之间的整数!”，如图 4-2-25 所示。

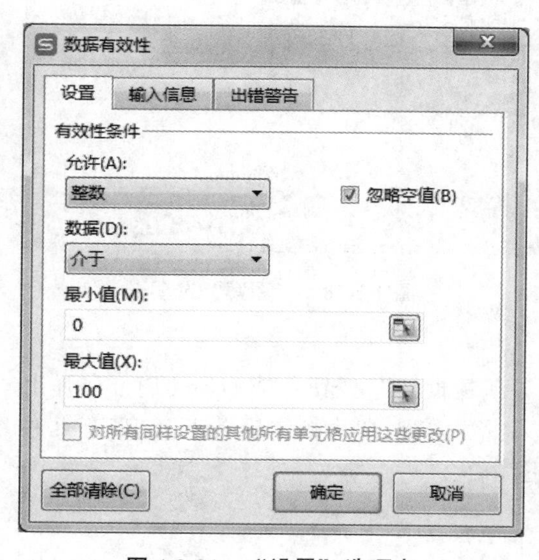

图 4-2-24　“设置”选项卡

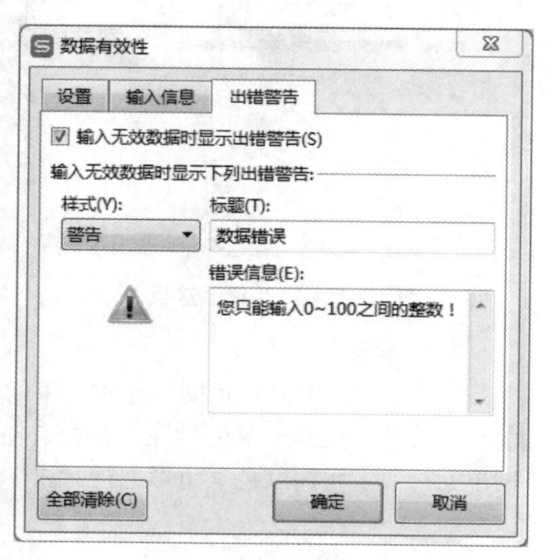

图 4-2-25　“出错警告”选项卡

5. 设置条件格式

将小于 60 分的成绩设置为红色、倾斜，大于等于 90 分的成绩设置为蓝色、加粗。

(1) 选择 C4:F13，单击“开始”选项卡下的“条件格式”按钮，在下拉列表中选择“新建规则”命令，弹出“新建格式规则”对话框。设置“选择规则类型”为“只为包含以下内容的单元格设置格式”，“编辑规则说明”为“单元格值，小于，60”（图 4-2-26）。单击“格式”按钮，在打开的“单元格格式”对话框中选择“字体”选项卡，设置“字形”为“斜体”，“颜色”为“红色”，如图 4-2-27 所示，单击“确定”按钮。

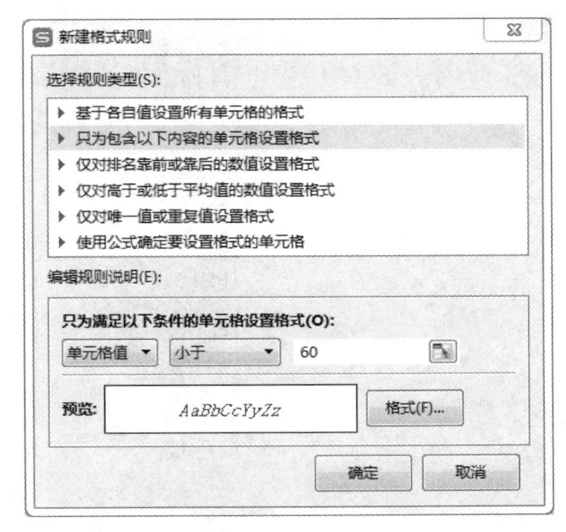

图 4-2-26　“新建格式规则”对话框（1）

(2) 用以上方法，设置 C4:F13 中大于等于 90 分的成绩为蓝色、加粗（图 4-2-28）。

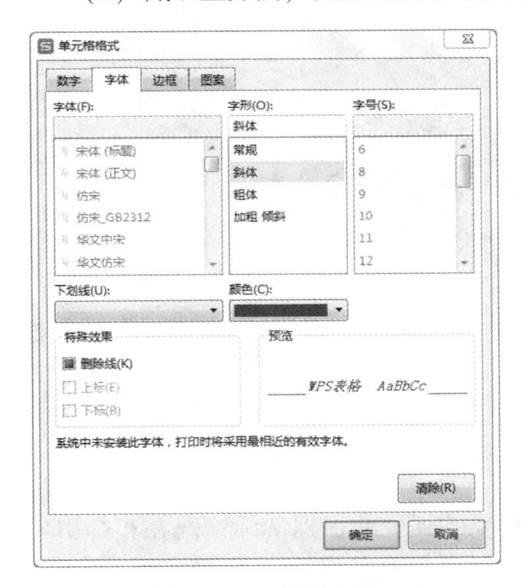

图 4-2-27　设置字体

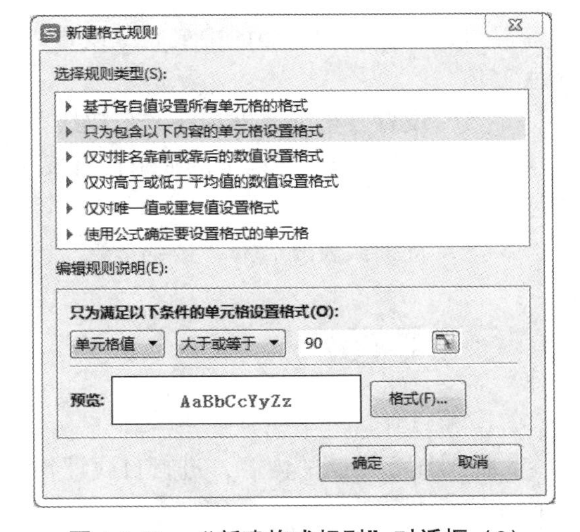

图 4-2-28　“新建格式规则”对话框（2）

至此，格式的设置效果如图 4-2-1 所示。

1. 项目描述

制作一张学生成绩表。

2. 项目分析

将图 4-2-29 所示的内容输入到新建工作表中，然后进行如下操作：

	A	B	C	D
1	学生成绩表			
2	2024-4-1			
3	姓名	数学	外语	计算机
4	吴玲	98	77	88
5	钱华	88	90	90
6	张梅花	67	76	76
7	杨鸣	66	77	66
8	汤科伟	77	65	75
9	万木花	88	92	97
10	苏小平	43	56	67
11	黄亚洲	57	78	65

图 4-2-29　学生成绩表

（1）将表格标题设置成华文彩云、24 磅、跨列居中对齐。

（2）将制表日期移到表格的最后一行，并设置成隶书、加粗、倾斜、12 磅。

（3）将表格各列列宽设置为 8。列标题行行高设置为 25，其余行高为最合适的行高。列标题粗体、水平和垂直居中，浅蓝色底纹。再将表格中的其他内容水平居中。

（4）将学生的每门课中最高分设置成粗体、蓝色、底纹为“白色，背景 1，深色 25%”。

（5）设置表格外边框为深蓝色双线条，内框线为浅绿色单实线。

（6）将所有 60 分以下的成绩设置成粗体、红色字，底纹为“白色，背景 1，深色 15%”。

（7）将工作表改名为“成绩表”。

1. 学习评价

根据任务实施的内容，进行自我评估或学生互评，并根据实际情况在教师引导下拓展。

观　察　点	☺	😐	☹
会按要求设置单元格格式			
会对工作表进行基本操作，如重命名、复制等			
会添加批注，设置数据验证			
会添加、编辑条件格式			
了解工作表的冻结和拆分			

2. 反思与探究

从学习结果和评价两个方面进行反思，分析存在的问题，寻求解决的方法。

存在的问题	解决的方法

3. 修正与完善

根据反思与探究中寻求到的解决问题的方法，进一步完善成绩表的格式化。

项目 4.3　统计与运算

（1）了解 WPS 表格中公式和函数的概念。
（2）理解三种单元格引用的特点和区别。
（3）掌握公式的输入方法。
（4）熟练使用常用函数，包括 SUM、AVERAGE、RANK 等。

老师经常要对学生的考试成绩进行分析，如统计总分、平均分、排名等。做完这个项目，你就可以当老师的小助手了。

表格中只有学生的原始成绩，本项目将统计每门课的平均分、最高分、最低分、不及格人数，以及每个人的总分和名次；将计算机基础的考试成绩在 60 分及以上的同学的计算机操作等级定为合格，否则定为不合格。效果如图 4-3-1 所示。

	A	B	C	D	E	F	G	H	I
1	2023级计算机信息管理班期末成绩表								
2	学号	姓名	语文	数学	英语	计算机	总分	名次	计算机操作等级
3	2331010101	黄新	82	90	90	84	346	3	合格
4	2331010102	周剑	77	89	87	86	339	5	合格
5	2331010103	李伟	78	91	90	82	341	4	合格
6	2331010104	张鹏	91	98	81	78	348	1	合格
7	2331010105	陈成	82	88	90	88	348	1	合格
8	2331010106	周云	73	53	60	89	275	10	合格
9	2331010107	张杰	80	85	83	90	338	6	合格
10	2331010108	魏勇	78	65	52	86	281	9	合格
11	2331010109	顾凯	72	97	82	57	308	8	不合格
12	2331010110	苏晓青	72	100	76	80	328	7	合格
13	平均分		78.5	85.6	79.1	82			
14	最高分		91	100	90	90			
15	最低分		72	53	52	57			
16	不及格人数		0	1	1	1			

图 4-3-1　效果图

一、输入公式

WPS 表格可以使用公式对工作表中的数据进行各种计算，如算术运算、关系运算和字符串运算等。

1. 公式的形式

公式的一般形式为“=表达式”，公式必须以“=”开头，输入结束后按回车键确认。公式中可以包含运算符、数字、文本、逻辑值、函数和单元格地址等。

注意：公式中所使用的各类运算符均为英文格式。

2. 运算符

WPS 表格中的运算符主要包括算术运算符、关系运算符和字符串运算符。

（1）算术运算符。常用的算术运算符有：+（加）、-（减）、*（乘）、/（除）、^（乘方）、( )（括号）等。

（2）关系运算符。常用的关系运算符有：>（大于）、>=（大于等于）、=（等于）、<（小于）、<=（小于等于）、<>（不等于），其运算结果为逻辑值“真”或“假”。

（3）字符串运算符。常用的字符串运算是将两个字符串连接起来，用“&”表示。例如，“Micro” & “soft” 的结果为 “Microsoft”。

3. 公式的复制

方法一：选定包含公式的单元格，单击“开始”选项卡下的“复制”按钮，或按【Ctrl】+【C】组合键，完成公式的复制。再选定目标单元格，单击“开始”选项卡下的“粘贴”按钮，或按【Ctrl】+【V】组合键，完成公式的粘贴。

方法二：选定包含公式的单元格，拖动单元格的自动填充柄，可完成相邻单元格公式的复制。

➢ 实践一：打开“工资明细表”，输入公式计算应发工资，公式为“应发工资=基本工资+奖金”。

具体操作步骤如下：

① 输入公式。选中 E3 单元格，在单元格或编辑区中输入公式“=C3+D3”（输入“C3”或“D3”和单击单元格 C3 或 D3 的效果是一样的，并且这种方法更加直观），然后按回车键或单击“确认”按钮 ✔ 确认，如图 4-3-2 所示。

② 复制公式。用上述方法复制此单元格，再选中 E4 单元格，用上述方法粘贴，公式 E4 单元格的内容自动变为“=C4+D4”，如图 4-3-3 所示。

SUM　=C3+D3

	A	B	C	D	E
1	工资明细表				
2	职工号	姓名	基本工资	奖金	应发工资
3	001	张伟	5000	1000	=C3+D3
4	002	许美丽	4000	800	
5	003	刘军	3000	700	

图 4-3-2　输入公式

E4　=C4+D4

	A	B	C	D	E
1	工资明细表				
2	职工号	姓名	基本工资	奖金	应发工资
3	001	张伟	5000	1000	6000
4	002	许美丽	4000	800	4800
5	003	刘军	3000	700	3700

图 4-3-3　复制公式

4. 单元格地址的引用

单元格地址，通常用它所处的“列标”+“行号”表示，如 C3、G5 等。在公式中，经常使用单元格地址来引用单元格的数据，通过单元格引用，可以在公式中使用以下三种不同位置的单元格或单元格区域数据。

（1）同一张工作表中的单元格数据：直接用该单元格地址或名称表示，如要引用当前工作表 A1 单元格中的数据，单元格引用可表示为“A1”。

（2）同一工作簿中不同工作表的单元格数据：在该单元格地址或名称前面加上工作表，并以“！”分隔，格式为“工作表名！单元格地址”。例如，要引用工作表“Sheet2”中的单元格 C2 的数据，单元格引用表示为“Sheet2！C2”。

（3）不同工作簿中的单元格数据：在该单元格地址或名称前面加上工作簿名和工作表名，格式为“［工作簿文件名］工作表名！单元格地址”。

在 WPS 表格中，单元格地址引用有三种形式：相对引用、绝对引用和混合引用。按【F4】键可以在各形式之间转换。

（1）相对引用。相对引用是指公式复制或移动时，公式中的单元格地址引用相对目的单元格发生相对改变的地址。例如，如图 4-3-4 所示，在 C1 单元格中输入“=A1+B1”，复制到 F1 单元格时，其位置相对向右移动 3 列，行号不变，列标增加 3，所以公式变为“=D1+E1”。如果公式复制到 C4 单元格，其列标不变，行号增加 3，所以公式变为“=A4+B4”。如果公式复制到 F4，则相对行和列都发生变化。

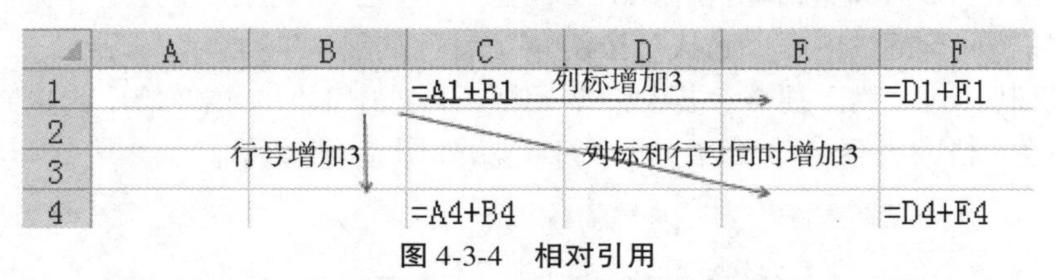

图 4-3-4　相对引用

（2）绝对引用。绝对引用是指公式复制或移动时，公式中的单元格地址引用相对于目的单元格不发生改变的地址。绝对引用的格式是在行号和列标前加上“$”符号，如 C3，其变化规律如图 4-3-5 所示。

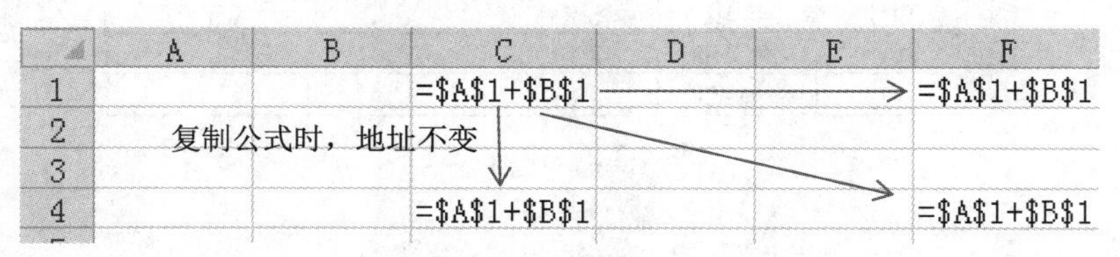

图 4-3-5　绝对引用

（3）混合引用。混合引用是指单元格的引用中，行或列只能有一个使用绝对引用，另一个必须使用相对引用。在进行公式复制时，相对引用部分的地址随相对位置改变，绝对引用部分的地址不随相对位置改变，如 $C3、C$3，其变化规律如图 4-3-6 所示。

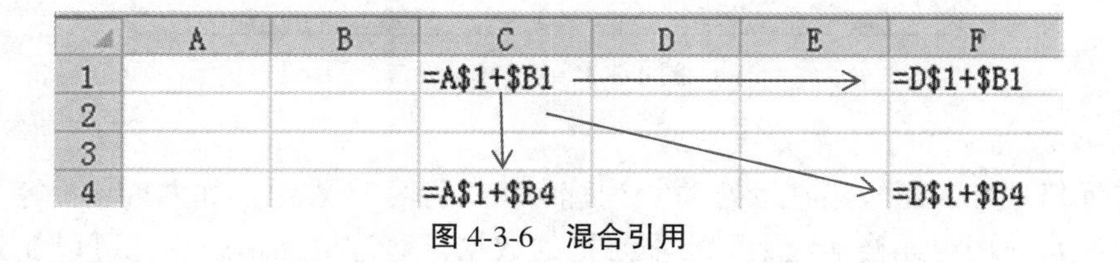

图 4-3-6　混合引用

二、函数

函数是预先定义的内置公式，WPS 表格提供了大量的函数，熟练使用函数可以大大提高计算速度和计算准确率。

1. 函数的格式

函数的一般格式：函数名（参数 1，参数 2，…，参数 n），函数名是每个函数的唯一标识，决定了函数的功能和用途，例如用来求和的是 SUM 函数，用来求平均的是 AVERAGE 函数。其中每个函数都有特定的参数要求，如需要一个或多个参数，参数可以是数字、文本、单元格或单元格区域、公式或其他函数。

2. 函数的输入

在 WPS 表格中输入函数的常用方法有以下两种：

（1）使用功能区选择函数。选中要输入公式的单元格，单击“公式”选项卡下“函数库”中相应的函数按钮。

（2）使用“插入函数”对话框输入函数。选中要输入公式的单元格，单击“公式”选项卡下的“插入函数”按钮，打开“插入函数”对话框，在“或选择类别”下拉列表中选择函数类别，如“常用函数”，在“选择函数”列表框中选择函数，如 SUM 函数，如图 4-3-7 所示，单击“确定”按钮，打开如图 4-3-8 所示的“函数参数”对话框。该对话框显示了函数及其参数的信息，单击图 4-3-8 中“数值 1”文本框右侧的“压缩对话框”按钮，可以拖动鼠标进行单元格或单元格区域选择。

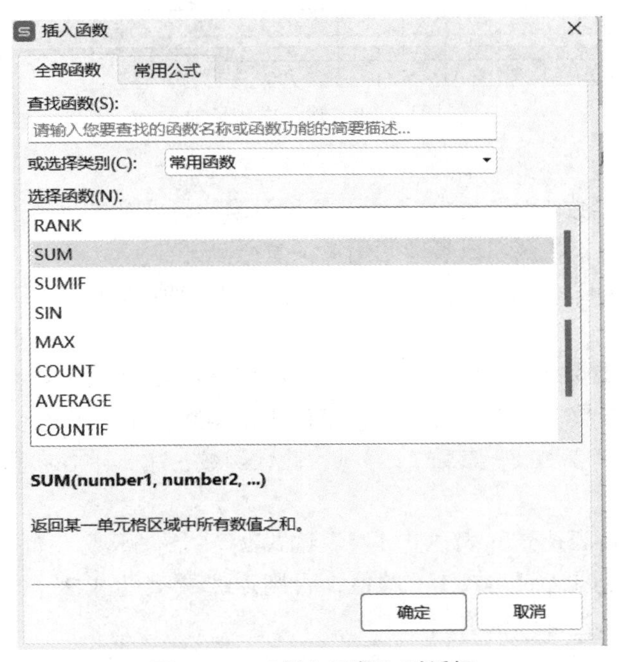

图 4-3-7　“插入函数”对话框

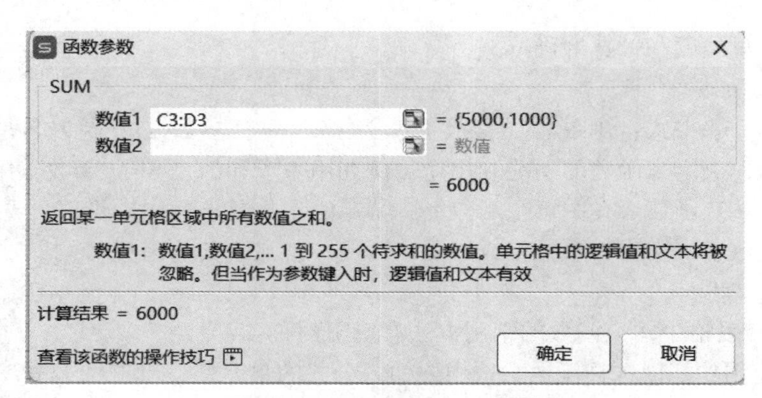

图 4-3-8 “函数参数”对话框

➢ 实践二：打开“工资明细表”，输入求和函数计算应发工资。

具体操作步骤如下：选中 E3 单元格，单击“公式”选项卡下的“自动求和”按钮，在下拉列表中选择“求和”命令，自动生成求和公式，如图 4-3-9 所示，按【Enter】键完成函数的输入，并显示公式的计算结果，和实践一的结果是一样的。

	A	B	C	D	E	F	G
1	工资明细表						
2	职工号	姓名	基本工资	奖金	应发工资		
3	001	张伟	5000	1000	=SUM(C3:D3)		
4	002	许美丽	4000	800	SUM(number1, [number2], ...)		
5	003	刘军	3000	700			

图 4-3-9 输入求和函数

3. 常用函数

（1）SUM（参数 1，参数 2，…）：求和函数，用来对参数中的单元格、区域或数值进行求和运算，各区域或参数间用英文逗号隔开。

（2）AVERAGE（参数 1，参数 2，…）：求平均值函数，用来对各参数求算术平均值。

（3）MAX（参数 1，参数 2，…）：求最大值函数，用来求各参数的最大值。

（4）MIN（参数 1，参数 2，…）：求最小值函数，用来求各参数的最小值。

（5）COUNT（参数 1，参数 2，…）：计数函数，用来求各参数中数值型数据的个数。

（6）IF（逻辑表达式，表达式 1，表达式 2）：条件函数，如果“逻辑表达式”的值为真，函数返回“表达式 1”的值，否则返回“表达式 2”的值。“逻辑表达式”可以直接输入，也可从单元格引用。

（7）COUNTIF（条件数据区，逻辑表达式）：求条件数据区中满足“逻辑表达式”单元格的个数。

（8）RANK（数据，某一列数据范围，排序原则）：求数据在某一列数据范围内相对于其他数值大小的排名，排序原则用数值表示，0 或空白为降序，其他值为升序。

（9）SUMIF（条件数据区，求和条件，求和数据区）：在“条件数据区”查找满足求和条件的单元格，计算与之对应的“求和数据区”中数据的累加和。如果“求和数据区”省略，则默认与“条件数据区”相同，这时可简单理解成“条件数据区”中满足逻辑表达式要求的各数据的和。

（10）AVERAGEIF（条件数据区，求平均值条件，求平均值区域）：返回某个区域内满足给定条件的所有单元格的平均值。

（11）VLOOKUP（查找的数据，查找的区域，返回值在查找区域的列数，匹配方式）：在表格或数值数组的首列查找指定的数值，并由此返回表格或数组中该数值所在行中指定列处的数值。

（12）INT（参数）：将数值向下取整为最接近的整数。

（13）ABS（参数）：返回给定数值的绝对值，即不带符号的数值。

1. 求学生总分

求总分有两种方法：

（1）公式求和。在G3单元格中输入“=C3+D3+E3+F3”（图4-3-10），并按回车键确认。然后将鼠标移到G3的右下角，当鼠标变成黑色实心十字架（自动填充柄）时，往下拖动（或双击自动填充柄），求出其他学生的总分。

SUM　=C3+D3+E3+F3

	A	B	C	D	E	F	G	H	I
1	2023级计算机信息管理班期末成绩表								
2	学号	姓名	语文	数学	英语	计算机	总分	名次	计算机操作等级
3	2331010101	黄新	82	90	90	84	=C3+D3+E3+F3		
4	2331010102	周剑	77	89	87	86			
5	2331010103	李伟	78	91	90	82			

图4-3-10　公式求和

（2）函数求和。选择G3单元格，单击“公式”选项卡下的“自动求和”按钮，在下拉列表中选择“求和”命令，出现如图4-3-11所示结果（表示对C3:F3共四个单元格求和），按回车键确认。然后将鼠标移到G3的右下角，当鼠标变成黑色实心十字架（自动填充柄）时，往下拖动（或双击自动填充柄），求出其他学生的总分。

以上两种方法在单元格中显示求和的结果，但在编辑区中仍然显示为公式的形式。

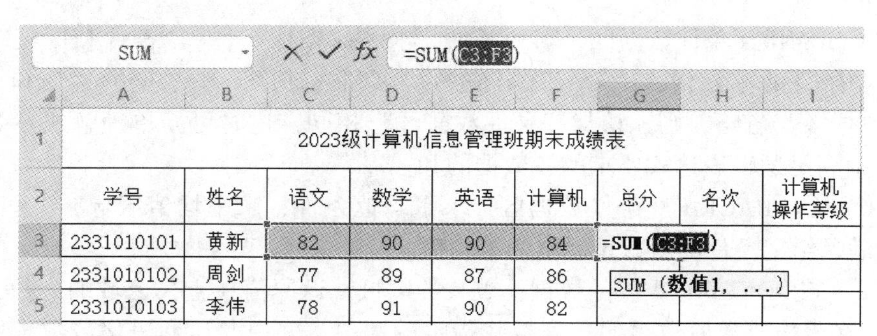

图 4-3-11　函数求和

2. 求学生名次

选择 H3 单元格，单击“公式”选项卡下的“插入函数”按钮，弹出“插入函数”对话框（图 4-3-12）。选择类别为“常用函数”，并找到“RANK”函数，单击“确定”按钮，弹出“函数参数”对话框。

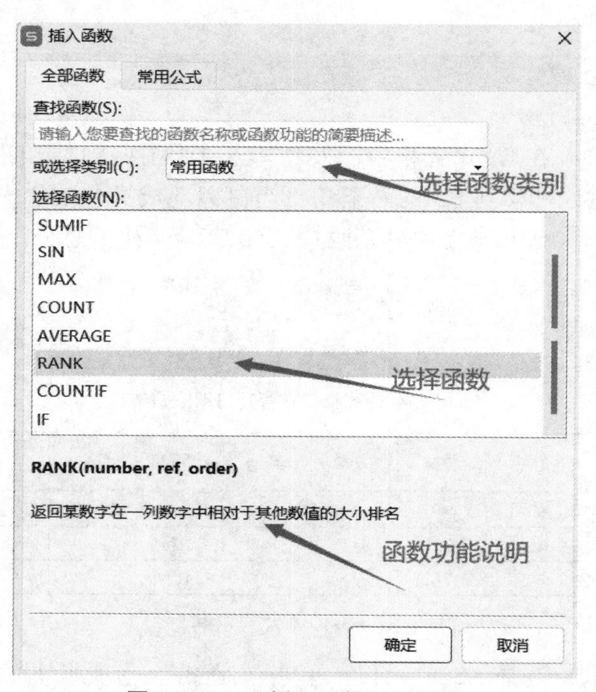

图 4-3-12　“插入函数”对话框

“数值”中选择 G3 作为被排列的数据，“引用”中选择 G3:G12 作为要排名的范围，“排位方式”中不输入任何数据表示降序排列（图 4-3-13），单击“确定”按钮，求出第一位学生的名次。

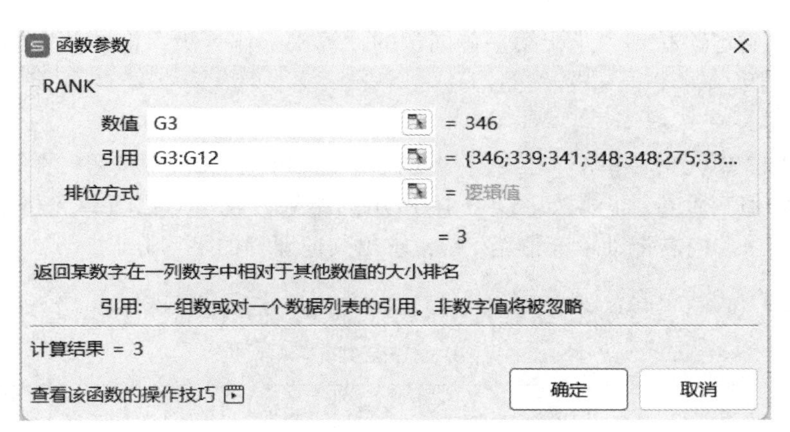

图 4-3-13　RANK 函数参数设置

选择 H3 单元格，在编辑区出现“=RANK（G3，G3:G12）”，用鼠标左键拖动，选择 G3:G12，按【F4】键，将相对引用转变为绝对引用（图 4-3-14），按回车键确定。拖动填充柄，计算其他同学的名次。

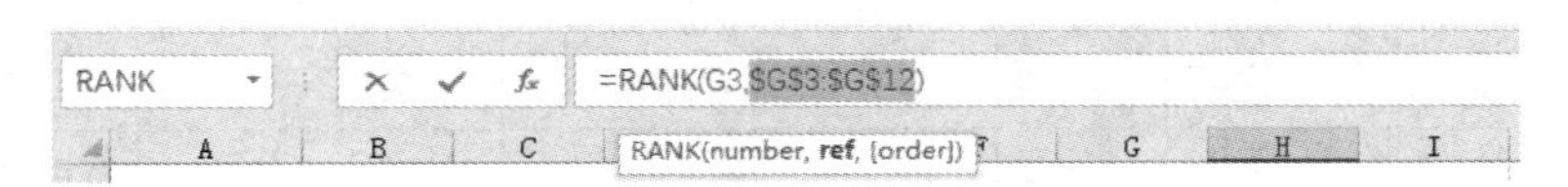

图 4-3-14　相对引用转变为绝对引用

3. 求出计算机操作等级

根据计算机基础的考试成绩，核定计算机操作等级，60 分及以上为合格，否则为不合格。

选择 I3 单元格，单击“公式”选项卡下的“插入函数”按钮，打开“插入函数”对话框，在“全部函数”中找到“IF”函数，单击“确定”按钮。打开“函数参数”对话框并进行如下设置：在测试条件框中输入“F3>=60”，在真值框中输入"合格"，在假值框中输入"不合格"，如图 4-3-15 所示。

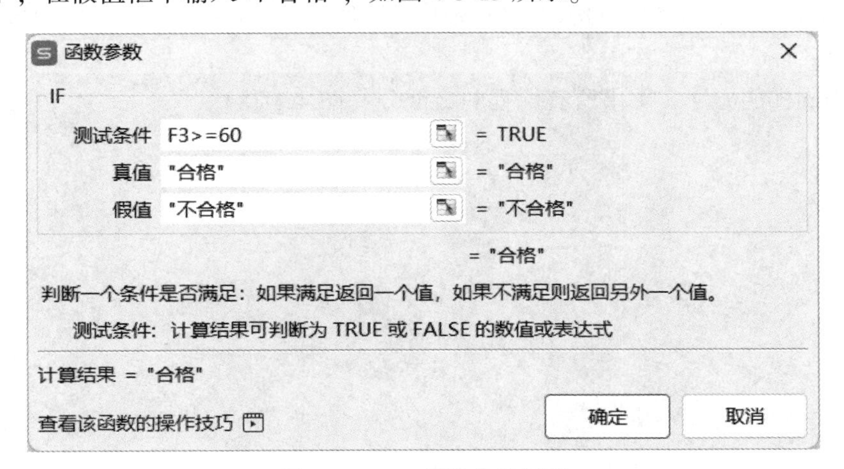

图 4-3-15　IF 函数参数设置

单击“确定”按钮，求出第一位同学的计算机操作等级。拖动填充柄，计算其他同学的等级。

4. 求各科平均分

选择 C13 单元格，单击“公式”选项卡下的“自动求和”按钮，在下拉列表中选择“平均值”命令，出现如图 4-3-16 所示的结果，表示对以上单元格求平均值，按回车键确认。向右拖动填充柄至 F13，求出其他课程的平均分。

	A	B	C	D	E	F	G	H	I
1	2023级计算机信息管理班期末成绩表								
2	学号	姓名	语文	数学	英语	计算机	总分	名次	计算机操作等级
3	2331010101	黄新	82	90	90	84	346	3	合格
4	2331010102	周剑	77	89	87	86	339	5	合格
5	2331010103	李伟	78	91	90	82	341	4	合格
6	2331010104	张鹏	91	98	81	78	348	1	合格
7	2331010105	陈成	82	88	90	88	348	1	合格
8	2331010106	周云	73	53	60	89	275	10	合格
9	2331010107	张杰	80	85	83	90	338	6	合格
10	2331010108	魏勇	78	65	52	86	281	9	合格
11	2331010109	顾凯	72	97	82	57	308	8	不合格
12	2331010110	苏晓青	72	100	76	80	328	7	合格
13	平均分		=AVERAGE(C3:C12)						
14	最高分		AVERAGE（数值1, ...）						

图 4-3-16　用 AVERAGE 函数求平均值

5. 求各科最高分、最低分

选择 C14 单元格，单击“公式”选项卡下的“自动求和”按钮，在下拉列表中选择“最大值”命令，在公式括号中输入 C3:C12，表示对以上单元格求最大值，出现如图 4-3-17 所示的结果，按回车键确认。向右拖动填充柄至 F14，求出其他课程的最高分。

利用同样的方法，求出所有课程的最低分（图 4-3-18）。

	A	B	C	D	E	F	G	H	I
1	2023级计算机信息管理班期末成绩表								
2	学号	姓名	语文	数学	英语	计算机	总分	名次	计算机操作等级
3	2331010101	黄新	82	90	90	84	346	3	合格
4	2331010102	周剑	77	89	87	86	339	5	合格
5	2331010103	李伟	78	91	90	82	341	4	合格
6	2331010104	张鹏	91	98	81	78	348	1	合格
7	2331010105	陈成	82	88	90	88	348	1	合格
8	2331010106	周云	73	53	60	89	275	10	合格
9	2331010107	张杰	80	85	83	90	338	6	合格
10	2331010108	魏勇	78	65	52	86	281	9	合格
11	2331010109	顾凯	72	97	82	57	308	8	不合格
12	2331010110	苏晓青	72	100	76	80	328	7	合格
13	平均分		78.5	85.6	79.1	82			
14	最高分		=MAX(C3:C12)						
15	最低分		MAX（数值1, ...）						

图 4-3-17　用 MAX 函数求最高分

	A	B	C	D	E	F	G	H	I
1	2023级计算机信息管理班期末成绩表								
2	学号	姓名	语文	数学	英语	计算机	总分	名次	计算机操作等级
3	2331010101	黄新	82	90	90	84	346	3	合格
4	2331010102	周剑	77	89	87	86	339	5	合格
5	2331010103	李伟	78	91	90	82	341	4	合格
6	2331010104	张鹏	91	98	81	78	348	1	合格
7	2331010105	陈成	82	88	90	88	348	1	合格
8	2331010106	周云	73	53	60	89	275	10	合格
9	2331010107	张杰	80	85	83	90	338	6	合格
10	2331010108	魏勇	78	65	52	86	281	9	合格
11	2331010109	顾凯	72	97	82	57	308	8	不合格
12	2331010110	苏晓青	72	100	76	80	328	7	合格
13	平均分		78.5	85.6	79.1	82			
14	最高分		91	100	90	90			
15	最低分		=MIN(C3:C12)						
16	不及格人数		MIN（数值1, ...）						

图 4-3-18　用 MIN 函数求最低分

6. 求各科不及格人数

选择 C16 单元格，利用上述方法打开“插入函数”对话框，在“全部函数”中找到“COUNTIF”函数，单击“确定”按钮。打开“函数参数”对话框并进行如下设置：在“区域”框中选择 C3:C12，在“条件”框中输入"<60"作为条件，单击“确定”按钮，求出语文的不及格人数（图 4-3-19）。向右拖动填充柄至 F16，求出其他课程的不及格人数。

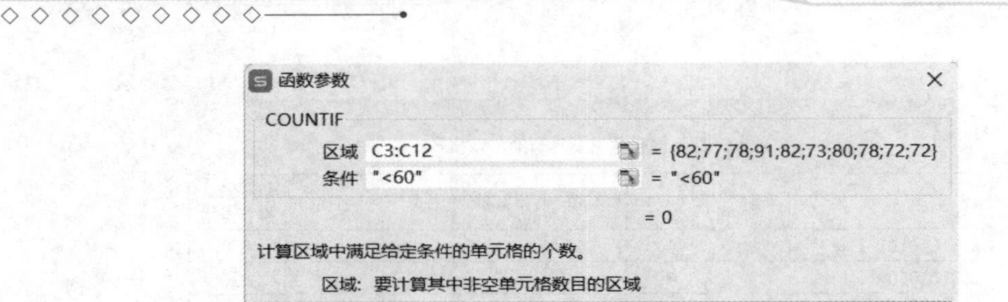

图 4-3-19　用 COUNTIF 求不及格人数

至此，所有需求数据均已计算完毕，执行“文件”→“保存”命令来保存当前工作簿。

1. 项目描述

制作一张职称情况统计表。

2. 项目分析

（1）建立如图 4-3-20 所示的工作表，并重命名为“职称情况统计表”。

	A	B	C	D	E	F	G	H
1	某单位人员情况表							
2	职工号	性别	年龄	职称				
3	E001	男	34	工程师				
4	E002	男	45	高工		职称	人数	比例
5	E003	女	26	助工		高工		
6	E004	男	29	工程师		工程师		
7	E005	男	31	工程师		助工		
8	E006	女	36	工程师		合计		
9	E007	男	50	高工				
10	E008	男	42	高工				
11	E009	女	34	工程师				
12	E010	女	28	助工				
13	平均年龄							

图 4-3-20　职称情况统计表

（2）将 A1:D1 合并居中，并设置成黑体、16 磅。

（3）在 C13 单元格中计算平均年龄，并保留一位小数。

（4）计算各职称的人数，置于 G5:G7，在 G8 单元格中计算总人数。

（5）计算各职称所占的比例，置于 H5:H7，百分比，保留一位小数。

1. 学习评价

根据任务实施的内容，进行自我评估或学生互评，并根据实际情况在教师引导下拓展。

观　察　点	☺	😐	☹
理解公式的输入形式			
理解并能使用常用函数，如 SUM、IF 等			
掌握单元格的地址引用			

2. 反思与探究

从学习结果和评价两个方面进行反思，分析存在的问题，寻求解决的方法。

存在的问题	解决的方法

3. 修正与完善

根据反思与探究中寻求到的解决问题的方法，进一步完善成绩表的数据运算。

项目 4.4　数据分析

（1）理解数据清单的概念。

（2）能掌握排序、筛选、分类汇总、数据透视表的基本步骤。

（3）会通过排序、筛选、分类汇总、数据透视表等方法实现数据的统计、分析与管理。

每到学期末都会进行学生的评优工作，通过对学生成绩的分析，让学生了解优秀学生的评定，可以让学生进一步了解自身存在的问题，通过学生自我分析和反思，有助于学生的进步。

（1）请利用 WPS 表格的自动筛选和高级筛选完成期末优秀学生名单的确定。

自动筛选：筛选出各科成绩均在 80 分及以上的学生为“三好学生”，如图 4-4-1

所示。

	A	B	C	D	E	F	G	H	I
1	学号	姓名	班干部	性别	语文	数学	英语	计算机	总分
2	2331010101	黄新	是	女	82	90	90	84	346
6	2331010105	陈成	否	男	82	88	90	88	348
8	2331010107	张杰	否	男	80	85	83	90	338

图 4-4-1　三好学生

高级筛选：筛选出总分在 340 分及以上且为班干部的学生为“优秀班干部”，如图 4-4-2所示。

	A	B	C	D	E	F	G	H	I
1			班干部		总分				
2			是		>=340				
3									
4	学号	姓名	班干部	性别	语文	数学	英语	计算机	总分
5	2331010101	黄新	是	女	82	90	90	84	346
7	2331010103	李伟	是	男	78	91	90	82	341
8	2331010104	张鹏	是	男	91	98	81	78	348

图 4-4-2　优秀班干部

（2）用排序和分类汇总统计男生和女生语文、数学、英语及总分的平均分，如图 4-4-3所示。

	A	B	C	D	E	F	G	H	I
1	学号	姓名	班干部	性别	语文	数学	英语	计算机	总分
4				**女 平均值**	77.0	95.0	83.0	82.0	337.0
13				**男 平均值**	78.9	83.3	78.1	82.0	322.3
14				**总平均值**	78.5	85.6	79.1	82.0	325.2

图 4-4-3　男生和女生语文、数学、英语及总分的平均分

一、数据清单

数据清单是指包含一组相关数据的一系列工作表数据行。数据清单由标题行（表头）和数据部分组成。

二、数据筛选

数据筛选是指按一定的条件从数据清单中提取满足条件的数据，暂时隐藏不满足条件的数据。数据筛选有自动筛选和高级筛选两种形式。

1. 自动筛选

单击数据清单中任一单元格，单击“数据”选项卡下“筛选排序”组中的“筛选”，进入自动筛选状态。根据筛选条件的不同，自动筛选可以利用列标题的下拉列表进行筛选。

➢ 实践一：对工作表“销售员奖金发放情况表”数据清单的内容进行自动筛选，条件：“性别”为男。

具体操作步骤如下：

① 打开“销售员奖金发放情况表”，选择要筛选的数据区域：A2: G12，单击“数据”选项卡下“筛选排序”组中的“筛选”。

② 打开“性别”下拉列表，在列表中勾选“男”（取消勾选其他复选框），单击“确定”按钮。

➢ 实践二：对工作表“销售员奖金发放情况表”数据清单的内容进行自动筛选，条件：“年龄”大于或等于 30 并且小于或等于 40。

具体操作步骤如下：

① 打开“销售员奖金发放情况表”，选择要筛选的数据区域：A2: G12，单击“数据”选项卡下的“自动筛选”按钮。

② 打开“年龄”下拉列表，选择“数字筛选”命令，在下级菜单中选择“自定义筛选”命令，在弹出的“自定义自动筛选方式”对话框中，在“年龄”的第一个下拉列表中选择“大于或等于”，在右侧的输入框中输入“30”，在第二个下拉列表中选择“小于或等于”，在右侧的输入框中输入“40”，如图 4-4-4 所示，单击“确定”按钮。

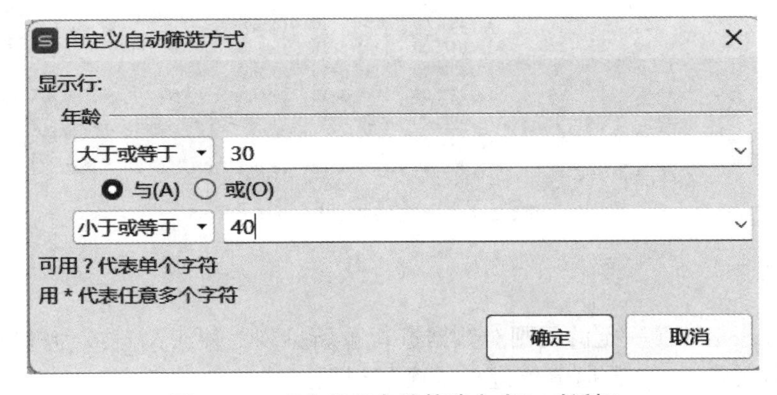

图 4-4-4　“自定义自动筛选方式”对话框

2. 高级筛选

高级筛选可以实现不同字段之间复杂条件的筛选。在进行高级筛选时，必须在工作表中建立一个条件区域。条件区域的第一行是所有作为筛选条件的字段名，这些字段名必须与数据清单中的字段名完全一样，条件区域的其他行输入筛选条件。条件区域与数据清单区域不能连接，必须用空行隔开。

“与”关系的条件必须出现在同一行，如图 4-4-5 所示，表示语文、数学成绩同时大于等于 85。

	A	B
1	语文	数学
2	>=85	>=85

图 4-4-5　高级筛选“与”条件

	A	B
1	语文	数学
2	>=85	
3		>=85

图 4-4-6　高级筛选“或”条件

“或”关系的条件必须出现在不同行上，如图 4-4-6 所示，表示语文、数学成绩只要其中一个大于或等于 85 即可。

➢ 实践三：对工作表“销售员奖金发放情况表”数据清单的内容进行高级筛选，需同时满足两个条件。条件 1：“年龄”小于或等于 30；条件 2：“性别”为男。

具体操作步骤如下：

① 在工作表的第 1 行前插入 3 行作为高级筛选的条件区域。在条件区域内输入筛选条件。

② 选中数据区域 A4:G14，单击“数据”选项卡下的“自动筛选”按钮，在下拉列表中选择“高级筛选”命令，弹出“高级筛选”对话框，如图 4-4-7 所示，在对话框的“列表区域”已经显示选定的区域，在“条件区域”中选中单元格区域 C1:D2，单击“确定”按钮，符合要求的数据即被筛选出来。

		性别	年龄			
		男	<=30			
员工号	姓名	性别	年龄	销售金额	发放时间	提成比例
1001	张玉	男	30	¥12,525.00	2024-5-10	15.80%
1002	王林	女	32	¥13,600.00	2024-5-10	16.50%
1003	李伟	男	29	¥12,390.00	2024-5-10	15.70%
1004	钱科	男	28	¥13,464.00	2024-5-10	16.20%
1005	赵晓敏	女	32	¥12,616.00	2024-5-10	15.90%
1006	沈玉	女	26	¥12,422.00	2024-5-10	15.50%
1007	孙菲	女	28	¥13,437.00	2024-5-10	16.40%
1008	周一	男	40	¥13,521.00	2024-5-10	16.50%
1009	吴昊	男	45	¥12,644.00	2024-5-10	15.90%
1010	郑笑	女	35	¥12,609.00	2024-5-10	15.90%

图 4-4-7　“高级筛选”对话框

三、数据排序

数据排序是按照一定的规则对数据进行重新排列，便于浏览或为进一步处理做准备（如分类汇总）。数据清单进行排序是根据选择的“关键字”字段内容进行升序或降序进行的。

1. 单关键字排序

选中要排序的列中的任意单元格，单击“数据”选项卡下的“升序”或“降序”。

➢ 实践四：对工作表“销售员奖金发放情况表”数据清单的内容按主要关键字“年龄”降序排序。

具体操作步骤如下：选中“年龄”列中的任一单元格，单击“数据”选项卡下的“降序”按钮，即可完成排序，如图 4-4-8 所示。

≡ 文件 开始 可牛模板 插入 页面布局 公式 数据 审阅 视图

数据透视表 自动筛选 全部显示 重新应用 排序 高亮重复项 数据对比 删除重复项 拒绝录入重复项

D5 fx 35

	A	B	C	D	E	F	G
1	销售员奖金发放情况表						
2	员工号	姓名	性别	年龄	销售金额	发放时间	提成比例
3	1009	吴昊	男	45	¥12,644.00	2024-5-10	15.90%
4	1008	周一	男	40	¥13,521.00	2024-5-10	16.50%
5	1010	郑笑	女	35	¥12,609.00	2024-5-10	15.90%
6	1002	王林	女	32	¥13,600.00	2024-5-10	16.50%
7	1005	赵晓敏	女	32	¥12,616.00	2024-5-10	15.90%
8	1001	张玉	男	30	¥12,525.00	2024-5-10	15.80%
9	1003	李伟	男	29	¥12,390.00	2024-5-10	15.70%
10	1004	钱科	男	28	¥13,464.00	2024-5-10	16.20%
11	1007	孙菲	女	28	¥13,437.00	2024-5-10	16.40%
12	1006	沈玉	女	26	¥12,422.00	2024-5-10	15.50%

图 4-4-8 单关键字排序

2. 多关键字排序

选中要排序的列中的任意单元格，单击“数据”选项卡下的“排序”按钮，在弹出的“排序”对话框中设置条件，如图 4-4-9 所示。

“列”分为“主要关键字”和“次要关键字”，通过单击“添加条件”按钮增加多个排序条件，也可对条件进行删除和复制。

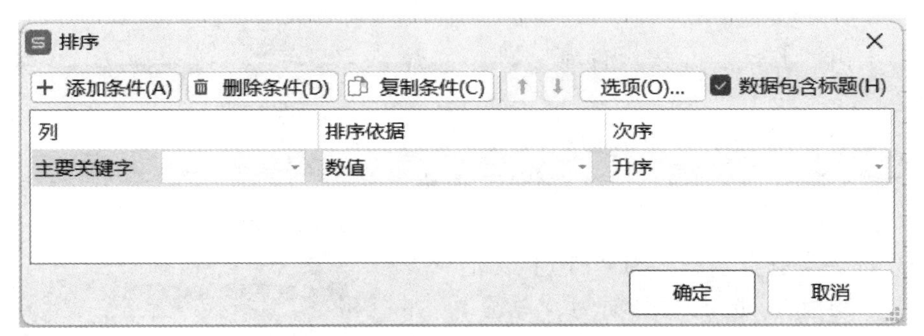

图 4-4-9 “排序”对话框

➢ 实践五：对工作表“销售员奖金发放情况表”数据清单的内容按主要关键字“性别”的递增次序、次要关键字“销售金额”的递减次序进行排序。

具体操作步骤如下：选中要排序的单元格区域 A2:G12，单击“数据”选项卡下的“排序”按钮，在弹出的“排序”对话框中设置如图 4-4-10 所示的条件，单击“确定”按钮。

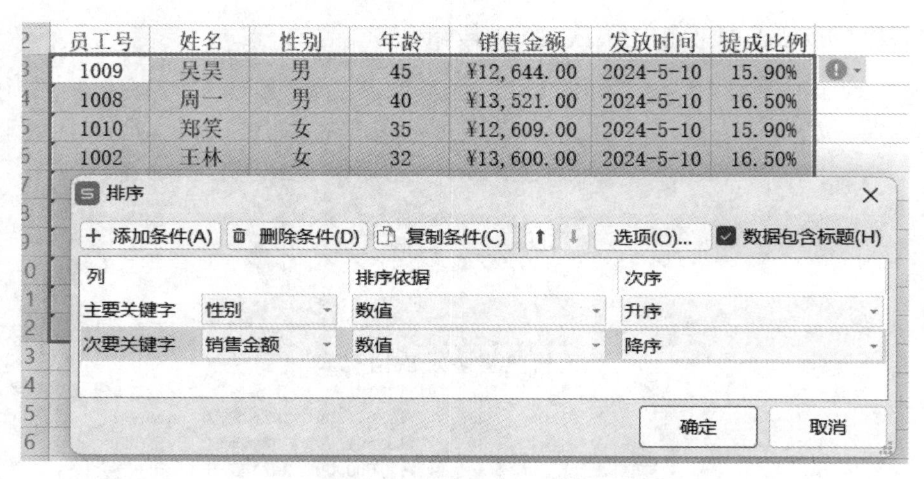

图 4-4-10　多关键字排序

四、数据分类汇总

分类汇总是对数据清单中同类记录的相关信息的统计，包括求和、计数、平均值、最大值、最小值等。在进行分类汇总之前，必须根据分类汇总的数据类型对数据清单进行排序。具体方法：选中数据区域，单击“数据”选项卡下的“分类汇总”按钮。

➢ 实践六：对工作表“学生成绩表”进行分类汇总，分类字段为“性别”，汇总方式为“平均值”，选项汇总项为“总分”，汇总结果显示在数据下方。

具体操作步骤如下：

① 打开工作表，并按“性别”排序（升序、降序都可）。

② 选择要分类汇总的数据区域 A2: G12，单击“数据”选项卡下的“分类汇总”按钮，打开“分类汇总”对话框。

③ 选择“分类字段”为“性别”，汇总方式为“平均值”，选定汇总项为“总分”，如图 4-4-11所示，单击“确定”按钮完成分类汇总。

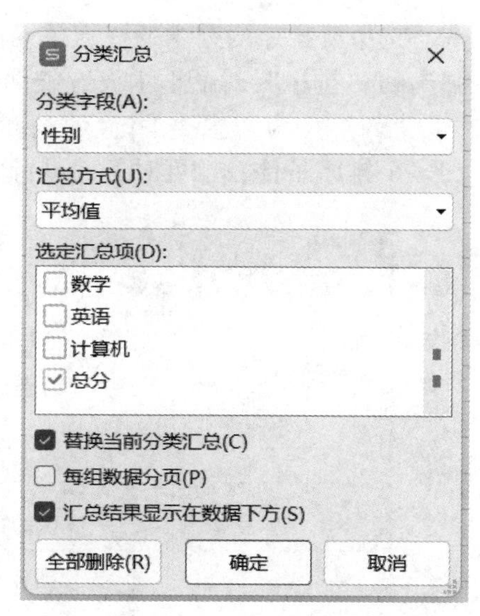

图 4-4-11　“分类汇总”对话框

五、创建数据透视表

数据透视表从工作表的数据清单中提取信息，它可以对数据清单进行重新布局和分类汇总，还能立即计算结果。在创建数据透视表时，需要考虑如何汇总数据。具体方法：选中数据区域，单击“插入”选项卡下的“数据透视表”按钮。

➢ 实践七：对工作表“某图书销售集团销售情况表”的数据内容创建数据透视表，行标签为“经销部门”，列标签为“图书名称”，求和项为“销售数量”。

具体操作步骤如下：

① 选中数据区域 A2:F20。

② 单击“插入”选项卡下的“数据透视表”按钮，打开“创建数据透视表”对话框，如图 4-4-12 所示，在“选择放置数据透视表的位置”选项下选择“现有工作表”，单击“确定”按钮。

③ 在弹出的“数据透视表字段”对话框中，选定好数据透视表的列标签、行标签、数值等，如图 4-4-13 所示，即可完成数据透视表的创建。

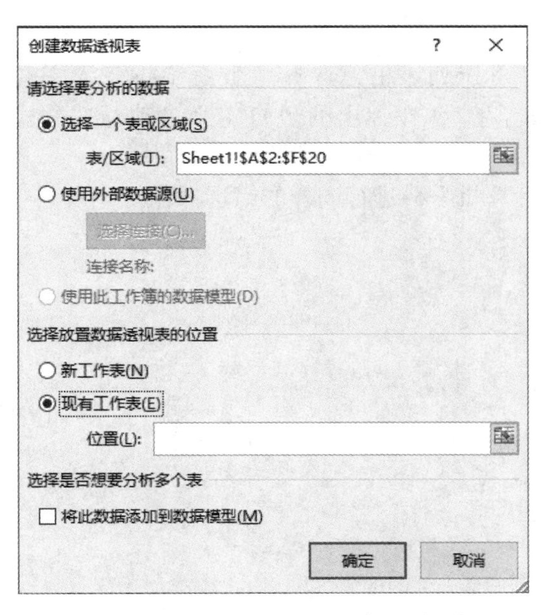

图 4-4-12　“创建数据透视表”对话框

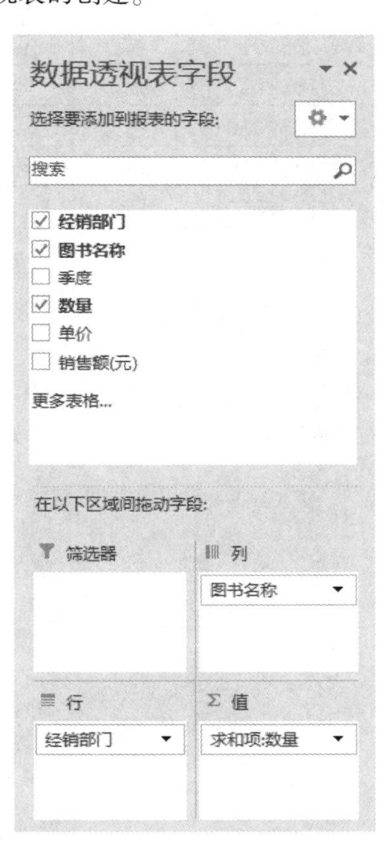

图 4-4-13　“数据透视表字段”对话框

1. 筛选“三好学生”和“优秀班干部”名单

【自动筛选】

(1) 选定要进行筛选的数据。打开“学生成绩表”，将所有学生的数据全部选中，也可以单击选择数据清单中的任一单元格。

（2）执行自动筛选命令。单击“数据”选项卡下的“自动筛选”按钮，此时，工作表中数据清单的列标题全部变成下拉列表框，如图 4-4-14 所示。

1	学号	姓名	班干部	性别	语文	数学	英语	计算机
2	2331010101	黄新	是	女	82	90	90	84
3	2331010102	周剑	否	男	77	89	87	86
4	2331010103	李伟	是	男	78	91	90	82
5	2331010104	张鹏	是	男	91	98	81	78
6	2331010105	陈成	否	男	82	88	90	88
7	2331010106	周云	否	男	73	53	60	89
8	2331010107	张杰	否	男	80	85	83	90
9	2331010108	魏勇	否	男	78	65	52	86
10	2331010109	顾凯	否	男	72	97	82	57
11	2331010110	苏晓青	否	女	72	100	76	80

图 4-4-14　下拉列表框

（3）设置筛选条件。打开“语文”下拉列表框，选择“数字筛选”菜单项，在弹出的下一级子菜单中单击“大于或等于”，在弹出的“自定义自动筛选方式”对话框中进行如图 4-4-15 所示的设置，最后单击“确定”按钮。

按照以上方法依次对数学、英语和计算机学科进行同样的筛选操作。

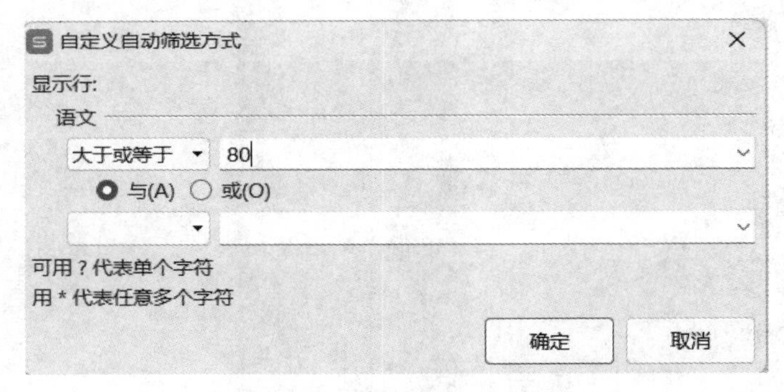

图 4-4-15　自动筛选条件的设置

【高级筛选】

（1）构建筛选条件。通过观察展示的最终效果图，我们发现所构建的条件应该放在数据表上方，所以我们在表格上方插入三行作为高级筛选的条件区域，然后在条件区域中输入如图 4-4-16 所示的筛选条件。

	A	B	C	D	E	F	G	H
1		班干部		总分				
2		是		>=340				
3								
4	学号	姓名	班干部	语文	数学	英语	计算机	总分
5	1831010101	黄新	是	82	90	90	84	346
6	1831010102	周剑	是	77	89	87	86	339
7	1831010103	李伟	是	78	91	90	82	341
8	1831010104	张鹏	是	91	98	81	78	348
9	1831010105	陈成	否	82	88	90	88	348
10	1831010106	周云	否	73	53	60	89	275
11	1831010107	张杰	否	80	85	83	90	338
12	1831010108	魏勇	否	78	65	52	86	281
13	1831010109	顾凯	否	72	97	82	57	308
14	1831010110	苏晓青	否	72	100	76	80	328

图 4-4-16　高级筛选条件的构建

（2）执行高级筛选命令。单击“数据”选项卡下的“筛选”组右下角扩展按钮，打开“高级筛选”对话框，选择“在原有区域显示筛选结果”，利用下拉按钮 确定列表区域和条件区域，如图 4-4-17 所示，单击“确定”按钮即可完成高级筛选。

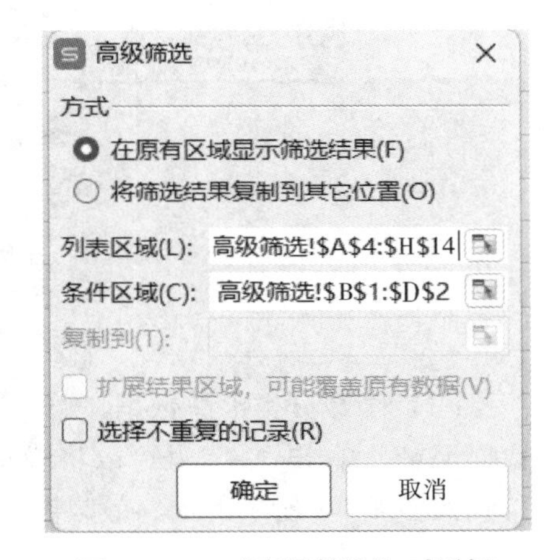

图 4-4-17　“高级筛选”对话框

2. 计算男生和女生语文、数学、英语及总分的平均分

（1）对提供的成绩表按性别进行递减排序。选定数据清单区域，单击“数据”选项卡下的“排序”按钮，弹出“排序”对话框。在“主要关键字”下拉列表中选择“性别”，选中“降序”次序，如图 4-4-18 所示，单击“确定”按钮。

学号	姓名	班干部	性别	语文	数学	英语	计算机	总分
2331010101	黄新	是	女	82	90	90	84	346
2331010102	周剑	否	男	77	89	87	86	339
2331010103	李伟	是	男	78	91	90	82	341
2331010104	张鹏	是	男	91	98	81	78	348
2331010105	陈成	否	男	82	88	90	88	348

排序
+ 添加条件(A)　删除条件(D)　复制条件(C)　选项(O)...　数据包含标题(H)

列		排序依据	次序
主要关键字	性别	数值	降序

确定　取消

图 4-4-18　“排序”对话框

（2）分类汇总。选定数据清单区域，单击“数据”选项卡下的“分类汇总”按钮，在弹出的“分类汇总”对话框中，选择分类字段为“性别”，汇总方式为“平均值”，选定汇总项为“语文”、“数学”、“英语”和“总分”，选中“汇总结果显示在数据下方”，如图 4-4-19 所示，最后单击“确定”按钮即可完成分类汇总。

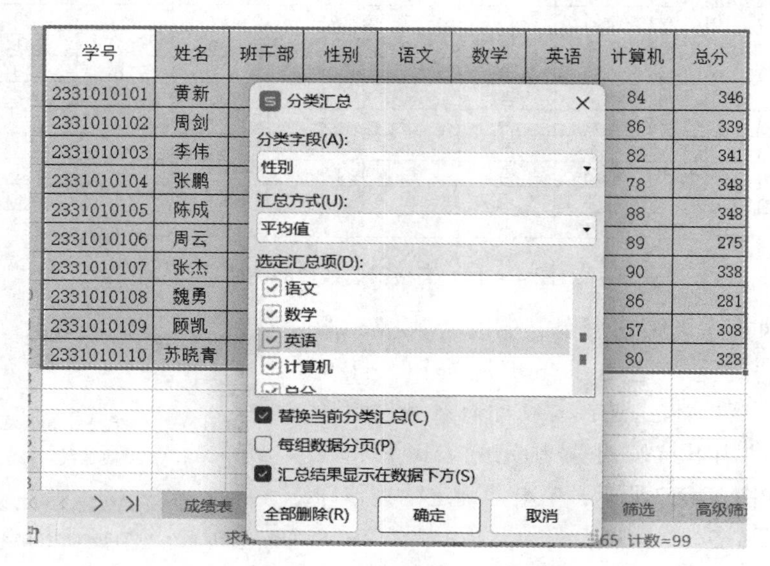

图 4-4-19　“分类汇总”对话框

（3）隐藏分类汇总数据。单击工作表左边列表树的“-”号可以隐藏该部分的数据记录，单击“+”号可以将隐藏部分的数据记录信息显示出来，通过调整即可得到如图 4-4-3 所示的最终效果图。

项目拓展

利用数据透视表，统计出“学生成绩表”中，男生和女生语文、数学、英语及总分的平均分，最终结果如图 4-4-20 所示。

行标签	平均值项:语文	平均值项:数学	平均值项:英语	平均值项:总分
男	80.8	85.6	78.6	329.4
女	76.2	85.6	79.6	321
总计	**78.5**	**85.6**	**79.1**	**325.2**

图 4-4-20　男生和女生语、数、外和总分的平均分

项目评价

1. 学习评价

根据任务实施的内容，进行自我评估或学生互评，并根据实际情况在教师引导下拓展。

观　察　点	☺	😐	☹
会使用自动筛选			
会灵活使用高级筛选			
会进行数据排序			
会进行分类汇总			
会使用数据透视表进行数据统计			

2. 反思与探究

从学习结果和评价两个方面进行反思，分析存在的问题，寻求解决的方法。

存在的问题	解决的方法

3. 修正与完善

根据反思与探究中寻求到的解决问题的方法，进一步完善成绩表的数据分析。

项目 4.5　图表分析

（1）理解数据清单与图表之间的联系。

（2）会根据不同的数据来源，选择合适的图表类型创建图表。

（3）会根据需要对图表进行修改与修饰。

利用图表分析学生成绩，最终效果如图 4-5-1 所示。

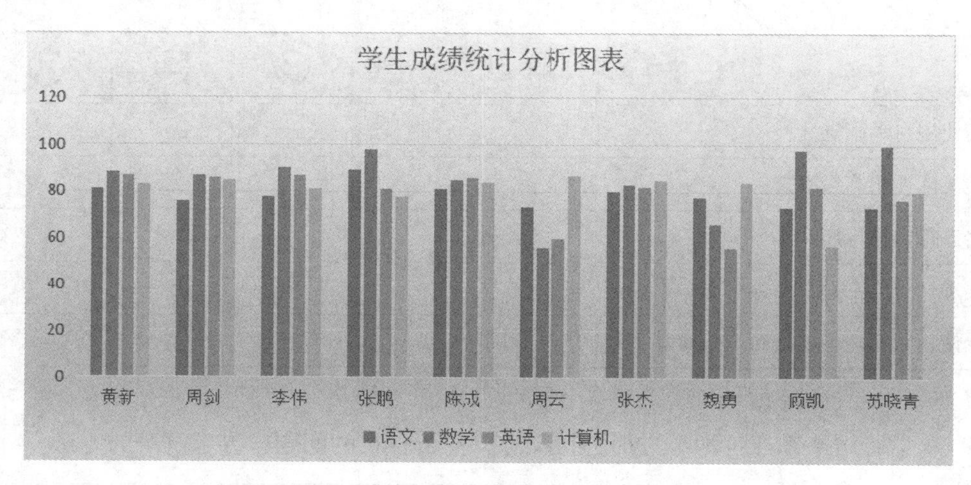

图 4-5-1　学生成绩统计分析图表

一、图表类型

WPS 表格提供了 10 种标准图表类型，包括柱形图、折线图、饼图、条形图、面积图、散点图、雷达图等，每种图表类型又分别包含了多种子图表类型，如图 4-5-2 所示。

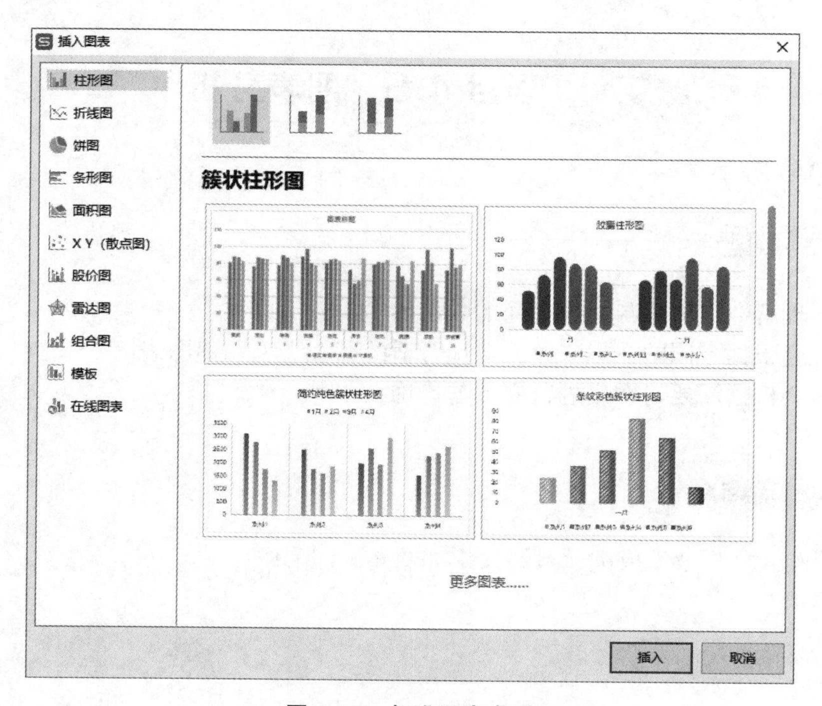

图 4-5-2　标准图表类型

二、图表的构成

一个图表主要有以下几个部分构成（图 4-5-3）。

（1）图表标题：描述图表的名称，默认在图表的顶端。

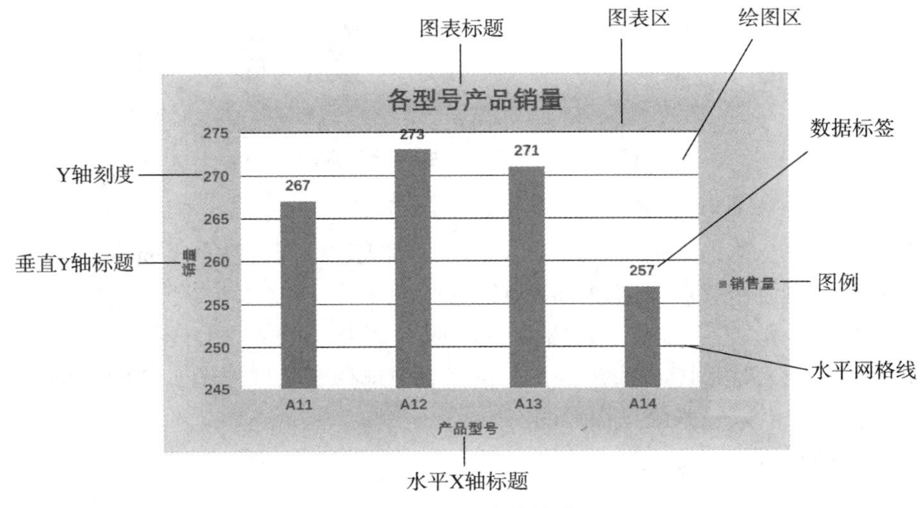

图 4-5-3　图表的构成

（2）坐标轴：坐标轴是界定图表绘图区的线条，用作度量的参照框架。X 轴通常为水平分类轴，Y 轴通常为垂直数值轴。

（3）图例：包含图表中相应的数据系列的名称和数据系列在图中的颜色。

（4）绘图区：以坐标轴为界的区域，包括所有数据系列、分类名、刻度线标志和坐标轴标题。

（5）数据系列：一个数据系列对应工作表中选定区域的一行或一列数据。

三、创建图表

WPS 表格创建图表有多种方法，主要是使用快捷键创建、使用选项卡（功能区）创建、使用图表向导创建。

1. 使用快捷键创建图表

通过【F11】键或者【Alt】+【F1】组合键都可以快速创建嵌入式图表，嵌入式图表是将图表作为数据对象嵌入源数据的工作表中。默认图表是簇状柱形图表。

➢ 实践一：使用组合键创建产品销售图。

具体操作步骤如下：打开销售数量统计表，选中 A2:A6、B2:B6，按【F11】键或按组合键【Alt】+【F1】，即可在当前工作表创建如图 4-5-4 所示的嵌入式簇状柱形图。

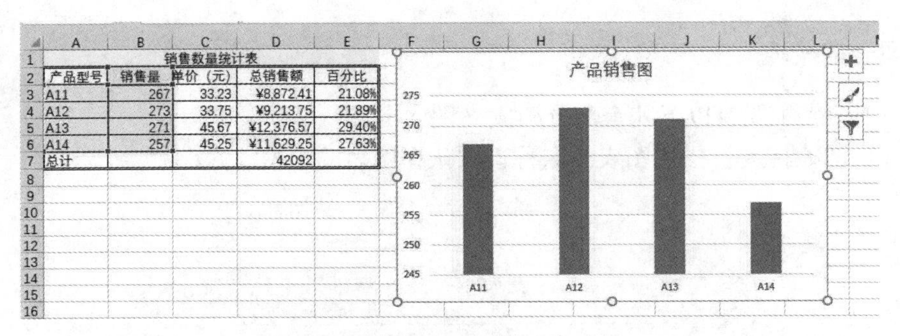

销售数量统计表				
产品型号	销售量	单价（元）	总销售额	百分比
A11	267	33.23	¥8,872.41	21.08%
A12	273	33.75	¥9,213.75	21.89%
A13	271	45.67	¥12,376.57	29.40%
A14	257	45.25	¥11,629.25	27.63%
总计			42092	

图 4-5-4　创建嵌入式簇状柱形图

2. 使用选项卡创建图表

选中数据源，单击“插入”选项卡下的“插入柱形图”按钮，选择图表类型。

➢ 实践二：使用选项卡创建产品销售图。

具体操作步骤如下：打开销售数量统计表，选中 A2:A6、B2:B6，单击“插入”选项卡下的“插入柱形图”按钮，在下拉列表中选择簇状柱形图，如图 4-5-5 所示，即可在工作表中嵌入一张簇状柱形图。

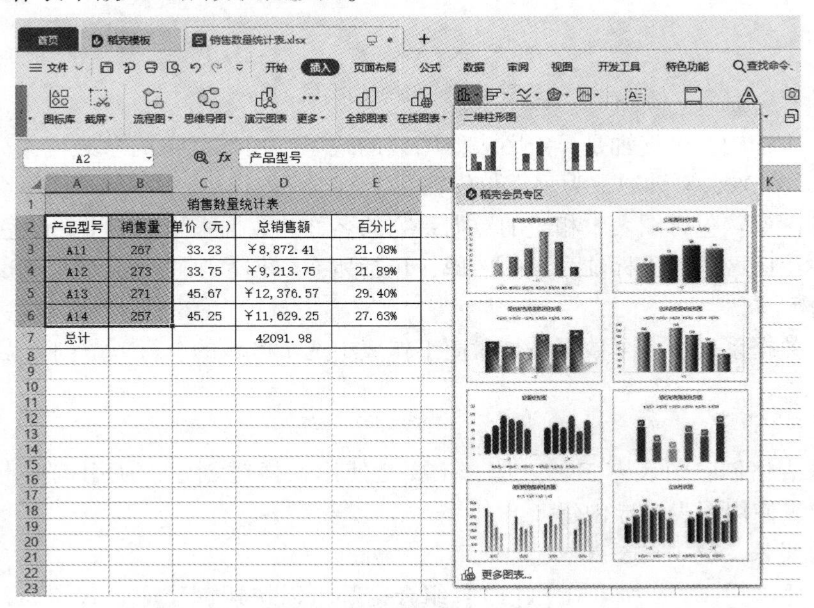

销售数量统计表				
产品型号	销售量	单价（元）	总销售额	百分比
A11	267	33.23	￥8,872.41	21.08%
A12	273	33.75	￥9,213.75	21.89%
A13	271	45.67	￥12,376.57	29.40%
A14	257	45.25	￥11,629.25	27.63%
总计			42091.98	

图 4-5-5　选择图表类型

3. 使用图表向导创建图表

单击“插入”选项卡下的“全部图表”按钮，打开“插入图表”对话框，选择图表类型。

➢ 实践三：使用图表向导创建产品销售图。

具体操作步骤如下：打开销售数量统计表，选中 A2:A6、B2:B6，单击“插入”选项卡下的“全部图表”按钮，打开“插入图表”对话框，选择“柱形图”中的簇状柱形图，如图 4-5-6 所示。

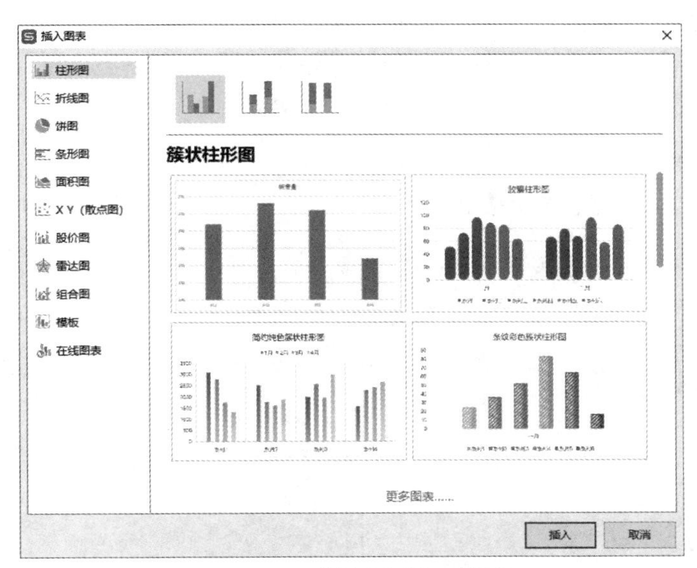

图 4-5-6　“插入图表”对话框

四、编辑图表

1. 更改图表类型

选中图表，单击“图表工具”选项卡下的“更改类型”按钮，弹出如图 4-5-7 所示的对话框，找到所需要的图表类型，单击选择即可。

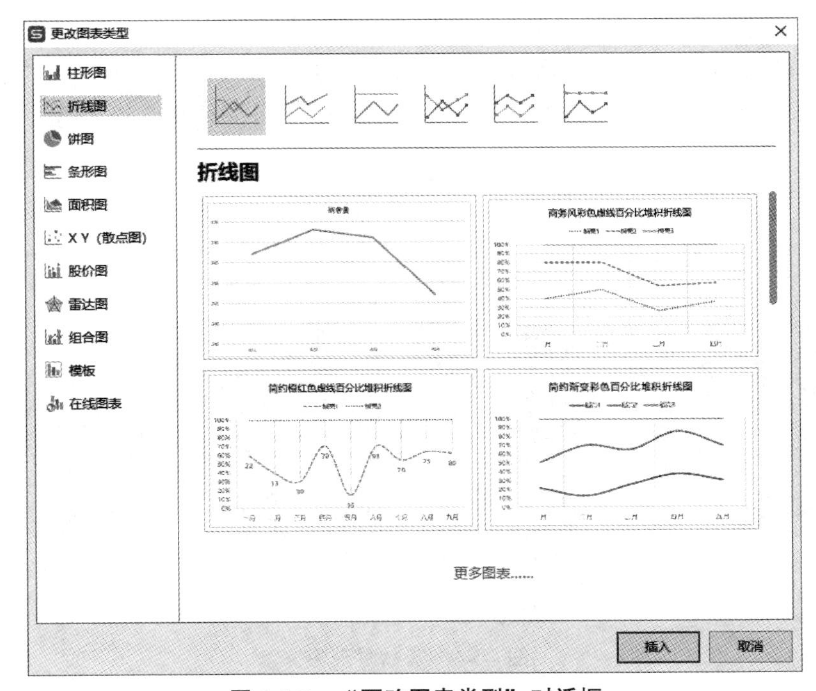

图 4-5-7　“更改图表类型”对话框

2. 修改图表数据源

选中图表，单击“图表工具”选项卡下的“选择数据”按钮，弹出如图 4-5-8 所示的“编辑数据源”对话框，对数据源进行增减。

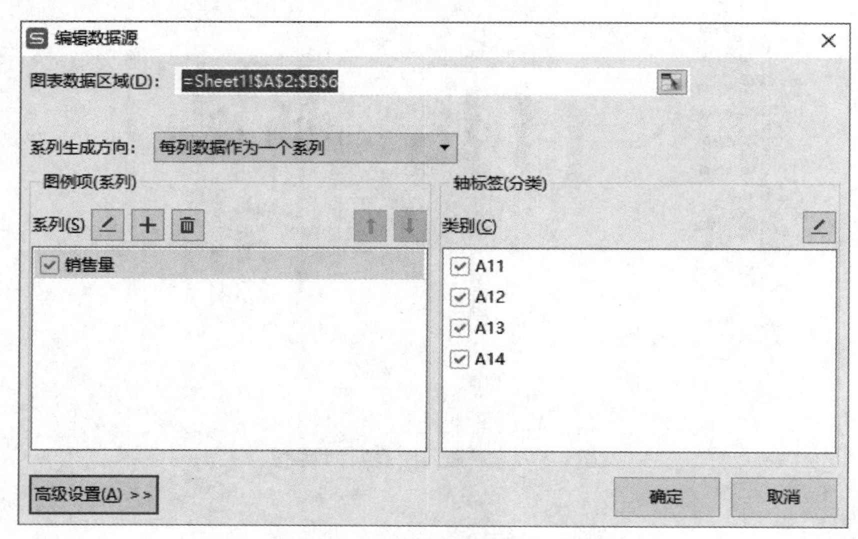

图 4-5-8　“编辑数据源”对话框

1. 创建标准图表

打开学生成绩表，选中数据区域 B2:F12，单击“插入”选项卡下的“插入柱形图”按钮，在下拉列表中选择“簇状柱形图”，结果如图4-5-9 所示。

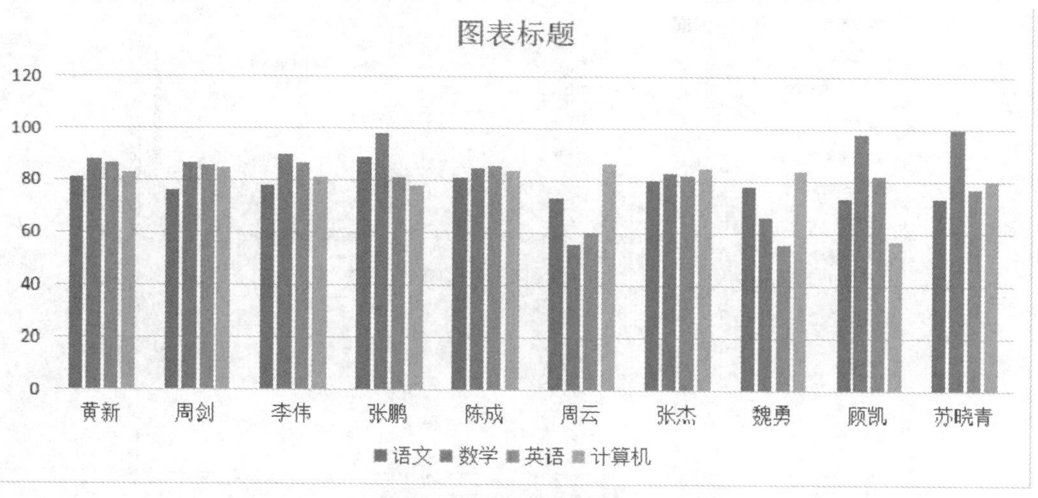

图 4-5-9　簇状柱形图

2. 修改图表标题

双击图表标题，将原标题改为“学生成绩统计分析图表”，结果如图 4-5-10 所示。

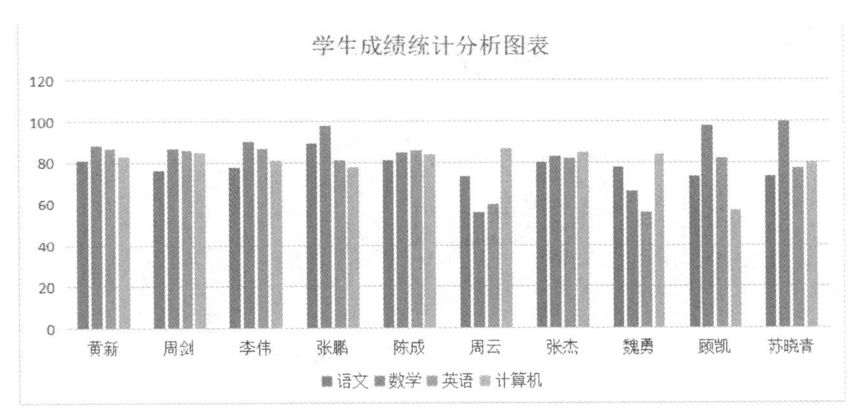

图 4-5-10　修改图表标题

3. 修饰图表

给图表加上背景。首先选中图表的图表区，单击鼠标右键，在弹出的快捷菜单中选择“设置图表区域格式”命令，打开“属性”任务窗格，在“填充”项中选择“渐变填充”，如图 4-5-11 所示，完成后的效果图如图 4-5-12 所示。

图 4-5-11　设置图表区格式

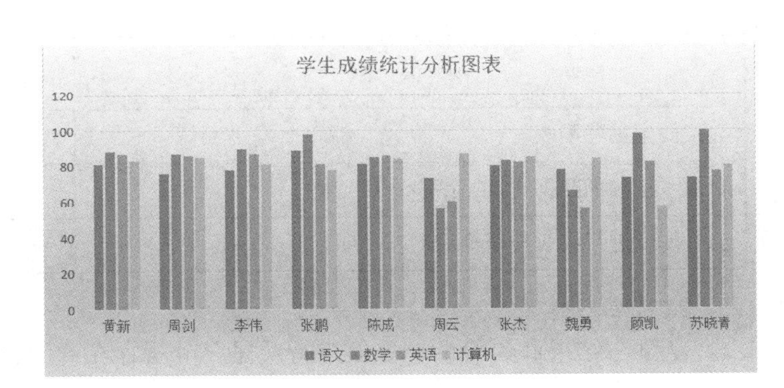

图 4-5-12　最终效果图

1. 项目描述

制作一张如图 4-5-13 所示的助学贷款发放情况表。

助学贷款发放情况表			
班别	贷款金额	学生人数	学生均值
一班	13680	29	
二班	21730	32	
三班	22890	30	
四班	8690	16	
五班	12310	21	
六班	13690	25	

图 4-5-13　助学贷款发放情况表

2. 项目分析

（1）将图 4-5-13 所示的数据建成数据表（存放在 Sheet1 工作表的 A1:D6 区域），将 A1:D1 合并为一个单元格，内容水平居中。

（2）计算“学生均值”列（学生均值=贷款金额/学生人数，保留小数点后两位）。

（3）将工作表命名为“助学贷款发放情况表”。

（4）复制该工作表为“SheetA”工作表。

（5）选取“SheetA”工作表的“班别”和“贷款金额”两列的内容建立“簇状柱形图”，图表标题为“助学贷款发放情况图”，图例在底部。

（6）将图表插入到表的 A10:G25 单元格区域内。

1. 学习评价

根据任务实施的内容，进行自我评估或学生互评，并根据实际情况在教师引导下拓展。

观　察　点	☺	😐	☹
会按要求创建图表			
会输入正确的数据类型，图表选项完整			
会对图表进行修改与修饰			

2. 反思与探究

从学习结果和评价两个方面进行反思，分析存在的问题，寻求解决的方法。

存在的问题	解决的方法

3. 修正与完善

根据反思与探究中寻求到的解决问题的方法，进一步完善成绩表的图表分析。

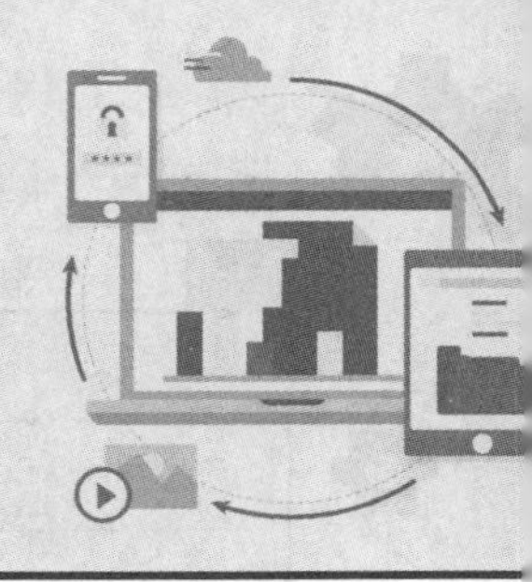

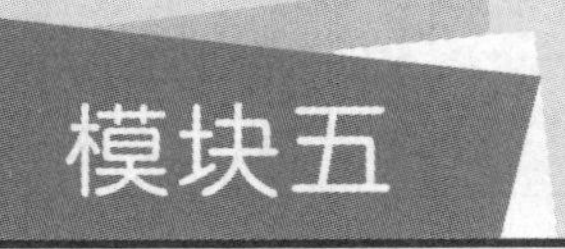

模块五 企业产品广告展示

项目 5.1 创建企业宣传文稿框架

项目目标

(1) 能描述演示文稿与幻灯片的区别与联系。

(2) 能使用多种方法创建演示文稿与新建幻灯片。

(3) 能根据项目实际应用及更改幻灯片版式、利用占位符及文本框输入文本。

(4) 能以不同视图模式浏览演示文稿，熟练保存、关闭、打开演示文稿。

项目描述

本项目以创建企业宣传演示文稿框架为例，主要学习创建演示文稿、新建幻灯片、幻灯片版式应用与更改、文本输入以及保存、关闭与打开演示文稿。

根据配套文案“企业产品宣传——手机 . docx”，最终创建一个包含 10 张幻灯片的演示文稿“手机发布会 . pptx”。完成以下具体任务：

(1) 启动 WPS Office 并新建演示文稿。

(2) 新建幻灯片，且第 1 张应用“标题幻灯片”版式，第 2 张应用“标题和内容”版式，第 3、5、7、9 张应用“节标题”版式，第 4、6、8、10 张应用“内容与标题”版式。

(3) 利用占位符或文本框在每张幻灯片中输入相应的文本。

本项目完成后的效果图如图 5-1-1 所示。

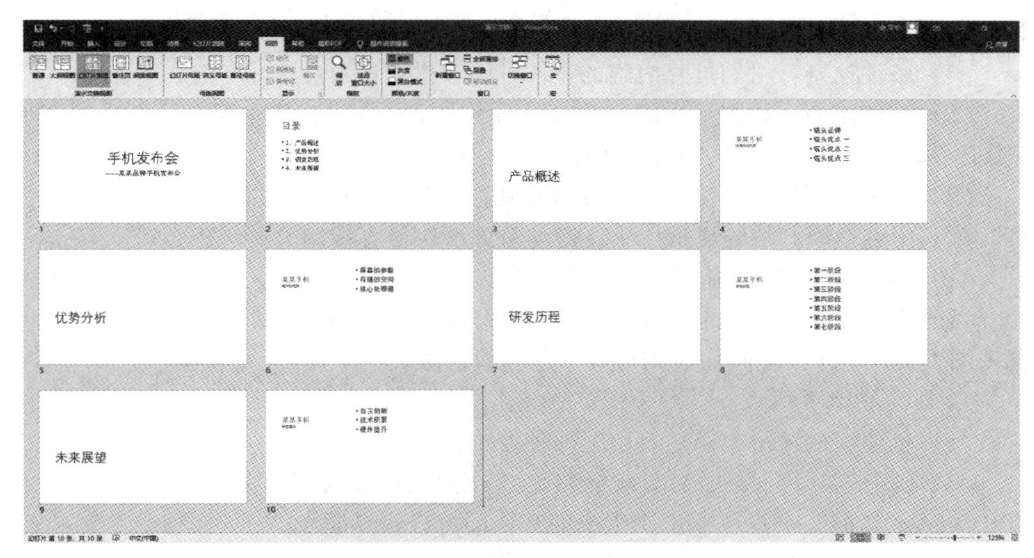

图 5-1-1　项目 5.1 效果图

一、WPS 演示概述

1. WPS 演示概述

WPS 演示是由北京金山办公软件股份有限公司自主研发的办公软件套装中的主要功能之一，兼容微软公司推出的 Office PowerPoint 文档，能方便快捷地生成图文并茂、形象生动且极具动感的演示文稿，主要用于产品演示、工作汇报、企业推介等。

2. 启动 WPS 演示

打开 WPS Office，单击“新建”按钮，在弹出的窗格中执行“演示”→“空白演示文稿”命令，即可进入界面。

3. WPS 演示的窗口组成

(1) 快速访问工具栏：位于标题栏左上角，常用命令放在此处，便于快速访问，最左侧为控制菜单图标。

(2) 标题栏：显示当前演示文稿文件名，右端有“最小化”按钮、“最大化(向下还原)”按钮和“关闭”按钮。

(3) 选项卡：单击选项卡，在功能区出现与该选项卡类别相应的多组操作命令。

(4) 功能区：用于显示与选项卡相应的命令按钮。

(5) “大纲/幻灯片浏览”窗格：包括“幻灯片”和“大纲”两个选项卡，单击“幻灯片”选项卡可显示各幻灯片缩略图，单击某幻灯片缩略图，将立即在幻灯片窗格中显示该幻灯片；单击“大纲”选项卡，可以显示各幻灯片的标题与正文信息。

(6) 幻灯片窗格：用来编辑和显示幻灯片的内容，包括文本、图片、表格等各种对象。

（7）备注窗格：对幻灯片内容的具体说明，供演讲者参考。

（8）视图按钮：视图是当前演示文稿的不同显示方式，从左至右分别是“普通视图”“幻灯片浏览视图”“阅读视图”。

（9）显示比例按钮：位于视图按钮右侧，单击该按钮，可以在弹出的“显示比例”列表中选择幻灯片的显示比例，拖动右方滑块可直接调节显示比例。

（10）状态栏：位于窗口底部左侧，在普通视图下，主要显示当前幻灯片的序号、当前演示文稿幻灯片的总数、采用的幻灯片主题和输入法等信息。在幻灯片浏览视图下，仅显示当前视图、幻灯片主题和输入法。

4. 创建演示文稿

（1）创建空白演示文稿。有以下两种方法：

① 在系统空白桌面处单击鼠标右键，在弹出的快捷菜单中选择“新建”→“PPTX 演示文稿”命令，双击刚生成的文档即可进入界面。

② 打开 WPS Office，单击“新建”按钮，在弹出的窗格中执行“演示”→“空白演示文稿”命令，即可进入界面。

（2）用模板创建演示文稿。打开 WPS Office，单击“新建”按钮，在弹出的窗格中选择“演示”命令，在左侧“热门精选/风格主题/日常办公/…”中根据需要进行选择，在右侧页面中选择一个主题，单击“立即使用”按钮即可。

5. 演示文稿视图

（1）普通视图：创建演示文稿的默认视图。窗口由三个窗格组成，可以同时显示演示文稿的大纲/幻灯片缩略图、幻灯片和备注窗格。

（2）幻灯片浏览视图：可一屏显示多张幻灯片缩略图，直观展示演示文稿整体外观，便于多张幻灯片同时编辑。

（3）备注页：显示单张幻灯片及其下方的备注窗格内容。

（4）阅读视图：只保留幻灯片窗格、标题栏和状态栏，可简单放映浏览。

6. 普通视图下的操作

在普通视图下，幻灯片窗格面积最大，用于显示单张幻灯片，因此适合对幻灯片上的对象（如文本、图片、表格等）进行编辑操作，主要操作有选择、移动、复制、插入、删除、缩放（对图片等对象）以及设置文本格式和对齐方式等。

7. 幻灯片浏览视图下的操作

由于幻灯片浏览视图可以同时显示多张幻灯片的缩略图，因此便于进行重排幻灯片的顺序、移动、复制、插入和删除多张幻灯片等操作。

8. 演示文稿的保存

演示文稿在制作过程中，要注意及时保存在磁盘上。演示文稿可以保存在原位置，也可以保存在其他位置甚至重命名保存。若是第一次保存演示文稿，将出现一个“另存为”对话框。为了尽可能避免由于断电或死机等意外造成的损失，可在演示文稿中及时单击右上角图标，将文稿同步上传至云文档。

9. 幻灯片版式

幻灯片版式是幻灯片内容在幻灯片上的排列方式。版式由占位符组成，而占位符可放置文字和幻灯片内容（如表格、图表、图片和剪贴画等）。

（1）占位符。当建立空白演示文稿时，系统自动生成一张标题幻灯片，其中包括两个虚线框，框中有提示文字，这个虚线框称为占位符。占位符是预先安排的对象插入区域，对象可以是文本、图片、表格等，单击不同占位符即可插入相应的对象。

（2）文本。文本是幻灯片中用来描述信息的最基本元素。一般来说，在幻灯片中，文本不会单独地出现在幻灯片中，而是要放在某个对象中，那些放置文本内容的容器可以是文本框、艺术字、图形等对象。

1. 启动 WPS 演示界面

【启动 WPS 演示】

双击桌面上的 WPS Office 快捷方式图标启动软件，启动后进入 WPS Office 工作界面，选择“新建”，如图 5-1-2 所示，在“Office 文档”中选择“演示”，可进行主题模板选择，在此处我们使用“空白演示文稿”，系统将自动创建一个名为“演示文稿 1”的空白演示文稿，如图 5-1-3 所示。

图 5-1-2　新建空白演示文稿

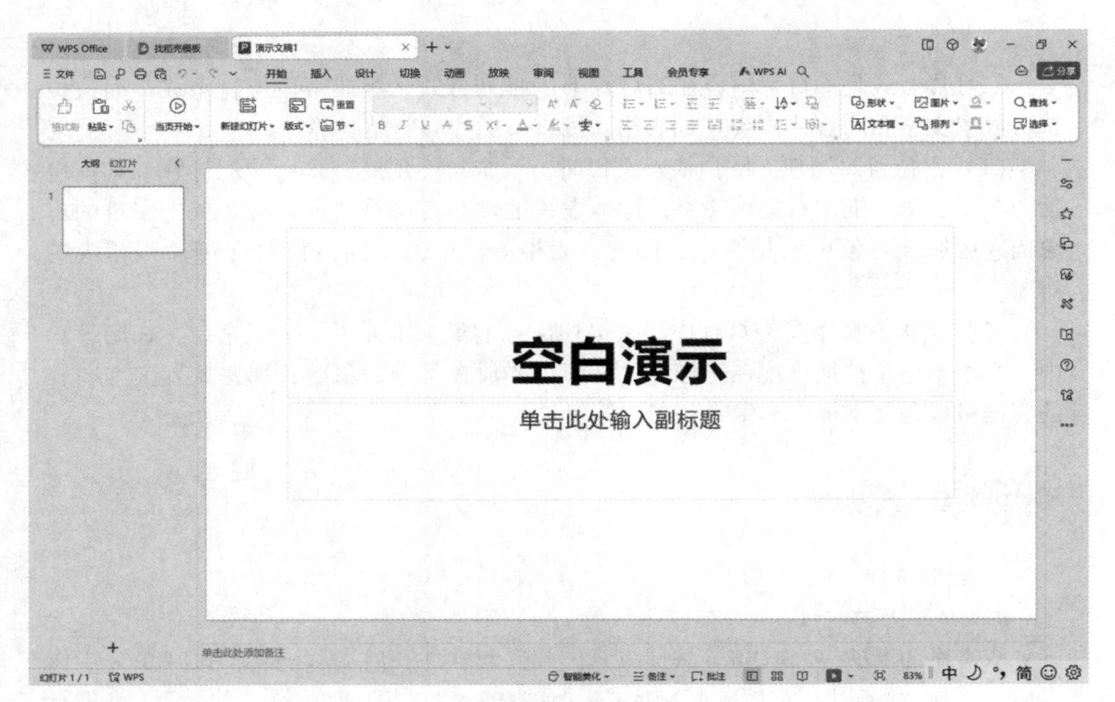

图 5-1-3　WPS 演示文稿工作界面

第二步　新建幻灯片

【应用幻灯片版式】

本项目将最终创建一个包含 10 张幻灯片的演示文稿，第 1 张幻灯片在创建演示文稿时已自动生成，默认版式为“标题幻灯片”。

后续 9 张幻灯片的新建操作如下：在“大纲/幻灯片”浏览窗格选择目标幻灯片缩略图，新幻灯片将插在该幻灯片之后，单击“开始”选项卡“新建幻灯片”上方的图标，或者使用【Ctrl】+【M】组合键，快速新建一张幻灯片，默认版式为“标题和内容”，随后再用同样的方法新建 8 张幻灯片，且全部自动应用了系统默认的“标题和内容”幻灯片版式。

【更改幻灯片版式】

选择第 3 张幻灯片，单击“开始”选项卡下的“版式”，在下拉列表中选择“节标题”，如图 5-1-4 所示。

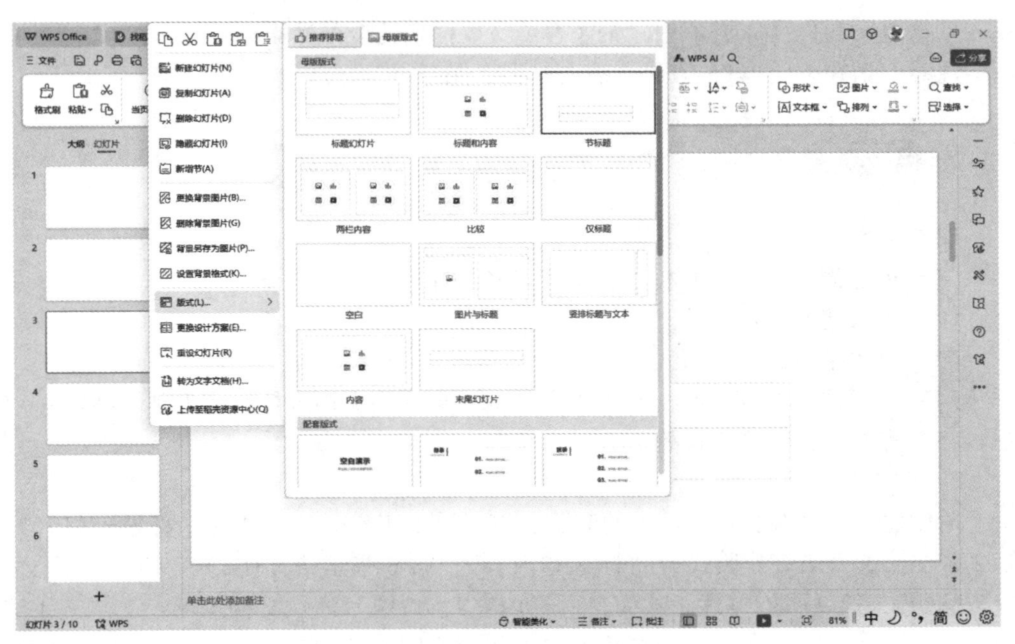

图 5-1-4　为指定幻灯片更改版式

根据学习任务要求，用同样的方法，将其他幻灯片更改为对应版式。

注意：请养成及时保存文档的良好习惯，并将此演示文稿以“手机发布会.pptx”为文件名保存，保存位置根据实际需求灵活选择。

3. 利用占位符输入文本

【添加标题】

选择第 1 张幻灯片，在“幻灯片窗格”同步显示第 1 张幻灯片，根据该幻灯片实际应用的版式在“幻灯片窗格”中出现两个占位符，如图 5-1-5 所示。

图 5-1-5　第 1 张幻灯片

根据屏幕提示，在占位符“空白演示”处单击，出现光标闪烁，输入文本“手机发布会”，单击下方“单击此处输入副标题”，输入“——某某品牌手机发布会”。

【输入文本】

根据宣传片文案并参考图 5-1-1，在第 2 张至第 10 张中分别输入相应文本。

到这里，我们就完成了创建企业宣传文稿框架的全部操作。

注意：请在关闭 WPS 演示文稿之前再次保存。

项目拓展

1. 实训任务分析

（1）创建演示文稿，并自动新建第 1 张幻灯片。

（2）再新建 5 张幻灯片。

（3）更改指定幻灯片版式。

（4）利用占位符及文本框输入相应文本（可利用文档进行快速复制、粘贴）。

（5）保存文件至指定位置。

2. 操作题

请创建一个含有 9 张幻灯片的演示文稿，第 1 张幻灯片版式为“标题幻灯片”，第 2 张至第 5 张幻灯片版式为“标题和内容”，第 6 张至第 8 张幻灯片版式为“内容与标题”，第 9 张幻灯片版式为“两栏内容”，参照“演示文稿练习：七步洗手法 . docx”（图 5-1-6），在每张幻灯片上输入相应文字，并保存至 D 盘 djks 文件夹中，命名为“七步洗手法 . pptx”，效果如图 5-1-7 所示。

幻灯片 1
七步洗手法 养成良好的生活习惯
幻灯片 2
第一步(内)
洗手掌，流水湿润双手，涂抹洗手液(或肥皂)，掌心相对，手指并拢相互揉搓；
幻灯片 3
第二步(外)
洗背侧指缝，手心对手背沿指缝相互揉搓，双手交换进行；
幻灯片 4
第三步(夹)
洗掌侧指缝，掌心相对，双手交叉沿指缝相互揉搓；
幻灯片 5
第四步(弓)
洗指背，弯曲各手指关节，半握拳把指背放在另一手掌心旋转揉搓，双手交换进行；
幻灯片 6
第五步(大)
洗拇指，一手握另一手大拇指旋转揉搓，双手交换进行；
幻灯片 7
第六步(立)
洗指尖，弯曲各手指关节，把指尖合拢在另一手掌心旋转揉搓，双手交换进行；
幻灯片 8
第七步(腕)
洗手腕、手臂，揉搓手腕、手臂，双手交换进行；
幻灯片 9
温馨提示
洗手方式推荐 健康卫生 人人有责

图 5-1-6 “七步洗手法”

图 5-1-7 “七步洗手法”效果图

1. 学习评价

根据任务实施内容，进行自我评估或学生互评，根据实际情况在教师引导下拓展。

观 察 点	☺	😐	☹
会用多种方法创建文档			
会快速创建指定版式的幻灯片			
会快速利用占位符输入文本			
会快速复制文档中的文本至指定幻灯片			

2. 反思与探究

从学习结果和评价两个方面进行反思，分析存在的问题，寻求解决的方法。

存在的问题	解决的方法

3. 修正与完善

根据反思与探究中寻求到的解决问题的方法，进一步修正和完善企业宣传文稿框架。

项目 5.2　编辑企业宣传文稿内容

（1）能描述演示文稿中的主要对象。

（2）能根据项目实际完成文本编辑，艺术字、图像、形状的插入，格式设置及样式应用等操作。

（3）能根据项目实际完成表格的插入、内容添加及样式应用等操作。

（4）能根据要求熟练地进行幻灯片的编辑。

本项目以编辑“手机发布会 .pptx”演示文稿内容为例，主要学习文本编辑、艺术字编辑、图片编辑、表格编辑以及幻灯片编辑等。

在项目 5. 1 制作完成的基础上，完成以下具体任务：

（1）将第 1 张幻灯片标题文字字体设置为微软雅黑、66 磅、加粗，字体颜色设置为标准浅蓝，副标题文字字体设置为华文新魏、44 磅；将第 2 张幻灯片“目录”居中对齐，其他段落两端对齐、每段首行缩进 2 厘米、去除项目符号，行距 1. 5 倍；将第 4 张幻灯片正文段落行距设置为 1. 8 倍行距；将第 6 张幻灯片段落格式设置为固定值 48 磅。

（2）在第 2 张幻灯片中插入并编辑艺术字“某某型号 某某手机 产品发布”，应用效果“山形”，设置所有艺术字字体为“华文新魏”。

（3）在第 4 张幻灯片中插入一个 6 行 3 列的表格，输入相应的内容。

（4）在第 6 张幻灯片中插入图片并调整位置。

本项目完成后的效果图如图 5-2-1 所示。

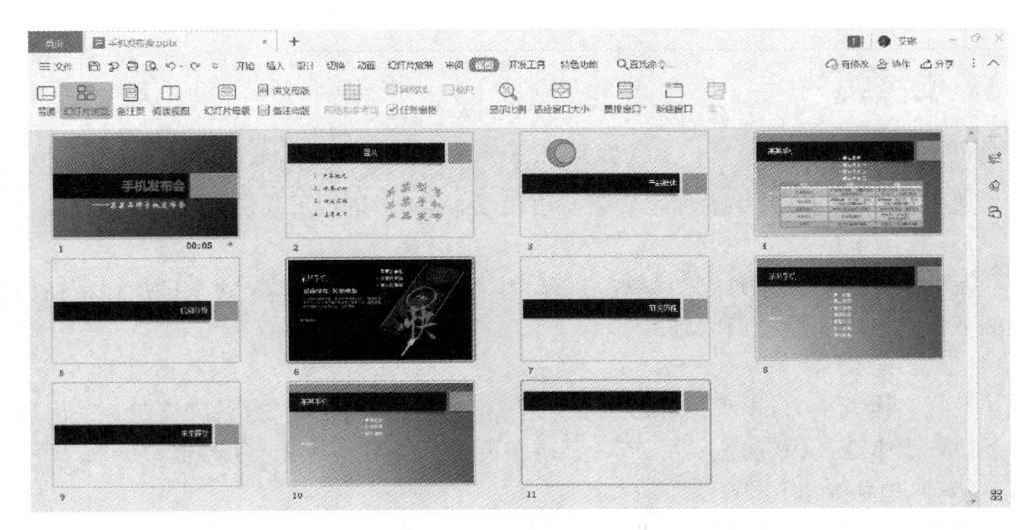

图 5-2-1　项目 5.2 效果图

一、艺术字编辑

1. 插入艺术字

先插入艺术字，再选中该艺术字并右击，在打开的快捷菜单中选择“设置对象格式”命令，弹出“对象属性”任务窗格，单击“形状选项”选项卡下的“大小与属性”，在“大小”中输入指定的“高度”和“宽度”；在“位置”中的“水平位置”和“垂直位置”中输入相应数值，可同时分别设置“水平位置”和“垂直位置”的位置原点为“左上角”或“居中”。

2. 选中多个艺术字

可先选择其中一个，然后按住【Shift】键的同时不断单击其他艺术字。

二、调整表格大小及行高（列宽）

方法一：拖动鼠标法。选择表格（此时表格四周出现 6 个白色圆形控点），鼠标移近对应白点上出现双向箭头时沿箭头方向拖动，即可改变表格大小。沿水平（垂直）方向拖动鼠标可改变表格宽度（高度），在表格四角拖动控点则等比例缩放表格的宽度和高度。

方法二：精确设定法。单击表格内任意单元格，在“表格工具”选项卡下的“高度”“宽度”中分别输入表格的行高和列宽数值；或者单击“表格工具”选项卡下的“单元格边距”按钮，在下拉列表中选择“自定义”，在右侧打开的“对象属性”任务窗格中单击“形状选项”选项卡，在“大小与属性”中输入指定的“高度”和“宽度”。

1. 文本编辑

选中第1张幻灯片中的标题文字“手机发布会”，进行下列设置：

【设置字体】

设置字体为“微软雅黑”：单击“开始”选项卡下“字体”的下拉按钮，在出现的下拉列表中选择“微软雅黑”。

【设置字号】

设置字体大小为66磅：单击“开始”选项卡下“字号”的下拉按钮，在出现的下拉列表中选择相应的字号，或者直接在英文半角状态下输入字号值“66”。

【设置字体样式】

设置字体样式为“加粗”：单击“开始”选项卡下的“加粗”按钮。

【设置字体颜色】

设置标准的字体颜色“浅蓝”：单击“开始”选项卡下的“字体颜色”按钮 A·，在弹出的颜色色板中选择“标准色”下方的“浅蓝”。

用同样的方法将副标题文字设置为“华文新魏”、44磅。

2. 段落设置

【设置对齐方式】

选择第2张幻灯片中顶部的“目录”后单击“开始”选项卡下的对齐按钮系列，设置段落对齐方式。

【设置分段】

将鼠标移至需要分段的文本左侧后单击，按回车键，就实现了将一个段落的文本从指定位置处拆分成两个段落。

【设置缩进】

设置每段文本首行缩进2厘米：选择对应文本并右击，在弹出的快捷菜单中选择“段落”命令，设置对应缩进方式。

【设置行距】

设置正文段落行距：先选中该幻灯片，随后选择正文文本，单击“开始”选项卡下的“段落”组右下角扩展按钮，在弹出的“段落”对话框中单击“缩进和间距”选项卡，单击“行距”右侧下拉按钮，在下拉列表中选择“1.5倍行距”。如需要设置“多倍行距”，则在“设置值”右侧文本框中输入如1.8等特殊数值。如需设置文字段落行距为固定值48磅，则在“行距”下拉列表中选择“固定值”，输入数值48磅。

【设置项目符号】

取消第2张幻灯片文本的项目符号：选中第2张幻灯片中的正文文本，单击“开始”选项卡下的“项目符号”按钮 ☰ 即可。

3. 艺术字编辑

【插入艺术字】

根据本项目的实际需求插入艺术字：选择标题为“目录”的幻灯片，单击“插入”选项卡下的“艺术字”按钮，在弹出的“预设样式”下选择第 1 排第 2 列的“填充-金菊黄，着色 1，阴影”样式，如图 5-2-2 所示。

图 5-2-2　艺术字样式列表

【输入文字】

确定艺术字样式后，可看到在幻灯片上自动出现一个放置艺术字的占位符，删除其中的文字，输入文本“某某型号 某某手机 产品发布”，然后在“开始”选项卡下的“字体”中选择字体为“华文新魏”。

【设置艺术字效果】

根据项目实际需求，选择该艺术字，单击“文本工具”选项卡下的“文本效果”按钮，在下拉列表中选择“转换”→“弯曲”→“山形”命令，如图 5-2-3 所示。

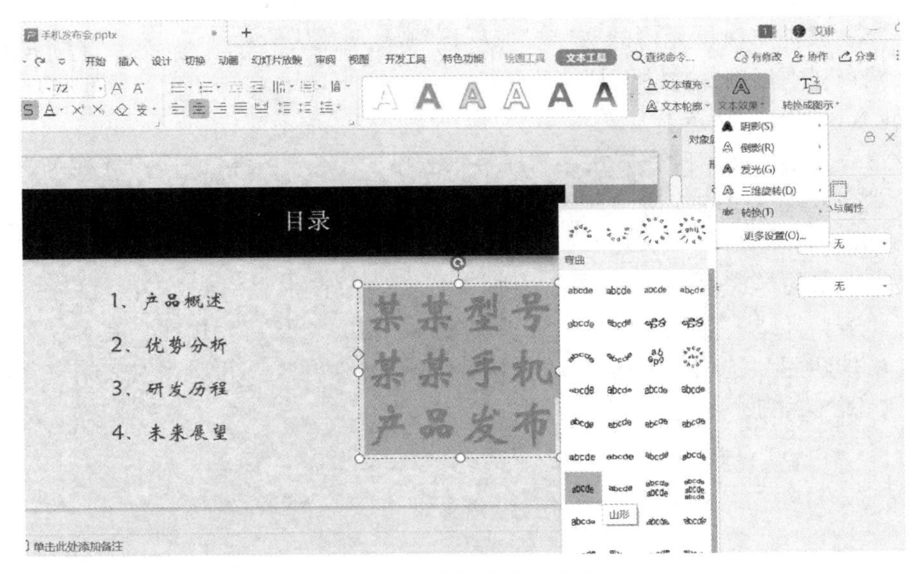

图 5-2-3　设置艺术字字体

4. 表格编辑

【插入表格】

在指定幻灯片中插入一个 6 行 3 列的表格：选择第 4 张幻灯片，按之前在 WPS 文字中插入表格的方法，单击“插入”选项卡下的“表格”按钮，在弹出的下拉列表顶部的示意表格中拖动鼠标，顶部显示当前表格的行列数，绘制出 6 行 3 列的表格后单击，与此同时幻灯片中也同步出现相应行列数的表格，如图 5-2-4 所示。

图 5-2-4 插入表格

若幻灯片应用了其他版式，也可通过单击图 5-2-5 中内容区左下角的“插入表格”按钮生成表格。

图 5-2-5 幻灯片内容区图标组

【输入文本】

根据项目实际需求及结果样图，在表格中输入文本：在第 1 行 3 个单元格中分别输入“硬件”“参数一”“参数二”文字，其他空白单元格的文字参照样图输入或者从给予的文档资料中复制并粘贴至相应位置。

【设置文本对齐方式】

设置表格中的文本对齐方式：选择整张表格，单击“表格工具”选项卡中需要设置的对齐方式对应的按钮。

【设置表格样式】

设置表格的样式为“主题样式 1-强调 5”：选择整张表格或单击表格任一单元格，在“表格样式”选项卡中单击样式列表右下角的“其它”按钮，在下拉列表中选择“最佳匹配”选项卡中的“主题样式 1-强调 5”样式，并适当对表格进行高度拉伸，如图 5-2-6 所示。

硬件	参数一	参数二
后置摄像头	后置徕卡四摄：4000万像素超感光摄像头	支持自动对焦（相位对焦/反差对焦），支持AIS防抖
电池容量	4500mAh（典型值）备注：容量为2250mAh*2	4400mAh（额定值）备注：容量为2200mAh）*2
前置摄像头	4000万像素超感光摄像头	1600万像素超广角摄像头
屏幕尺寸	展开态:8英寸	折叠态:主屏:6.6英寸；副屏:6.38英寸
分辨率	展开态:2480*2200	折叠态:主屏:2480*1148

图 5-2-6　表格编辑完成效果图

5. 图像及插图编辑

【插入图片】

选择第 6 张幻灯片，单击“插入”选项卡下的“图片”按钮，在弹出的下拉列表中选择“本地图片”命令，弹出“插入图片”对话框，在目标文件夹中选择所要插入的图片双击（或单击图片后再单击“打开”按钮），当前幻灯片内容区右侧就出现了选择插入的图片（此处可插入项目 5. 2 素材文件夹中的图片 PHOTO. png）。

【设置图片大小与位置】

设置图片大小与位置：选中刚插入的图片 PHOTO. png，单击“图片工具”选项卡下“大小和位置”组右下角的扩展按钮，在弹出的任务窗格中单击“大小与属性”，在“大小”选项卡下的“高度”和“宽度”中分别输入“10 厘米”和“16 厘米”，完成图片大小设置；在“位置”选项卡下的“水平位置”和“垂直位置”中分别输入“16 厘米”和“8 厘米”，完成图片位置设置。完成后的效果图如图 5-2-7 所示。

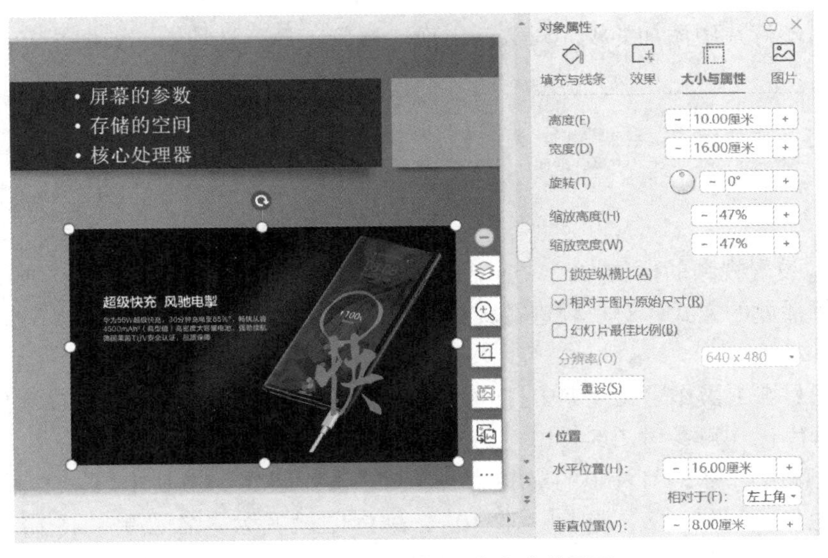

图 5-2-7　插入并编辑图片完成效果图

在 WPS 演示中，用户不仅可以插入文本、艺术字、图像，还可以在幻灯片中插入音乐、视频等，使演示文稿作品绽放出无限的生机与活力。

1. 插入并编辑音频

（1）单击“插入”选项卡下的“音频”按钮，在下拉列表中选择“嵌入音频”命令，弹出“插入音频”对话框，选择音频的路径和类型，将指定的音频添加到幻灯片中。

设置音频格式：单击幻灯片中添加的音频对象，出现“音频工具”选项卡，如图 5-2-8 所示。

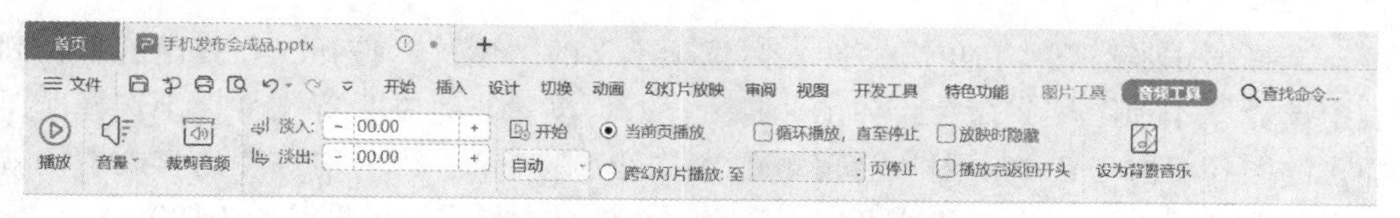

图 5-2-8 “音频工具”选项卡

（2）设置音频的播放方式：选中音频对象图标，在“音频工具”选项卡下可以执行预览音频、设置音频播放时间、对音频进行裁剪、设置音频播放方式和音量等操作。

2. 插入并编辑视频

（1）单击“插入”选项卡下的“视频”按钮，选择“嵌入本地视频”命令，弹出“插入视频”对话框，选择视频的路径和类型，将指定的视频添加到幻灯片中。

单击幻灯片中添加的视频对象，出现“视频工具”选项卡，如图 5-2-9 所示。

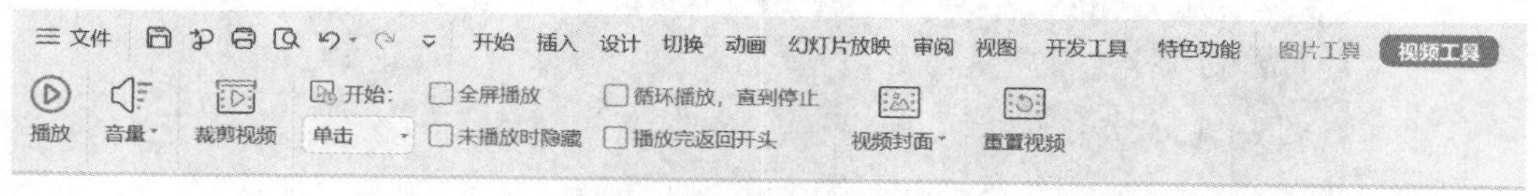

图 5-2-9 “视频工具”选项卡

（2）设置视频的播放方式：选中视频对象图标，在“视频工具”选项卡中设置视频开始播放的方式、对视频进行裁剪等操作。

3. 操作题

在项目 5. 1 操作题文件夹中打开“七步洗手法 . pptx”，依次完成以下操作，并适当进行优化（可参考图 5-2-10）：

（1）将第 1 张幻灯片中的标题“七步洗手法”设置为微软雅黑、60 磅、加粗、RGB 颜色模式（红 118、绿 68、蓝 10），副标题设置为微软雅黑、46 磅、标准紫色，并在第 1 张幻灯片中插入图片“卫生”。图片大小：高度 5 厘米、宽度 6. 9 厘米；位置：水平 13 厘米、垂直 10 厘米，均自左上角。

（2）在每张幻灯片合适的位置插入对应的图片。

（3）在第8张幻灯片后新建一张幻灯片，版式为“两栏内容”。左侧插入一个4行2列的表格，高度10厘米，宽度14厘米，按参考文档进行输入，采用“中度样式3，强调1”。右侧插入样式为“图案填充-深色上对角线，轮廓-文本2，清晰阴影-文本2”的艺术字“健康卫生 人人有责”，设置“效果”为“双波形2”。艺术字大小：高度10厘米、宽度12厘米；位置：水平18.8厘米、垂直6.6厘米，均自左上角。

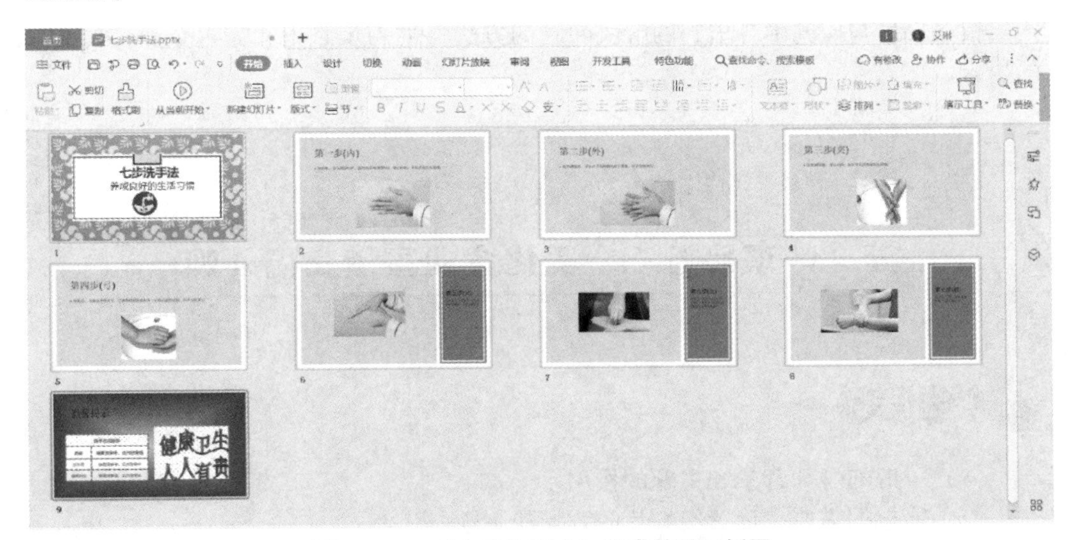

图 5-2-10　“七步洗手法”完成效果示例图

项目评价

1. 学习评价

根据任务实施内容，进行自我评估或学生互评，并根据实际情况在教师引导下拓展。

观察点	☺	😐	☹
会熟练进行文本字体设置、段落格式设置			
会用多种方法创建表格并编辑			
会快速插入艺术字、图片及形状			
会快速在指定位置新建幻灯片及调整顺序			

2. 反思与探究

从学习结果和评价两个方面进行反思，分析存在的问题，寻求解决的方法。

存在的问题	解决的方法

3. 修正与完善

根据反思与探究中寻求到的解决问题的方法，进一步修正和完善企业宣传文稿的内容。

项目 5.3　美化企业宣传文稿外观

（1）了解幻灯片背景和主题的作用。

（2）能根据需要，设置幻灯片的背景和主题。

本项目以美化“手机发布会 . pptx”演示文稿外观为例，在项目 5. 2 制作完成的基础上，主要学习演示文稿主题应用及幻灯片背景设置等。

完成以下具体任务：

（1）将整个演示文稿应用“全息高科技”主题。

（2）修改指定页面的背景。

本项目完成效果如图 5-3-1 所示。

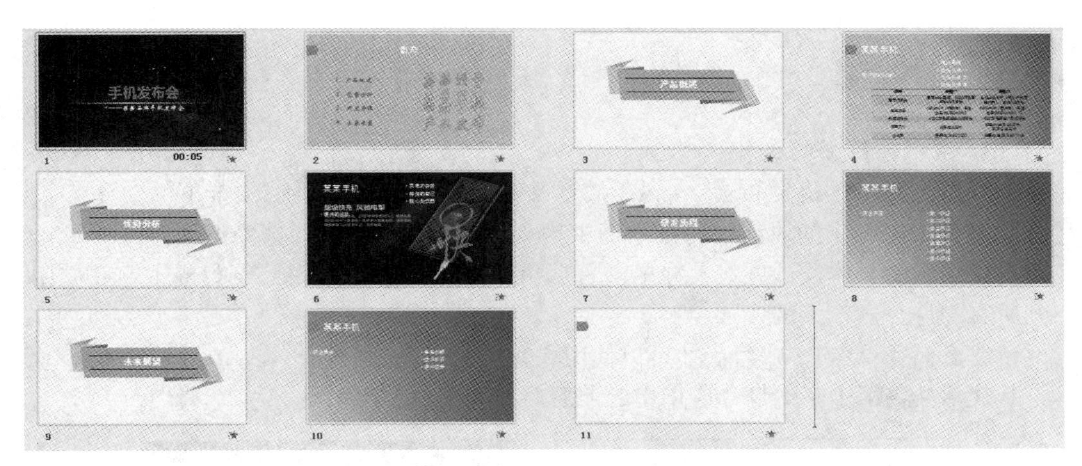

图 5-3-1 项目 5.3 结果效果图

1. 主题

主题是一组设置好的颜色、字体和图形外观效果的集合。

2. 主题的作用

使用主题可以简化具备专业设计师水准的演示文稿的创建过程，并使演示文稿具有统一风格。

3. 为演示文稿中指定幻灯片应用主题

选择需要使用主题的幻灯片，单击“设计”选项卡，在“设计”组中选择推荐的主题样式，也可在最右侧“更多设计”中找到更丰富的设计方案，单击某主题样式后可查看该主题的详细情况，单击“应用风格”按钮，系统将下载并应用该主题。也可选择需要设置主题的幻灯片后右击鼠标，在快捷菜单中选择“更多设计方案”命令，所选幻灯片将按该主题效果自动更新，其他幻灯片不变。

4. 更改已经应用的主题

选择需要更换主题的幻灯片，单击“设计”选项卡下的“更多设计”按钮，在打开的对话框中选择需要更换的主题即可。也可右击鼠标，在快捷菜单中选择“更多设计方案”，在打开的对话框中重新选择。

5. 幻灯片背景的作用

幻灯片背景对幻灯片放映的效果发挥着重要作用，可根据需要对幻灯片背景的颜色、图案、纹理和图片进行调整。

6. 设置背景格式的四种方法

设置背景颜色、图案填充、纹理填充和图片填充。

1. 演示文稿主题应用

双击打开“手机发布会 . pptx”演示文稿，单击“设计”选项卡下的“更多设计”按钮，在弹出的对话框的搜索框中输入“全息高科技”，选中搜索结果，单击查看该主题的具体设计方案，并单击右下角“应用风格”按钮，下载该主题并应用到所有幻灯片。

注意：登录 WPS 账号后才可以使用主题。

演示文稿第 1 张幻灯片应用主题前后对比如图 5-3-2 所示。

图 5-3-2　第 1 张幻灯片应用主题前后对比图

2. 幻灯片背景设置

（1）选择第 2 张目录页幻灯片，单击“设计”选项卡下的“背景”按钮，在幻灯片编辑区右侧出现的“对象属性”任务窗格中，“填充”选项选择“图片或纹理填充”单选按钮，“纹理填充”中选择预设纹理“纸纹 1”，“放置方式”选择“平铺”，完成单张页面的背景设置。如需应用到所有页面可单击下方的“全部应用”按钮。如需重新设置背景，可单击“重置背景”按钮。

演示文稿第 2 张幻灯片背景设置前后对比如图 5-3-3 所示。

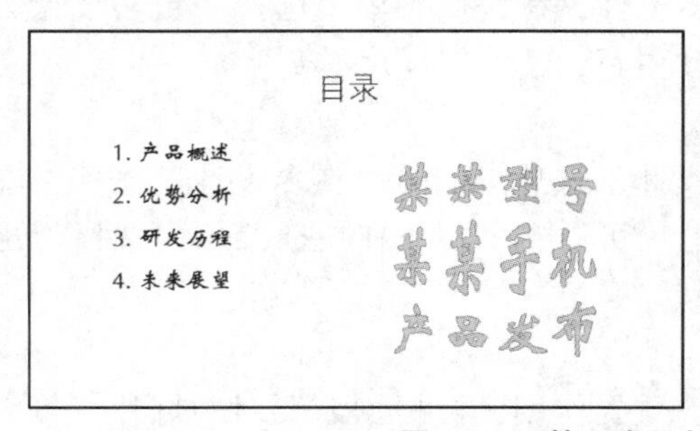

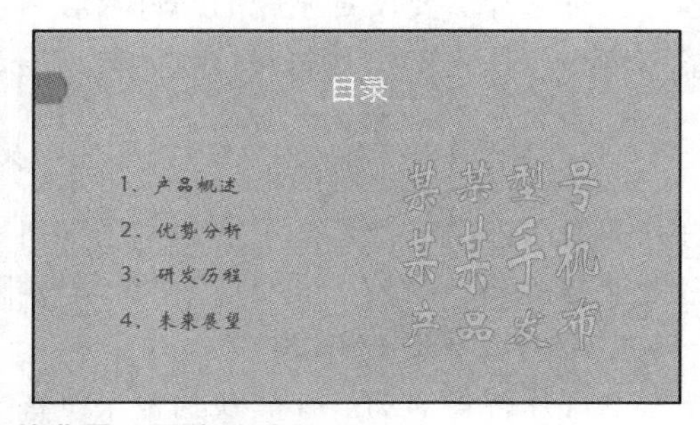

图 5-3-3　第 2 张幻灯片背景设置前后对比

（2）选择第 4 张幻灯片，在“对象属性”任务窗格的“填充”选项中选择“渐变填充”单选按钮，选择“渐变样式”中的“射线渐变”“从左下角”，完成单张页面设置。渐变填充还可对渐变的角度、色标颜色、位置、透明度、亮度等进行设置。

演示文稿第 4 张幻灯片背景设置前后对比如图 5-3-4 所示。

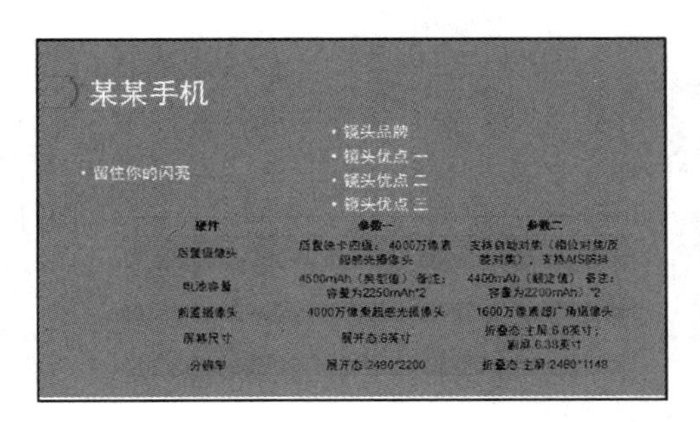

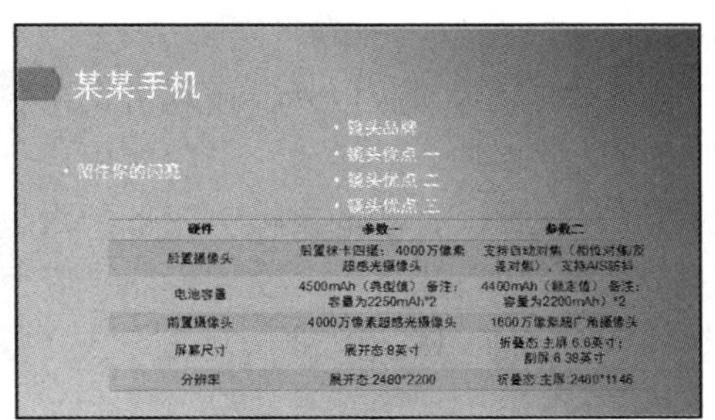

图 5-3-4　第 4 张幻灯片背景设置前后对比

3. 设置幻灯片母版

【幻灯片母版】

幻灯片母版可以用来存储有关演示文稿的主题和幻灯片版式的信息，包括背景、颜色、字体、效果、占位符大小和位置等。因此，修改幻灯片母版就能改变整个演示文稿的主题样式，即改变演示文稿的外观。

【修改幻灯片母版】

单击“设计”选项卡下“编辑母版”按钮可以修改幻灯片母版，如图 5-3-5 所示。

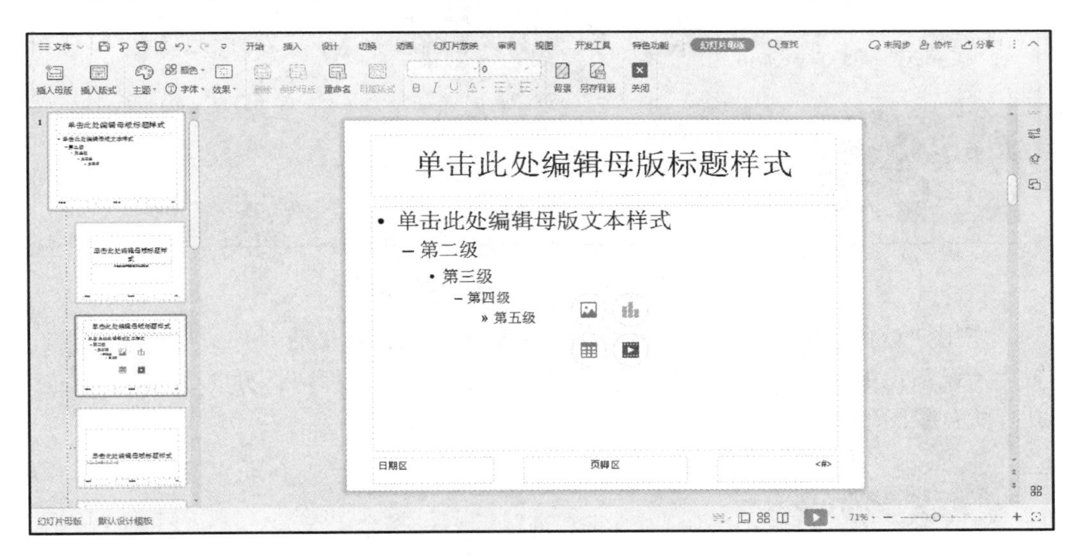

图 5-3-5　“幻灯片母版”编辑界面

在界面左侧幻灯片母版缩略图列表中选择最上方的“幻灯片母版”，更改各占位符的字体设置、幻灯片的背景等就会改变所有版式相关设置，或者在“幻灯片母版”中添加对象，最后关闭母版视图即可。例如：在每张幻灯片固定位置比如右下角放置一个 logo（标志），就可以将该 logo 放在“幻灯片母版”中指定位置，所有幻灯片版式将与“幻灯片母版”保持同步，自动在相同位置呈现该 logo，而不是通过在每一页幻灯片相同位置插入 logo。如果 logo 需要修改，只要重新插入更新的 logo 即可，而不需要在每一页幻灯片相同位置重新插入一遍。如果只需修改某种版式的样式，只需选中该版式进行相关设置。这样就能够高效设计出外观一致、风格统一的演示文稿。

除了幻灯片母版以外，还有讲义母版、备注母版。其中，讲义母版是用来设置打印讲义效果的。通过讲义母版，用户可以进行讲义打印的页面尺寸、页面所包含的幻灯片数目、打印的字体、图形的效果、页眉页脚及背景色等设置。备注母版是用来设计打印备注页的。使用备注母版，用户可以设置备注页打印的方式，还可以设置备注页的字体、效果和颜色等。

以美化“七步洗手法 . pptx”演示文稿为例再次完成一个项目，本项目完成后的效果图如图 5-3-6 所示。

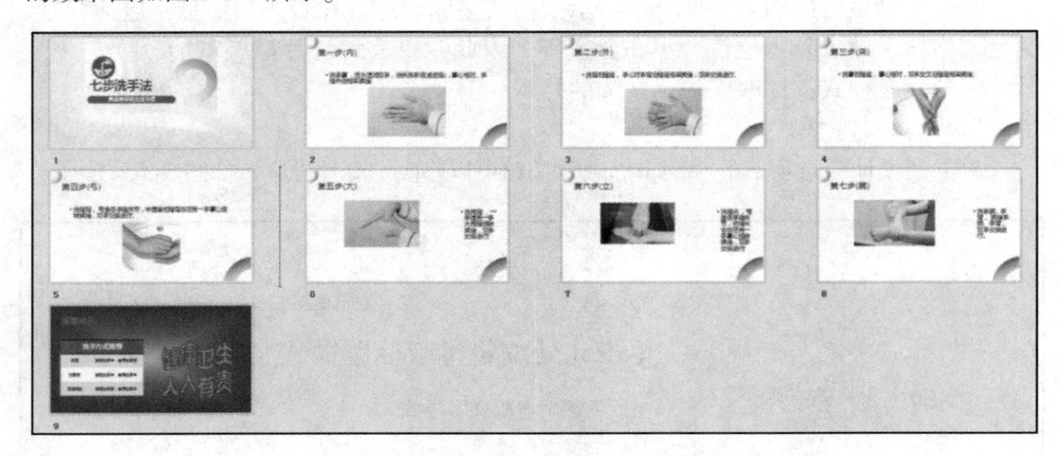

图 5-3-6　项目 5. 3 项目拓展效果图

使用“蓝色几何简约风”主题修饰整个演示文稿，将最后一张幻灯片的背景设置为预设颜色中的“底部聚光灯，个性色 1”，类型为“矩形”，方向为“从中心”，并隐藏背景图形。

1. 学习评价

根据任务实施的内容，进行自我评估或学生互评，根据实际情况在教师引导下拓展。

观察点	☺	😐	☹
会快速应用演示文稿指定主题样式			
能利用预设颜色快速设置幻灯片背景			

2. 反思与探究

从学习结果和评价两个方面进行反思，分析存在的问题，寻求解决的方法。

存在的问题	解决的方法

3. 修正与完善

根据反思与探究中寻求到的解决问题的方法，进一步完善企业宣传文稿的外观。

项目 5.4　优化企业宣传文稿放映

（1）能描述幻灯片切换的属性、动画种类与演示文稿的放映方式。

（2）能根据项目实际完成幻灯片切换设置。

（3）能根据项目实际完成幻灯片动画设置。

（4）能根据项目实际完成幻灯片放映设置。

本项目以优化“手机发布会.pptx”演示文稿放映为例，在项目 5.3 制作完成的基础上，主要学习幻灯片页面切换、动画设置、放映设置等。

完成以下具体任务：

（1）设置所有幻灯片页面切换效果为向右擦除，持续时间 2 秒，通过单击鼠标换页。

（2）设置第 1 张幻灯片标题文字动画为单击时，快速水平百叶窗；设置第 1 张幻灯片副标题文字动画为单击时，中速向内溶解；调整第 1 张幻灯片内容区中两个动画的顺序。

（3）设置演示文稿放映方式为“演讲者放映（全屏幕）”。

1. 幻灯片的切换

先打开“手机发布会. pptx”演示文稿，选择任意幻灯片，单击“切换”选项卡，从切换类型列表中选择想要的切换方案及效果选项，还可以设置切换的速度、音效、时间、方式等。可将切换效果应用于所有幻灯片；如果演示文稿包含多个母版，也可将切换效果应用于使用该母版的所有幻灯片。

2. 动画的种类与描述

（1）进入动画：指对象进入播放画面的动画效果。

（2）强调动画：主要对播放画面中的对象进行突出显示，起强调作用。

（3）退出动画：指播放画面中的对象离开播放画面的动画效果。

（4）动作路径动画：指播放画面中的对象按指定路径移动的动画效果。

3. 幻灯片放映类型

幻灯片放映共有两种类型：演讲者放映（全屏幕）、展台自动循环放映浏览（全屏幕）。

4. 幻灯片放映方式

幻灯片放映共有三种方式：从头开始、从当前开始、自定义放映。

1. 幻灯片切换设置

【设置幻灯片切换样式】

双击打开“手机发布会 . pptx”演示文稿，选中需要设置的幻灯片，单击“切换”选项卡，在切换类型列表中选择想要的切换效果，单击右侧下拉按钮，弹出所有切换样式列表，如图 5-4-1 所示，选择其中的“擦除”。

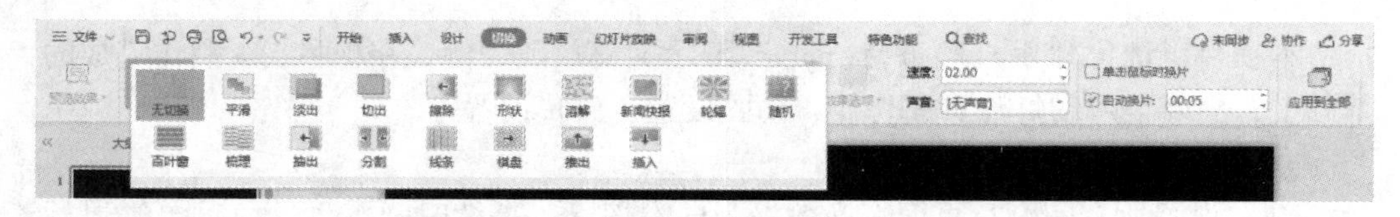

图 5-4-1　幻灯片切换样式列表

【设置切换属性】

在“效果选项”中选择“向右”，速度 2 秒，单击鼠标时换片，无声音，如图 5-4-2所示。

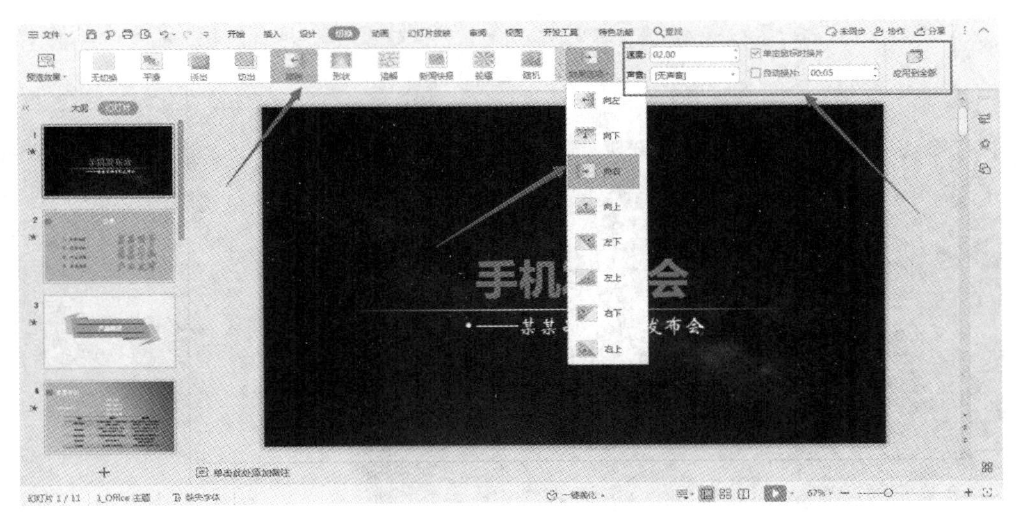

图 5-4-2　切换属性设置

【应用范围】

单击“应用到全部”按钮即可。

2. 幻灯片动画设置

【选择对象】

选择第 1 张幻灯片中的标题文字“手机发布会”。

【设置进入动画】

单击“动画”选项卡，单击动画类型列表右下角的下拉按钮，如图 5-4-3 所示，出现所有动画类型。选择列表中的进入动画为“百叶窗”效果。

图 5-4-3　动画效果列表

【设置动画属性】

单击“动画”选项卡下的“自定义动画”按钮，幻灯片编辑区的右侧出现“自定义动画”任务窗格，在该任务窗格中进行动画属性设置。设置标题文字“手机发布会”动画效果为单击时，快速水平百叶窗。用同样的方法，设置副标题“——某某品牌手机发布会”的动画效果为单击时，中速向内溶解，如图 5-4-4 所示。

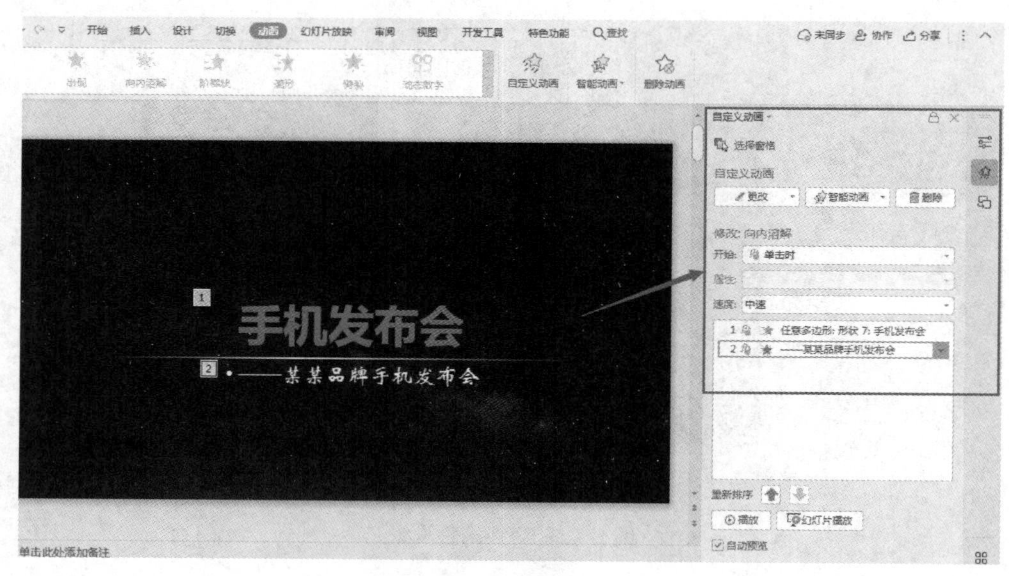

图 5-4-4　动画属性设置

【调整动画排序】

在“自定义动画”面板中，选择要调整顺序的对象，单击“重新排序”右侧的上下箭头调整，也可用鼠标拖拽进行调整。

3. 幻灯片放映设置

（1）单击“幻灯片放映”选项卡下的“设置放映方式”按钮，打开“设置放映方式”对话框，在“放映类型”中选择“演讲者放映（全屏幕）”单选按钮，“放映选项”为“循环放映，按 ESC 键终止”，如图所示 5-4-5 所示。

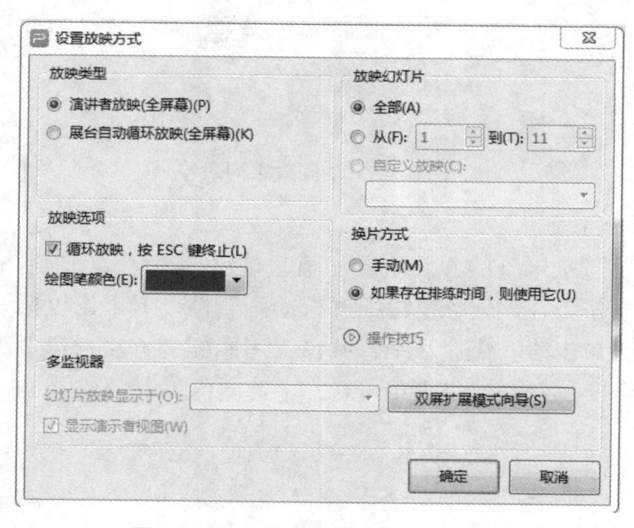

图 5-4-5　“设置放映方式”对话框

（2）单击“幻灯片放映”选项卡下的“从头开始”按钮，或者按下功能键【F5】，就可以实现从第 1 张幻灯片开始放映。

到这里，就完成了项目5.4的全部操作。

项目拓展

以优化“七步洗手法.pptx”演示文稿放映为例再次完成一个任务，效果图如图5-4-6所示。

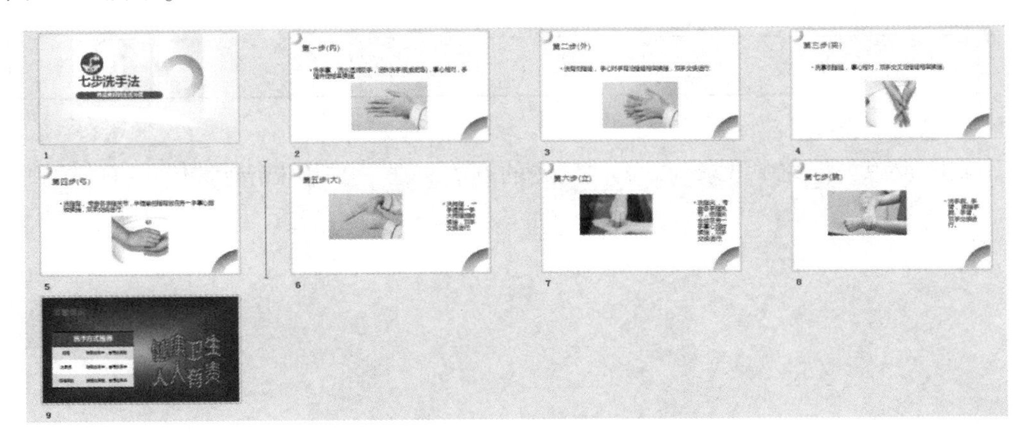

图5-4-6 项目5.4项目拓展效果图

具体任务如下：

(1) 设置全部幻灯片切换效果为“线条”、效果选项为“水平”。

(2) 演示文稿放映方式为“演讲者放映（全屏幕）”。

(3) 第1张幻灯片标题设置进入动画“翻转式由远及近”、持续时间为中速2秒，副标题设置进入动画“飞入”、自右侧、持续时间为快速1秒。

(4) 灵活设置各图图片动画方式，不局限于“进入”或“强调”。

(5) 以“七步洗手法.pptx”命名，保存至D盘以自己姓名命名的文件夹内。

项目评价

1. 学习评价

根据任务实施的内容，进行自我评估或学生互评，根据实际情况在教师引导下拓展。

观察点	☺	😐	☹
会快速设置幻灯片切换效果及相关属性			
会快速设置幻灯片进入动画及相关属性			
会根据项目需求快速设置演示文稿放映方式			

2. 反思与探究

从学习结果和评价两个方面进行反思，分析存在的问题，寻求解决的方法。

存在的问题	解决的方法

3. 修正与完善

根据反思与探究中寻求到的解决问题的方法，进一步完善企业宣传文稿的放映。

模块六　广袤空间驰骋

互联网（Internet）是全球信息资源的总汇。Internet 是由许多小的网络（子网）互联而成的一个逻辑网，每个子网中连接着若干台计算机（主机）。Internet 以相互交流信息资源为目的，是一个信息资源和资源共享的集合。

项目 6.1　制作网线

（1）认识和熟练应用制作网线的专用工具。
（2）进一步了解网络硬件的组成及各部分之间的关系。
（3）掌握网线的制作方法（双绞线）。
（4）掌握星型局域网的网络硬件的连接方法。

网线制作的主要工作是把一根双绞线两头配上水晶头，使之成为能连接两个网络设备的网线，以便以后需要时使用。最终效果如图 6-1-1 所示。

图 6-1-1　网线制作最终效果图

一、计算机网络基础知识

在计算机网络发展的不同阶段，人们对计算机网络提出了不同的定义。这反映了当时网络技术水平以及人们对网络认识的程度。目前计算机网络是基于资源共享的观点定义的：计算机网络就是把分布在不同地理位置的计算机和专门的外部设备通过通信线路和网络设备连接起来，以功能完善的网络软件和通信协议实现资源共享和数据通信的网络系统。

组成计算机网络的计算机等设备虽然通过网络联系在一起，但它们之间是相对独立的。每台计算机的核心部件（如 CPU、系统总线、网络接口）都要求存在并相对独立，各种外部设备（如打印机、鼠标、键盘等）也是独立的。这样的计算机网络中的两台计算机之间并没有明确的主从关系。它们既可联网工作，也可单独工作。计算机之间所共享的既可以是数据信息，也可以是硬件设备，如共享打印机。

计算机网络中常用的传输介质可以是有线的，如双绞线、同轴电缆、光纤等；也可以是无线的，如红外线、微波等。根据传输介质的不同，物理信道可分为有线信道（如电话线、双绞线、同轴电缆、光缆等）和无线信道两种。

（1）调制解调器（Modem）。调制解调器是一种用来在计算机之间传送数据的设备，它总是成对使用，分为外置式和内置式两种。在发送端，将数字脉冲信号转换成能在模拟信道上传输的模拟信号（这个过程称为调制）；在接收端，将模拟信号转换成原来的数字脉冲信号（这个过程称为解调）。

（2）网络适配器。网络适配器一般指网卡，用于实现联网计算机和网络电缆之间的物理连接，为计算机之间相互通信提供一条物理通道，实现物理层和数据链路层的功能。

（3）集线器（Hub）。集线器是总线共享资源。如果把集线器比作一个邮递员，那么这个邮递员不认识字，要他去送信，他不知道直接根据信件上的地址将信件送给收信人，只会拿着信分发给所有的人，然后让接收的人根据地址信息来判断是不是自己的。

（4）交换机。交换机通过交换技术可以在理论上保证每台计算机的运行速度一样，相比集线器网络要快，不过价钱比集线器高一些。

（5）路由器（Router）。路由器用于连接多个独立网络。需要从一个网络传送数据到另一个网络时，可通过路由器完成。

（6）双绞线。双绞线一般采用绝缘铜导线，主要用于传输模拟声音信息，但同样也适用于数字信号的传输，特别适用于较短距离的信息传输。

（7）光缆（光纤）。光缆主要由光导纤维和塑料保护套及塑料外皮构成，防磁防电，传输稳定，质量高，适用于高速网络和骨干网。

（8）无线传输介质。常用的无线传输介质有微波、红外线、激光等。

（9）带宽。带宽表示在模拟信道中传输信息的能力，它用传送信号的最高频率与最低频率之差表示，单位为 Hz、kHz、MHz 或 GHz。如电话信道的带宽为 300~3 400 Hz。

（10）数据传输速率（比特率）。它表示信道的传输速率，即每秒传输的二进制位数，单位为 b/s、kb/s、Mb/s 或 Gb/s。带宽与数据传输速率是通信系统的主要技术指标之一。

（11）误码率。它是指在信息传输过程中的出错率，是通信系统的可靠性指标。一般要求误码率低于 10^{-6}（百万分之一）。

二、计算机网络的功能

计算机网络的功能主要是数据通信和资源共享，从而达到提高计算机的性能、节省费用、提供综合性信息服务的目的。

1. 数据通信

依照通信协议，利用数据传输技术在两个功能单元之间传递数据信息，这是计算机网络最基本的功能之一，是通信技术与计算机技术相结合而产生的一种新的通信方式。在这个过程中所传送的均为二进制形式的数据信息。利用计算机网络可实现各计算机之间快速可靠地互相传送数据，进行信息处理。

用户可以通过计算机网络收发电子邮件、发布新闻消息和进行电子商务活动。这方面最成功的是互联网。通过它，用户可以将电话、传真、电视、银行等服务融为一体，提供图文、语音、视频等多种信息。

2. 资源共享

资源包括硬件资源、软件资源和数据信息。硬件包括各种处理器、存储设备、I/O 设备等，如打印机、扫描仪，甚至计算机本身。软件包括操作系统、应用软件和驱动程序等。对于广大用户来讲，更重要的是数据信息的共享。这些共享的信息包括图文、语音、视频，以及大量存储于数据库中的各类数据。

利用数据通信和资源共享可达到以下目的：

（1）增强计算机的可靠性和可用性。增强可靠性是指网络中的各台计算机可以通过网络互为后备机。在图书馆、银行等部门，这已经是一种通用的做法。一旦某台计算机出现故障，网络中的其他计算机就可代为继续执行，这样可避免整个系统瘫痪，防止信息丢失。增强可用性是指网络中某计算机任务较重时，网络可将该机上的部分任务转交给其他机器，均衡计算机的负载；网络还可将这项复杂的任务分成若干部分，交给不同的计算机协同处理，共同完成，实现分布式处理。

（2）节省费用。利用网络，可以共享高性能计算机的处理能力和存储能力。与单独购置这些高性能计算机相比，费用大大降低，系统维护的难度也得到了降低。

项目实施

（1）用压线钳的剥线刀口将 5 类线的外保护套管划开（小心，不要将里面的双绞线的绝缘层划破，刀口距 5 类线的端头至少 2 厘米）（图 6-1-2）。

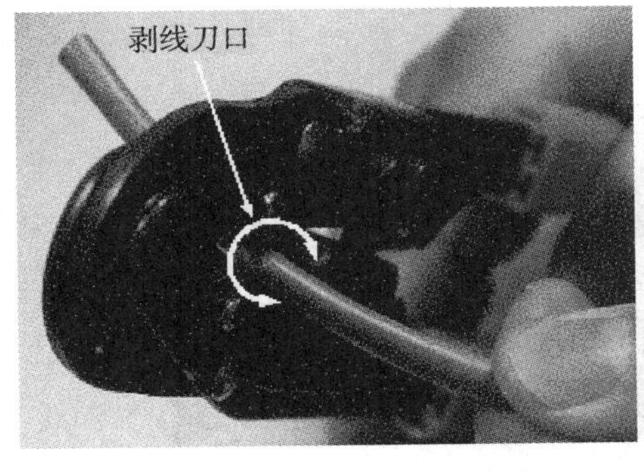

图 6-1-2　用剥线刀口将双绞线保护套划开

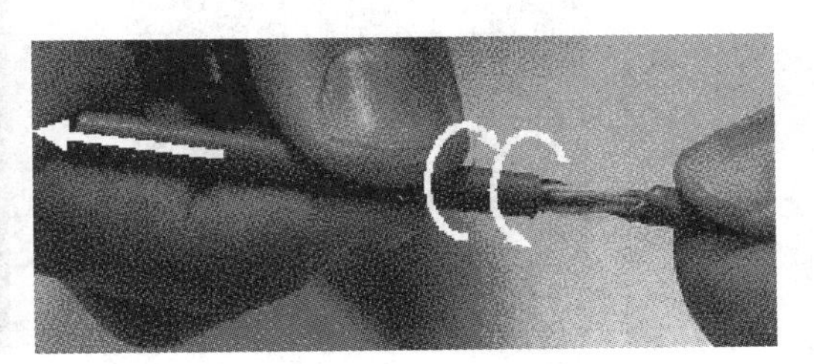

图 6-1-3　剥去双绞线保护套

（2）将划开的外保护套管剥去（旋转、向外抽）（图 6-1-3）。

（3）露出 5 类线电缆中的 4 对双绞线（图 6-1-4）。

（4）按照 EIA/TIA 568B 标准和导线颜色将导线按规定的序号（白橙、橙、白绿、蓝、白蓝、绿、白棕、棕）排好（图 6-1-5）。

图 6-1-4　电缆中的 4 对双绞线

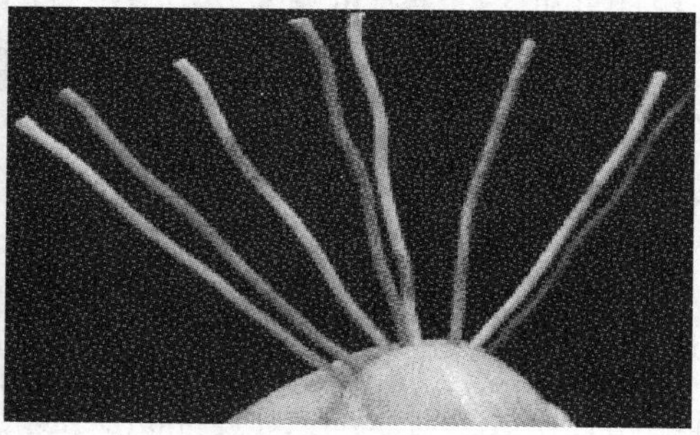

图 6-1-5　排序后的线图

（5）将 8 根导线平坦整齐地平行排列，导线间不留空隙（图 6-1-6）。

（6）将网线放入剪线刀口，准备用压线钳的剪线刀口将 8 根导线剪断（图 6-1-7）。

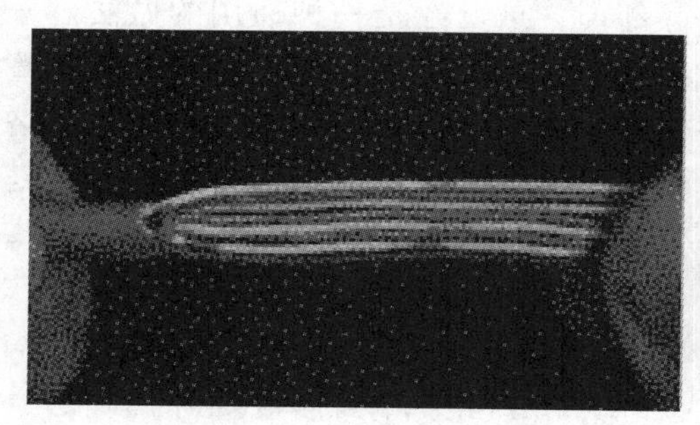

图 6-1-6　整齐排列导线

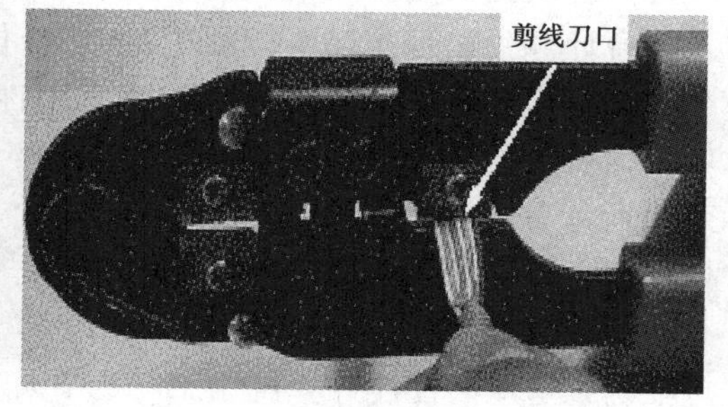

图 6-1-7　将网线放入剪线刀口

（7）剪断电缆线。请注意：一定要剪得很整齐。剥开的导线长度不可太短（一般为10~12 mm），可以先留长一些，不要剥开每根导线的绝缘外层（图 6-1-8）。

（8）将剪断的电缆线放入 RJ-45 插头试试长短（要插到底），要保证电缆线的外保护层最后能够在 RJ-45 插头内的凹陷处被压实，并反复进行调整（图 6-1-9）。

图 6-1-8　剪齐电缆线

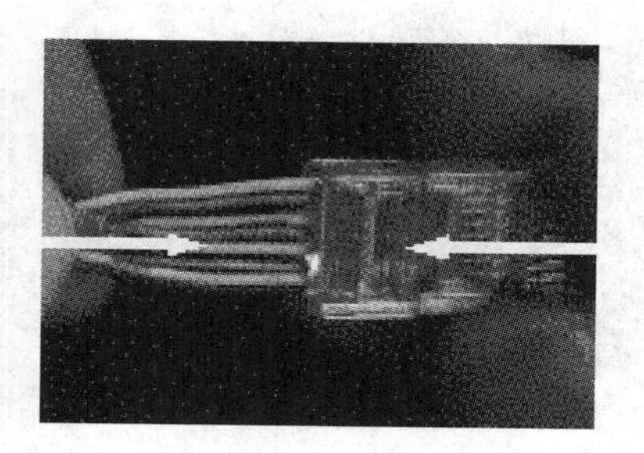

图 6-1-9　将电缆线放入插头

(9) 在确认一切都正确后(特别要注意不要将导线的顺序接反了)，将 RJ-45 插头放入压线钳的压头槽内，准备最后的压实(图 6-1-10)。

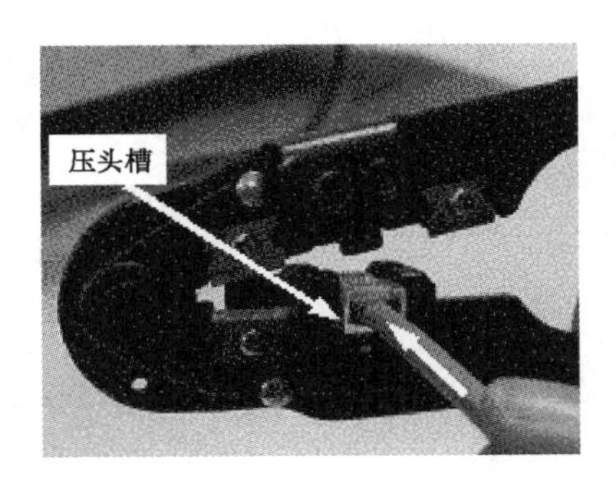

图 6-1-10　将插头放入压线钳

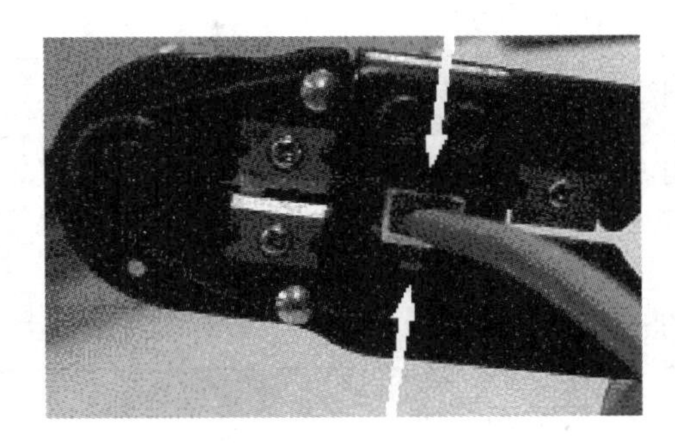

图 6-1-11　压紧插头

(10) 双手紧握压线钳的手柄，用力压紧（图 6-1-11）。请注意：在这一步骤完成后，插头的 8 个针脚接触点就会穿过导线的绝缘外层，分别和 8 根导线紧紧地压接在一起。

【双绞线线序的实际选择】

一般若使用双绞线组建网络，则需要一个集线器（Hub）。通过集线器联网时，双绞线的夹线方法非常容易，只需把两头的网线一一对应地夹好即可。两头的夹线顺序是一致的，依次是：白橙、橙、白绿、蓝、白蓝、绿、白棕、棕。请注意：两端都是同样的线序且一一对应。

对于只有两台机器的小网络，买一台几百元的集线器有点浪费，可以不用集线器而用网线直接把两台计算机连接起来，不过这时候网线的连接方法要有一些小小的改变。具体的做法是：一端采用上述的 T568B 标准做线，另一端在这个基础上将这 8 根线中的 1 号线和 3 号线互换位置，2 号线和 6 号线互换位置。这时网线的线序为：白绿、绿、白橙、蓝、白蓝、橙、白棕、棕。

1. 学习评价

根据项目实施的内容，进行自我评估或学生互评，并根据实际情况在教师的引导下进行拓展。

观　察　点	☺	😐	☹
能选用正确的工具			
剥线方法正确、整齐			
能正确排线			
会正确使用压线钳完成压线			
8 根导线都能导通			

2. 反思与探究

从学习结果和评价两个方面进行反思，分析存在的问题，寻求解决的方法。

存在的问题	解决的方法

项目 6.2　了解网络设置

（1）了解 TCP/IP 协议和域名。

（2）掌握 IP 地址的设置方法。

（3）了解计算机网络的分类和网络拓扑结构。

（4）掌握最小的局域网的连接方法。

本项目的主要工作是，利用两台计算机通过网络设置一个最简单的局域网，并能在两台计算机上相互共享资源。

一、Internet 提供的信息服务

1. 网页浏览（WWW 服务）

WWW 是全球信息网（World Wide Web）的简称，又称万维网，它以超文本标记语言和超文本传输协议为基础，包含无数以超文本形式存在的信息，使用超文本链接可以在多个超文本网页间跳转。

万维网是因特网上多媒体信息查询工具，是因特网上发展最快和使用最广的服务。除了传统的信息浏览功能外，万维网还可实现广播、电影、游戏、聊天、购物和求职等功能，并且还集成了电子邮件、文件传输、多媒体服务和数据库服务，已经成为一种多样化的网络服务形式。

2. 文件传输（FTP 服务）

FTP（File Transfer Protocol）是文件传输最主要的工具，它可以传输任何格式的数据。

3. 电子邮件（E-mail 服务）

电子邮件服务是 Internet 上应用最广的服务项目之一。电子邮件不仅可以到达那些直接与 Internet 连接的用户，而且还可以用来同其他计算机网络上的用户进行通信联系，是一种便捷、价廉的通信手段。

4. 远程登录（Telnet 服务）

远程登录服务是指将本地计算机与远程的服务器进行连接，并在远程计算机上运行用户的应用程序，从而共享计算机网络系统的软件和硬件资源。

5. 信息检索服务

信息检索服务是 Internet 所提供的最重要、使用最广泛的服务功能之一。现在较大的网站均提供了网络搜索服务，有一些网站甚至专门用于信息搜索，如 Google、Baidu 等。

另外，Internet 还可提供 BBS 论坛服务、多种即时通信服务等。

二、Internet 的工作原理

1. TCP/IP 协议

TCP/IP 协议是用于计算机通信的一组协议。TCP/IP 协议由网络接口层、网际层、传输层、应用层组成。其中，网络接口层位于最底层，包括各种硬件协议，面向硬件；应用层面向用户，提供一组常用的应用程序，如电子邮件、文件传输等。

2. IP 协议

IP 协议是 TCP/IP 协议中最重要的核心协议，位于网际层，主要将不同格式的物理地址转换为统一的 IP 地址，将不同格式的帧转换为“IP 数据报”，向 TCP 协议所在的传输层提供 IP 数据报，实现无连接数据报传送；IP 协议的另一个功能是数据报的路由选择。

3. TCP 协议

TCP 协议也是 TCP/IP 协议中最重要的核心协议，位于传输层。它向应用层提供面向连接的服务，确保网上所发送的数据包可以完整地接收。一旦数据包丢失或被破坏，TCP 协议就负责将丢失或被破坏的数据报重新传输一次，实现数据的可靠传输。

三、IP 地址和域名

1. IP 地址

IP 地址是计算机在网络中唯一可以识别的地址。一台主机的 IP 地址由网络号和主机号两部分组成，它用 32 个比特（4 个字节）表示。为便于管理，人们将每个 IP 地址分为四段（一个字节一段），用三个圆点隔开，每段用一个十进制整数表示。每个十进制数的范围是 0~255。

由于网络中 IP 地址很多，因此人们又将它们按照第一段的取值范围划分为五类：0~127 为 A 类；128~191 为 B 类；192~223 为 C 类；D 类和 E 类留作特殊用途。

2. 域名

IP 地址虽然可以标识网上的主机的地址，但用户记忆数字表示的主机地址十分困难。为此，因特网提供了一种域名系统 DNS（Domain Name System），为主机分配容易记忆的域名。域名采用层次树状结构的命名方法，由多个有一定含义的字符串组成，各部分之间用“.”隔开。它的层次从左到右逐级升高，其一般格式是：

主机名.….二级域名.一级（顶级）域名

顶级域名在 Internet 中是标准化的。在国际上，第一级域名采用通用的标准代码，它分为组织机构和地理模式两类。由于因特网诞生在美国，因此美国第一级域名采用组织机构名，而其他国家都采用主机所在国的名称为第一级域名，如 CN（中国）、JP（日本）等。我国的第二级域名划分为类别域名和行政区域名，如 ac 表示科研机构，bj 表示北京。常用的一级或二级域名标准代码如下：

com 表示公司、企业　　edu 表示教育机构

gov 表示政府部门　　org 表示各种非营利组织

net 表示互联网络支持中心　　int 表示国际组织

mil 表示军事组织（美国专用）

域名在整个因特网中是唯一的，它对应唯一的 IP 地址，每个 IP 地址亦对应唯一的一台主机。在一般情况下，一台主机只有一个 IP 地址，但可以有多个不同的域名，这些域名共享同一个 IP 地址。

3. DNS 原理

域名和 IP 地址都是表示主机的地址。用户可以使用主机的 IP 地址，也可以使用它的域名。虽然域名便于人们记忆，但机器之间只认 IP 地址。域名和 IP 地址之间的转换工作称为域名解析。域名解析需要由专门的域名解析服务器 DNS（Domain Name Server）来完成。DNS 由解析器和域名服务器组成。域名服务器保存有该网络

中所有主机的域名和对应的 IP 地址，并具有将域名转换为 IP 地址的功能。虽然 IP 地址不一定有域名，但域名必须对应一个 IP 地址。在上网时输入的网址（域名），必须通过域名解析系统解析找到相对应的 IP 地址，这样才能访问到该服务器。

当然，某个域名解析服务器不可能包含全球所有的域名和 IP 地址，但总有一台域名解析服务器包含相关的域名信息，它们协同工作，最终会找到正确的解析结果。

4. 因特网中的客户/服务器体系

在因特网的 TCP/IP 协议环境中，联网计算机之间进行相互通信的模式主要采用客户/服务器（Client/Server，C/S）模式，也简称 C/S 结构。在这种结构中，客户和服务器分别代表相互通信的两个应用程序进程，并非我们通常所说的硬件中的概念。提出请求、发起通信的计算机进程叫作客户进程，而响应请求、提供服务的计算机进程叫作服务器进程。HTTP 超文本传输服务、FTP 文件传输服务、电子邮件服务、DNS 域名解析服务均是 C/S 结构常见的应用。

随着 Internet 和 WWW 的流行，以往 C/S 运行模式已无法满足当前的全球网络开放、互联、信息随处可见和信息共享的新要求，于是 B/S 模式就出现了，即浏览器/服务器结构。这种模式开发维护相对简单，利于扩展，但在运行速度、数据安全、人机交互等方面不如 C/S。

网络设置和连接任务要做的主要工作是，利用两台计算机通过网络设置一个最简单的局域网，并能在两台计算机上相互共享资源。操作步骤如下：

① 制作一根 5 米长的对等网双绞线。

② 将两个网卡分别装入计算机。

③ 分别对两台计算机进行网络设置。

（一号机 IP 地址为 192. 168. 0. 1，网关为 255. 255. 255. 0，DNS 为 192. 168. 2. 1；二号机 IP 地址为 192. 168. 0. 2，网关为 255. 255. 255. 0，DNS 为 192. 168. 2. 1）

检查系统的网络组件是否已安装完整，即在配置列表中是否有如下几项：RealTek 8139 Network Adapter（网卡），Microsoft 网络客户（服务），TCP/IP 协议（协议），Microsoft 网络上的文件与打印机共享服务（服务）。要连接一个局域网并共享资源，以上组件是必不可少的。

操作步骤如下：

① 在桌面上选定“网络”，右击打开其属性，选“本地连接”，打开“本地连接 状态”对话框，如图 6-2-1 所示。

② 单击“属性”按钮，打开“本地连接 属性”对话框，如图 6-2-2 所示。

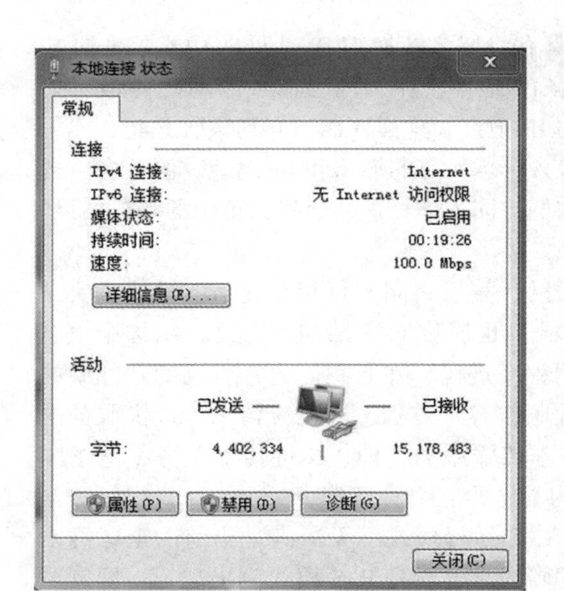

图 6-2-1 “本地连接 状态”对话框

图 6-2-2 “本地连接 属性”对话框

③ 在网络连接属性中选择“Internet 协议版本 4（TCP/IPv4）”，然后单击“属性”按钮，打开如图 6-2-3 所示的对话框。

④ 分别为两台计算机输入 IP 地址、子网掩码、网关和 DNS，然后单击“确定”按钮。

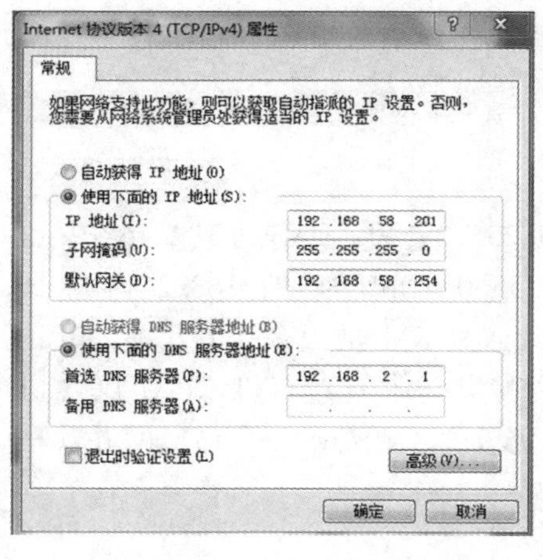

图 6-2-3 IP 设置对话框

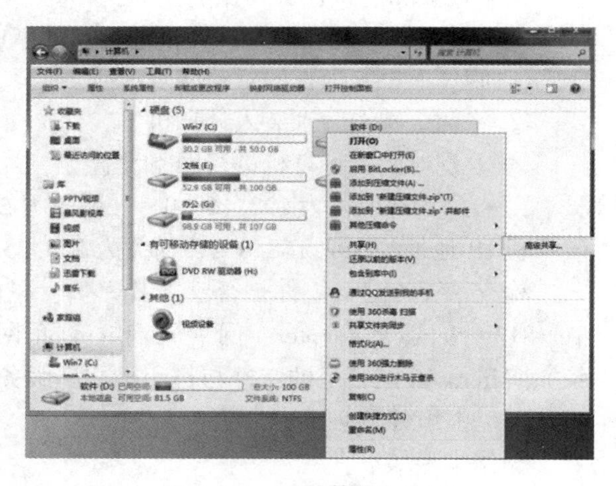

图 6-2-4 “计算机”窗口

⑤ 在一号机“计算机”中用鼠标右键选中需要共享的驱动器或文件夹。（本例为驱动器 D 盘的设置，如图 6-2-4 所示）

⑥ 选择快捷菜单中的“共享”→“高级共享”命令，在打开的对话框中选择“高级共享”，选中“共享此文件夹”复选框并将共享名改为“lucky”（图 6-2-5）。

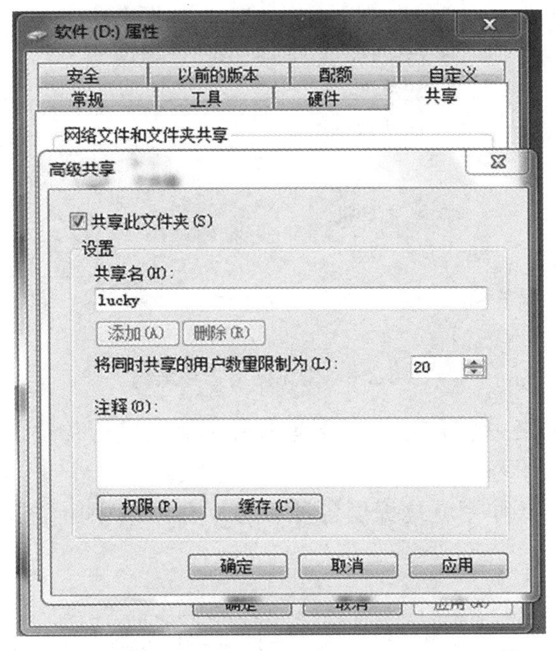

图 6-2-5 “高级共享”对话框

⑦ 在二号机上通过网上邻居搜索一号机中的共享资源。

项目拓展

1. 计算机网络的拓扑结构

两台计算机组成了最小的局域网，Internet 上成千上万台计算机形成了世界上最大的互联网。计算机网络的分类标准很多。例如：按计算机网络的覆盖范围可以分为局域网、广域网和城域网；按网络的拓扑结构可以分为星型网、环型网、总线型网、树型网和网状网等，如图 6-2-6 所示。

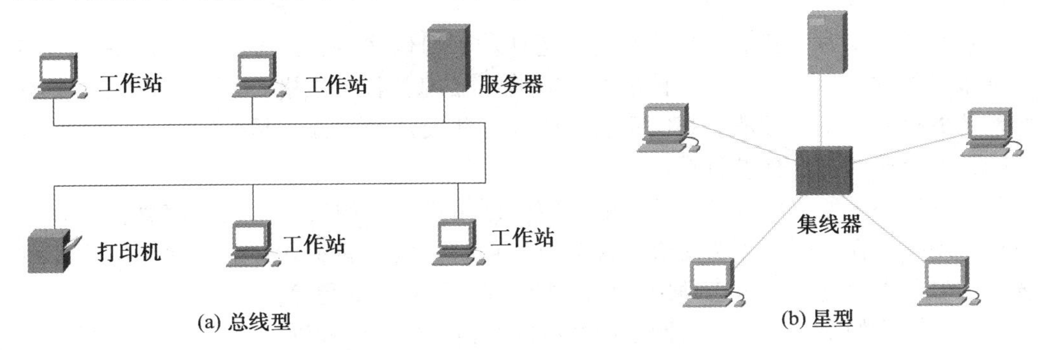

(a) 总线型 (b) 星型

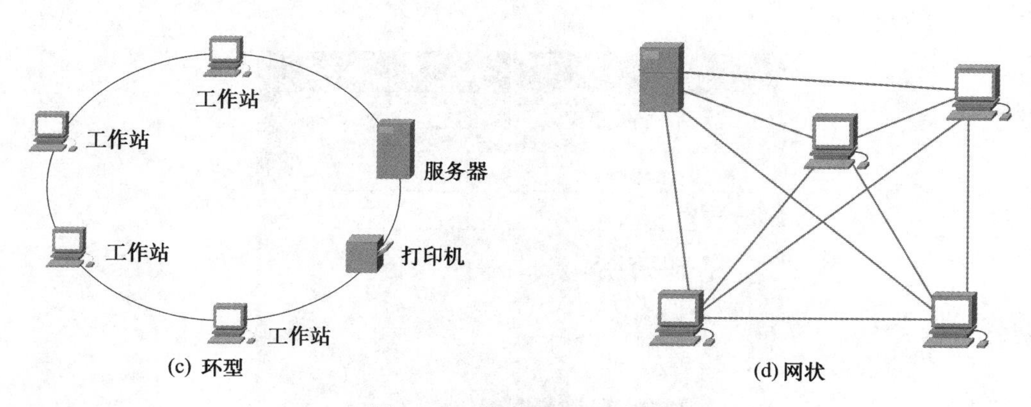

图 6-2-6　常见网络拓扑结构

在整个计算机网络中总会有一部分是用来对信息进行传递的，对于网络中的这部分我们称之为通信子网。

网络的另一个重要作用就是提供各种服务。在网络中由资源子网来完成这些功能，如图 6-2-7 所示。

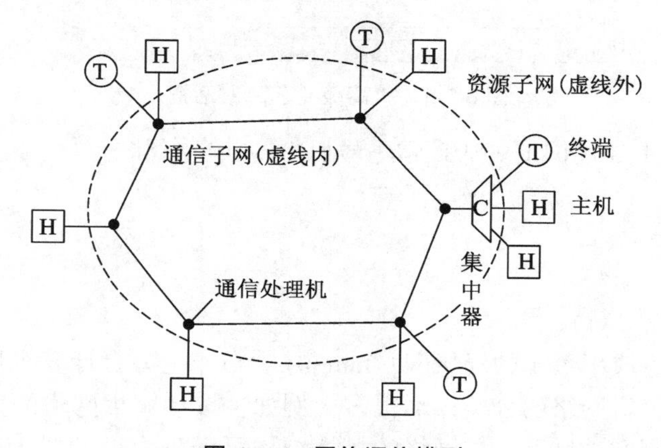

图 6-2-7　网络通信模型

2. 网络协议的概念

从表面上来看，我们看到的网络，包括若干通信线路、许多的硬件设备和支持网络服务的软件，其中，每一种东西又有若干品牌、若干规格。这似乎进入一个纷繁复杂的世界，难以理清。其实不然，所有这些硬件和软件都是按照一定的标准生产的，所遵照的这个标准就是协议。

协议描述了通信双方必须遵守的规定。网络最基本的功能是交换信息，没有这一点，网络就什么事都无法完成。在交换信息时，表达的一方必须根据一定的规则发出信号，理解的一方也必须用同样的规则理解信号，通信才能完成。

网络协议的定义：为进行网络中资料的交换而建立的规则、标准或约定的集合。

现在使用的协议是由一些国际组织制定的。生产商按照协议开发产品，把协议转化成相应的硬件或软件，网络的建设者则根据协议选择适当的产品组建自己的网络。

3. OSI 参考模型

CCITT（国际电报电话咨询委员会）和 ISO（国际标准化组织）认识到有必要使网络体系结构标准化，并组织制定了 OSI（Open System Interconnection，开放系统互连）参考模型。OSI 参考模型共分 7 层，从低到高的顺序为物理层、数据链路层、网络层、传输层、会话层、表示层和应用层，如图 6-2-8 所示。

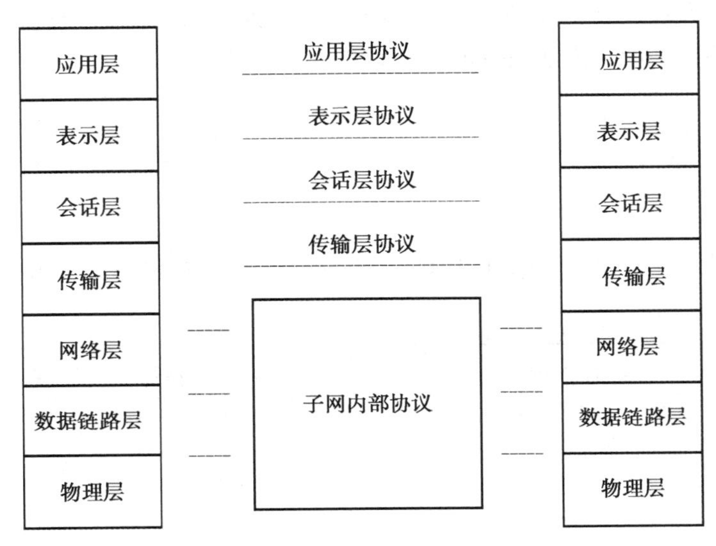

图 6-2-8 OSI 参考模型

OSI 参考模型各层的功能如下：

（1）物理层：主要处理与物体传输媒体有关的机械、电气和物理接口。

（2）数据链路层：主要功能是用于确保相邻节点之间链路上比特流能正确传送，其代表性的协议是高级数字链路控制协议（HDLC）。数据链路层可进一步分为媒体方问控制（MAC）和逻辑链路控制（LLC）两个子层。前者解决在广播型网络中多用户竞争信道使用权的问题。后者负责将有噪声的物理信道转变为无传输差错的通信信道，提供数据成帧、差错控制、流量控制和链路控制的功能。

（3）网络层：负责将分组消息由主叫端传送到被叫端。主要功能是寻址和选路，以及与之相关的流量控制和拥塞控制。

（4）传输层：其主要功能是提供进程间的通信机制，并根据用户需要提供端到端的差错控制和流量控制能力，保证分组消息能可靠和有序地传送。

（5）会话层：主要用于远程终端访问。通过会话管理、传输同步、活动管理等来提供诸如全双工/半双工/单工这样的会话方式，以及会话中断后的断点恢复等功能。

（6）表示层：主要完成信息转换的功能。通过在表示层定义统一的语法，消除主被叫双方由于数据结构表示方法不一致产生的问题。

（7）应用层：定义各种具体应用。

由图 6-2-8 可见，下三层协议是相邻节点之间执行的协议，解决分组的传送问题，称为低层协议。传输层及以上各层协议是端到端的协议，解决分组的处理问题，称为高层协议。主机到路由器及通信子网内部只含低层协议，高层协议则位于主机中。

OSI 参考模型提出的分层结构思想和设计原则已被一致认同，有关术语也被广泛采用，但是实际上并没有一个协议完全是按照 7 层结构去实现的，主要是由于其结构太过复杂。而因特网中所采用的 TCP/IP 协议栈借鉴了 OSI 参考模型的形式，结构却相对简化，而且内部细节也存在不同。

1. 学习评价

根据项目实施的内容，进行自我评估或学生互评，并根据实际情况在教师的引导下进行拓展。

观 察 点	☺	😐	☹
正确理解 IP、网关、DNS			
正确设置网络参数			
能检查网络是否接通			
会建立共享资源			
能搜索并使用网络资源			

2. 反思与探究

从学习结果和评价两个方面进行反思，分析存在的问题，寻求解决的方法。

存在的问题	解决的方法

项目 6.3　浏览网页

（1）了解万维网和统一资源定位器（URL）。

（2）使用 IE 浏览器浏览网页。

（3）了解超文本和超链接。

本项目要求能按要求在浏览器中输入相关网页的地址，并能熟练浏览相关网页的内容。

一、认识 WWW 服务

1. 万维网（WWW）

万维网（WWW）是一种建立在因特网上的全球性的、交互的、动态的、多平台的、分布式的超文本超媒体信息查询系统。WWW 网站中包含许多网页，又称 Web 页。网页是用超文本标记语言（HTML）编写，并在超文本传输协议支持下运行的。一个网站的第一个 Web 页称为主页，它主要体现此网站的特点和服务项目。每一个 Web 页都有一个唯一的地址（URL）与之对应。

2. 超链接

超链接包括超文本链接和超媒体链接。超文本以文本内容的形式显示在文本中。用户可以通过超链接跳转到其他相关的文本进行浏览。用户通过一张图片或动画链接到其他的文字、图片或动画等媒体上，称为超媒体链接。

3. 统一资源定位器（URL）

WWW 用统一资源定位器（URL）来描述 Web 页或设备的地址。Internet 上的每个网页都有一个唯一的 URL 地址。URL 地址格式如下：

协议：//IP 地址或域名/路径/文件名

其中：协议是服务方式或获取数据的方法；IP 地址或域名是指存放该资源的主机的 IP 地址或域名；路径和文件名是用路径的形式表示 Web 页在主机中的具体位置。

4. 浏览器

浏览器是用于浏览 WWW 的工具，安装在用户端的机器上，是一种客户软件。

它能够把用超文本标记语言描述的信息转换成便于理解的形式。此外，它还是用户与 WWW 之间的桥梁，把用户对信息的请求转换成网络计算机能够识别的命令。

1. IE 浏览器的使用

（1）启动 IE 浏览器（图 6-3-1）。

图 6-3-1 IE 浏览器

方法一：双击桌面上的 IE 浏览器快捷方式图标。（安装 IE 浏览器之后，会在桌面上建立 IE 浏览器的快捷方式）

方法二：单击“快速启动工具栏”中的 IE 浏览器图标。

方法三：使用“开始”菜单启动 IE 浏览器。

（2）在地址栏中输入 Web 页地址。

如在地址栏中输入 http：//www. sohu. com，按回车键就可以转到相应的网站或页面了（图 6-3-2）。

图 6-3-2 网站页面

（3）浏览页面。

【中断链接和刷新当前网页】

① 单击工具栏中的“停止”按钮，可以中止当前正在进行的操作，停止和网站服务器联系。

② 单击工具栏的“刷新”按钮，浏览器会和服务器重新取得联系，并显示当前

网页的内容。

【全屏浏览网页】

全屏幕显示可以隐藏所有的工具栏、桌面图标、滚动条和状态栏，以增大页面内容的显示区域 。

① 在“显示”菜单下选择“全屏”或单击工具栏上的“全屏”按钮（或按功能键【F11】），即可切换到全屏幕页面显示状态 。

② 再次单击工具栏上的“全屏”切换按钮（或按功能键【F11】），关闭全屏幕显示，切换到原来的浏览器窗口。

【打开多个浏览器窗口】

为了提高上网效率，用户可以打开多个浏览器窗口，同时浏览不同的网页，可以在等待一个网页的同时浏览其他网页，来回切换浏览器窗口，充分利用网络带宽。

① 选择“文件”菜单中的“新建”项，在弹出的子菜单中选择“窗口”，就会打开一个新的浏览器窗口 。

② 在超链接的文字上单击鼠标右键，在弹出的快捷菜单中选择“在新窗口中打开链接”，IE 就会打开一个新的浏览器窗口 。

（4） Web 页面的保存。

如果遇到自己喜欢的网页，可以通过下面的步骤将它保存起来。

① 打开要保存的页面。

② 单击“文件”菜单中的“另存为”命令，打开“保存网页”对话框（图 6-3-3）。

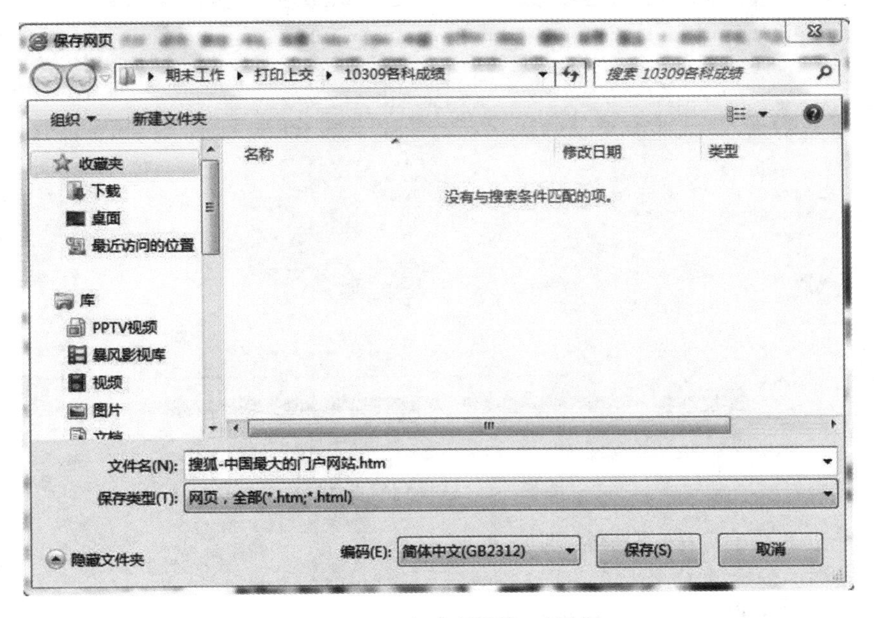

图 6-3-3　“保存网页”对话框

③ 选择要保存文件的盘符和文件夹（图 6-3-4）。

图 6-3-4　选择保存位置

④ 在“文件名”框中输入文件名。

⑤ 在“保存类型”框中，根据需要从“网页，全部”“Web 档案，单个文件”“网页，仅 HTML”“文本文件”四类中选择一种（图 6-3-5）。

图 6-3-5　选择保存类型

⑥ 单击“保存”按钮保存。

【关闭 IE 浏览器】

方法一：单击窗口右上角的“关闭”按钮。

方法二：单击窗口控制菜单中的“关闭”命令。

方法三：单击“文件”下拉菜单中的“关闭”命令。

方法四：直接按组合键【Alt】+【F4】。

2. 更改主页

（1）单击“工具”下拉列表中的“Internet 选项”命令，打开“Internet 选项”对话框（图 6-3-6）。

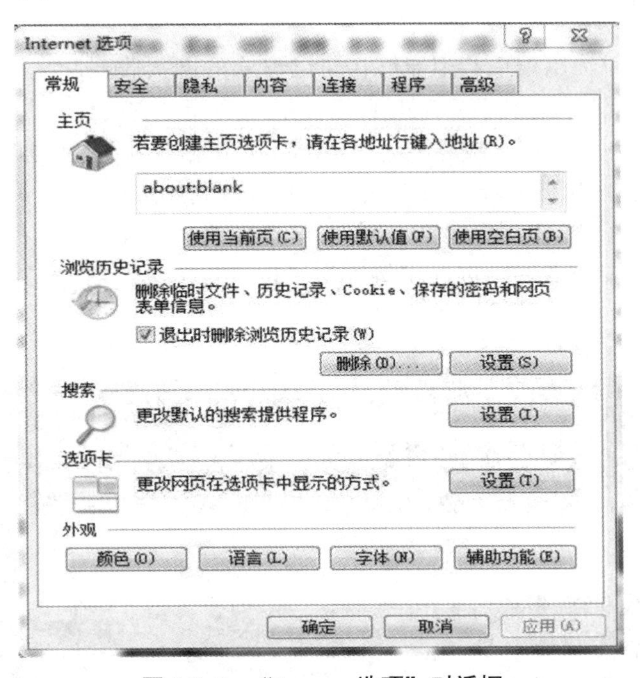

图 6-3-6　“Internet 选项”对话框

（2）单击“常规”选项卡，在主页的地址栏中输入自己喜欢的主页地址，或是打开主页后，单击“使用当前页”按钮（图 6-3-7）。

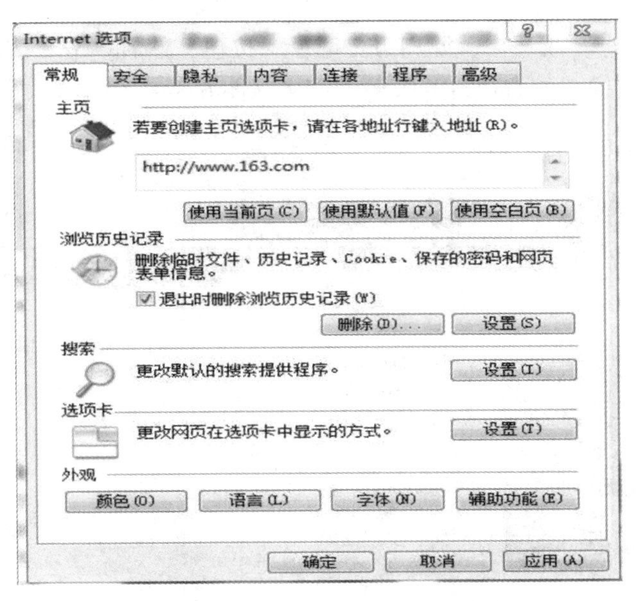

图 6-3-7　输入自己喜欢的主页地址

③ 单击“确定”按钮，关闭“Internet 选项”对话框，完成更改。

在浏览网站时，用户总希望能够将自己喜欢的网页收藏起来，以方便使用。IE 浏览器提供的收藏夹具有保存 Web 页面地址的功能。它的优点是：① 收入收藏夹的网页地址可由用户自己改成方便记忆的名字，当鼠标指针指向此名字时，页面会同时显示对应的 Web 页地址。单击该名字便可转到相应的 Web 页，省去了记忆地址的工作。② 收藏夹的使用方法与资源管理器类似，管理、操作都非常方便。

（1）打开需要收藏的网页（本例中为“搜狐”主页）（图 6-3-8）。

图 6-3-8　搜狐主页界面

（2）单击“查看收藏夹、源和历史记录”按钮，然后单击“固定收藏中心”按钮，在 IE 浏览器窗口的右边打开收藏夹窗格（图 6-3-9）。

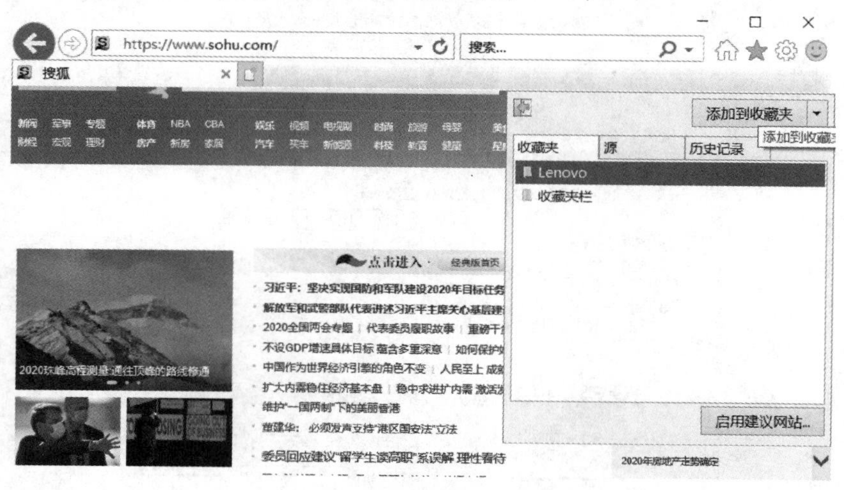

图 6-3-9　收藏夹窗格

（3）单击收藏夹窗格中的“添加到收藏夹”按钮，打开“添加收藏”对话框（图 6-3-10）。

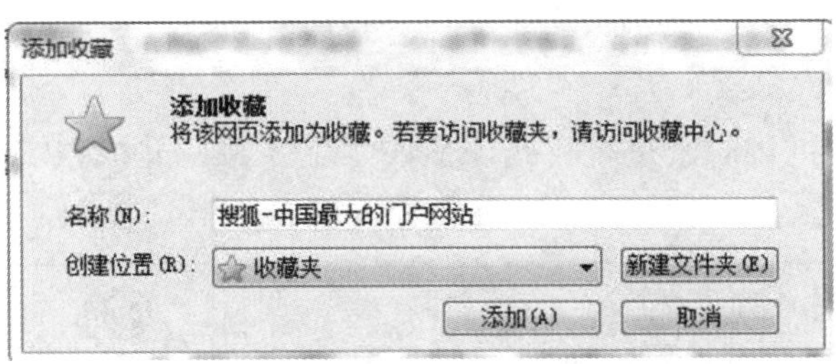

图 6-3-10　“添加收藏”对话框

（4）将鼠标移到网页名称上，单击鼠标右键，在弹出的快捷菜单中选择“重命名”命令（图 6-3-11）。

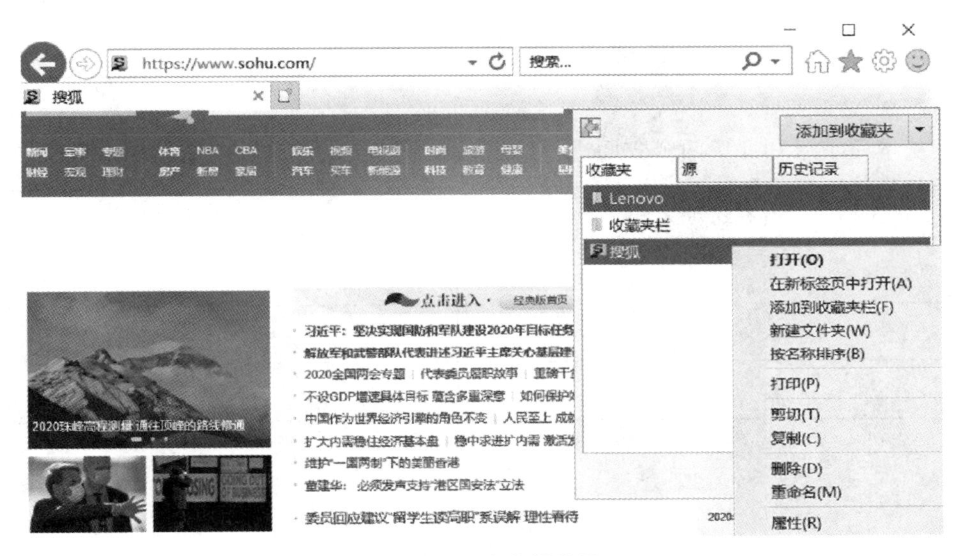

图 6-3-11　重命名操作界面

（5）进行改名操作（图 6-3-12）。

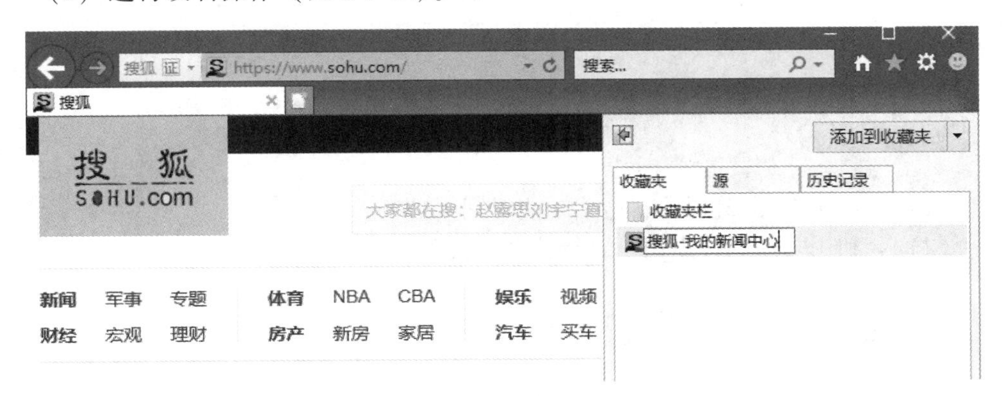

图 6-3-12　改名操作界面

1. 学习评价

根据项目实施的内容，进行自我评估或学生互评，并根据实际情况在教师的引导下进行拓展。

观察点	☺	😐	☹
会使用浏览器按地址打开网页			
能保存、下载网页上的内容及附件			
会简单设置 Internet 属性			
会完成简单的网页交互			

2. 反思与探究

从学习结果和评价两个方面进行反思，分析存在的问题，寻求解决的方法。

存在的问题	解决的方法

项目 6.4　搜索与筛选信息

（1）会使用 IE 浏览器的新检索功能对网页进行选择。

（2）会利用常用的搜索引擎进行信息的搜索。

利用关键词在搜索引擎中查找网页、信息等相关资源。

1. 信道

信道是传输信息的必经之路，它分为物理信道和逻辑信道。

2. 信号

信号是计算机数据的表现形式，它分为数字信号和模拟信号。

（1）数字信号是一种离散的脉冲序列。在计算机内部我们通常用一个脉冲表示一位二进制数。

（2）模拟信号是一种连续变化的信号，如声音就是一种典型的模拟信号。

1. 信息检索

（1）启动IE浏览器。

（2）在地址栏中输入搜索引擎地址。如输入“http：//www.baidu.com”，按回车键，打开搜索引擎。

（3）在搜索栏中输入关键字“计算机”。

（4）选择搜索类型为“图片”。

（5）保存浏览器中的当前页。

① 在“文件”菜单中单击“另存为”。

② 在弹出的“保存网页”对话框中，选择准备用于保存网页的文件夹。在“文件名”框中，输入该页的名称。

③ 在“保存类型”下拉列表中有多种保存类型，选择一种保存类型，单击“保存”按钮。

2. 加快浏览速度

（1）快速显示网页。

① 选择“工具”菜单中的“Internet 选项”，打开“Internet 选项”对话框。

② 选中“高级”选项卡，在“多媒体”区域，取消勾选“显示图片”“播放动画”“播放视频”“播放声音”等全部或部分多媒体选项复选框。这样，在下载和显示主页时，只显示文本内容，而不下载数据量很大的图像、声音、视频等文件，加快了显示速度。

（2）快速显示以前浏览过的网页。

① 选择“工具”菜单中的“Internet 选项”，打开“Internet 选项”对话框。

② 在“常规”选项卡的“临时文件”区域中，单击“设置”按钮，打开临时文件设置对话框。

③ 将滑块向右移，适当增大保存临时文件的空间。

1. 关键字

关键字源于英文“keywords”，特指单个媒体在制作使用索引时所用到的词汇。关键字，就是用户输入搜索框中的内容，也就是用户命令搜索引擎寻找的东西。关键字的内容可以是人名、网站、新闻、小说、软件、游戏、星座、工作、购物、论文等。

2. 检索设置功能的使用

（1）单击百度搜索页面右上方的“搜索设置”命令（图 6-4-1）。

图 6-4-1 “搜索设置”命令

（2）在搜索设置中，按自己的需要进行设置。其中包含搜索语言范围设置（本例中选择“仅简体中文”）、搜索框提示设置、搜索结果显示条数设置、输入法设置和搜索历史记录等设置（图 6-4-2）。

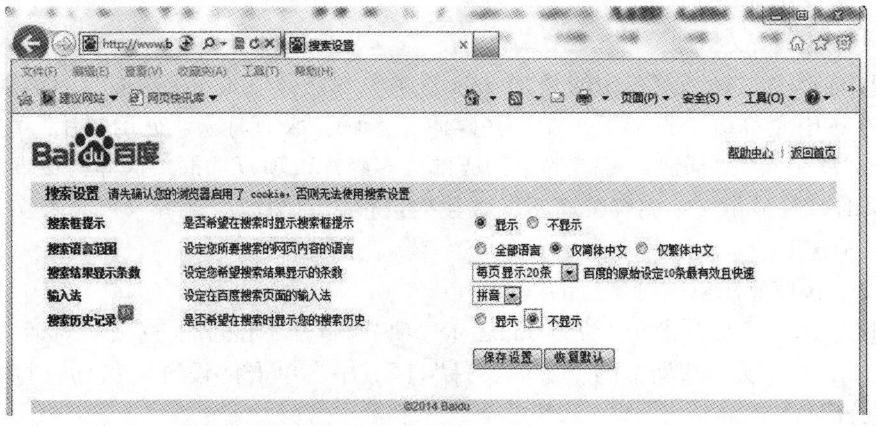

图 6-4-2 搜索设置选项

（3）在搜索框中输入需要搜索的内容，如“计算机网络基础知识”。

（4）单击“百度一下”按钮，完成检索（图 6-4-3）。

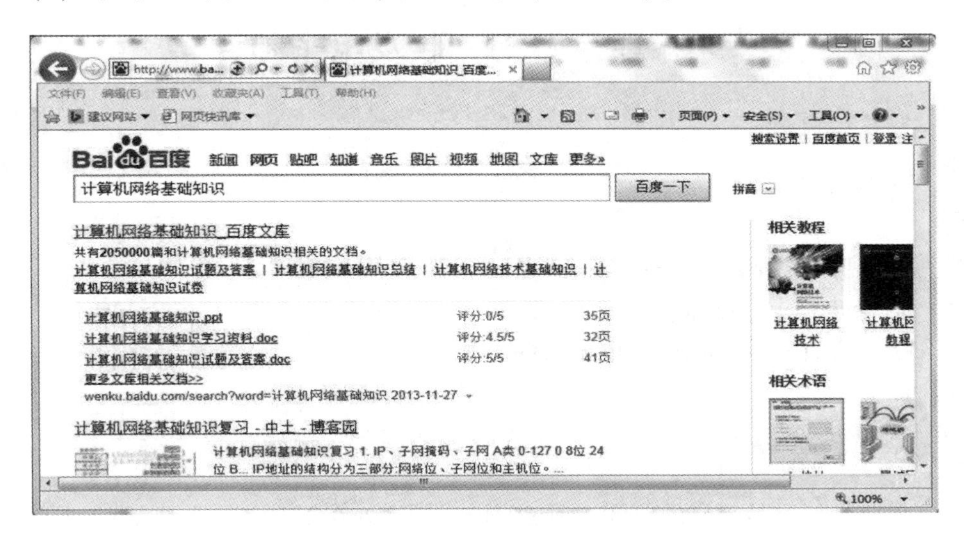

图 6-4-3　检索结果显示

1. 学习评价

根据项目实施的内容，进行自我评估或学生互评，并根据实际情况在教师的引导下进行拓展。

观　察　点	☺	😐	☹
会打开相关的搜索引擎			
会利用搜索引擎进行网页搜索			
会利用搜索引擎进行其他信息检索			
会使用高级检索功能			

2. 反思与探究

从学习结果和评价两个方面进行反思，分析存在的问题，寻求解决的方法。

存在的问题	解决的方法

项目 6.5　收发电子邮件

（1）了解电子邮件的作用和格式。

（2）会申请电子邮箱。

（3）会使用电子邮箱收发电子邮件。

电子邮件好比是邮局的信件，不过它的不同之处在于，它是通过 Internet 与其他用户进行联系的快速、简洁、高效、价廉的现代化通信手段。

1. 电子邮件

电子邮件（E-mail）是因特网上使用最广泛的一种服务。它类似普通邮件的传递方式，采用存储转发方式传递，根据电子邮件地址由网上多个主机合作实现存储转发。它从发信源节点出发，经过路径上若干个网络节点的存储和转发，最终使电子邮件传送到目的信箱。电子邮件通过网络传送，具有方便、快速、不受地域或时间限制、费用低廉等优点，深受广大用户欢迎。

2. 电子邮件地址

电子邮件地址的格式：

<用户标识>@<主机域名>

注意：地址中间不能有空格或逗号。

其中：@是“at”的符号，表示“在”的意思。

电子邮件地址由三部分组成：第一部分“用户标识”代表用户信箱的帐号，对于同一个邮件接收服务器来说，必须是唯一的；第二部分“@”是分隔符；第三部分“主机域名”是用户信箱的邮件接收服务器域名，用以标志其所在的位置，如 liu200@whpu.com、wanhai@whpu.com 等。

邮件传送时首先被送到收件人的邮件服务器，存放在属于收信人的 E-mail 信箱里。

3. 电子邮件的组成

电子邮件包括信头和信体两部分。

（1）信头。

信头包含以下信息：

① 收件人：收件人的 E-mail 地址。多个收件人地址之间一般用分号（;）或逗号（,）隔开。

② 抄送：表示同时可接到此信的其他人的 E-mail 地址。

③ 主题：它主要描述信件内容的主题，可以是一句话或一个词。

（2）信体。

信体包含正文内容和附件。

4. 电子邮件的功能

用来收发电子邮件的软件工具很多，在功能、界面等方面各有特点，但它们都有以下几个基本的功能：

① 传送邮件：将邮件传递到指定电子邮件地址。

② 浏览邮件：可以选择某一邮件，查看其内容。

③ 存储邮件：可将邮件存储在一般文件中。

④ 转发邮件：用户如果觉得邮件的内容可供其他人参考，可在邮件编辑结束后，根据有关提示转发给其他用户。

5. 电子邮件的特点

电子邮件指用电子手段传送信件、单据、资料等信息的通信方法。电子邮件综合了电话通信和邮政信件的特点，它传送信息的速度和电话一样快，又能像信件一样使收信者在接收端收到文字记录。电子邮件系统又称基于计算机的邮件报文系统。它参与了从邮件进入系统到邮件到达目的地的全部处理过程。电子邮件不仅可利用电话网络，而且可利用其他任何通信网传送。在利用电话网络时，还可在其非高峰期间传送信息，这对于商业邮件具有特殊价值。由中央计算机和小型计算机控制的面向有限用户的电子系统可以看作一种计算机会议系统。电子邮件采用储存—转发方式在网络上逐步传递信息，不像电话那样直接、及时，但费用低廉。

简单来说，电子邮件的特点有以下几种：

① 传播速度快。

② 非常便捷。

③ 成本低廉。

④ 广泛的交流对象。

⑤ 信息多样化。

⑥ 比较安全。

6. 电子邮件在 Internet 上发送和接收的原理

当用户发送电子邮件时，这封邮件是由邮件发送服务器（任何一个都可以）发出，并根据收信人的地址判断对方的邮件接收服务器而发送到该服务器上，收信人要收取邮件也只能访问这个服务器。

项目实施

1. 电子邮件的使用

（1）申请电子邮箱。

① 打开提供电子邮件服务的网站，如 www. 163. com（图 6-5-1）。

图 6-5-1　163 网站显示

② 进入网易免费邮箱（图 6-5-2）。

图 6-5-2　登录邮箱界面

③ 单击“注册”按钮。

填写注册信息，然后单击“立即注册”按钮（图 6-5-3）。

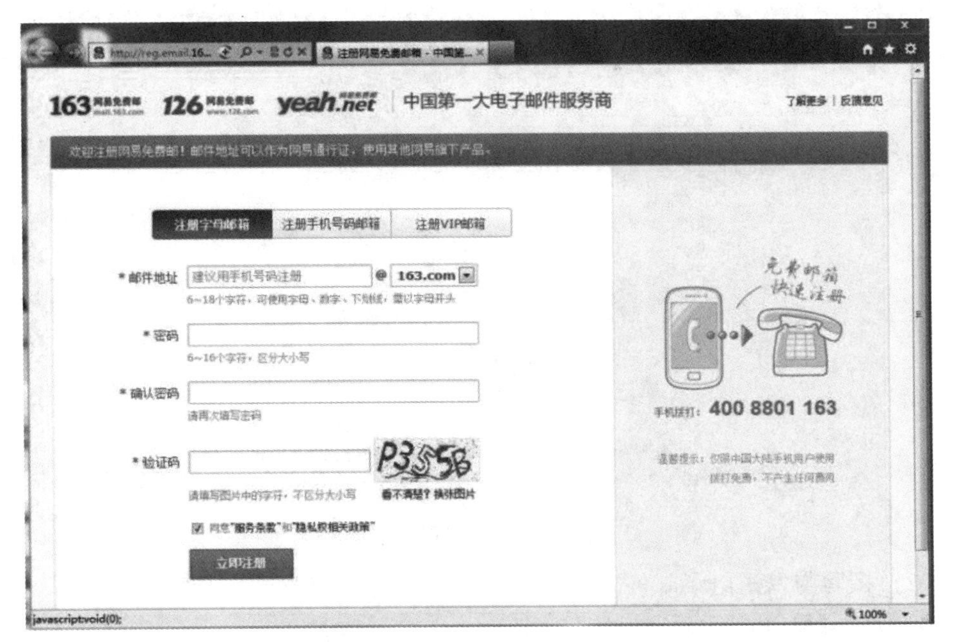

图 6-5-3　**填写用户名信息**

④ 填写各项信息（图 6-5-4、图 6-5-5），并同意服务条款，勾选“我接受，并注册帐号”。

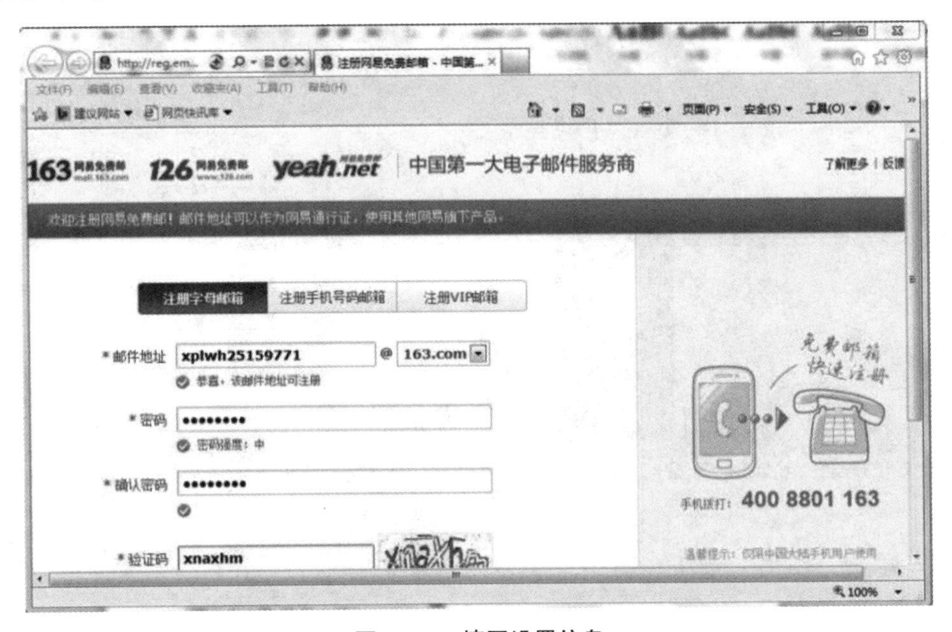

图 6-5-4　**填写设置信息**

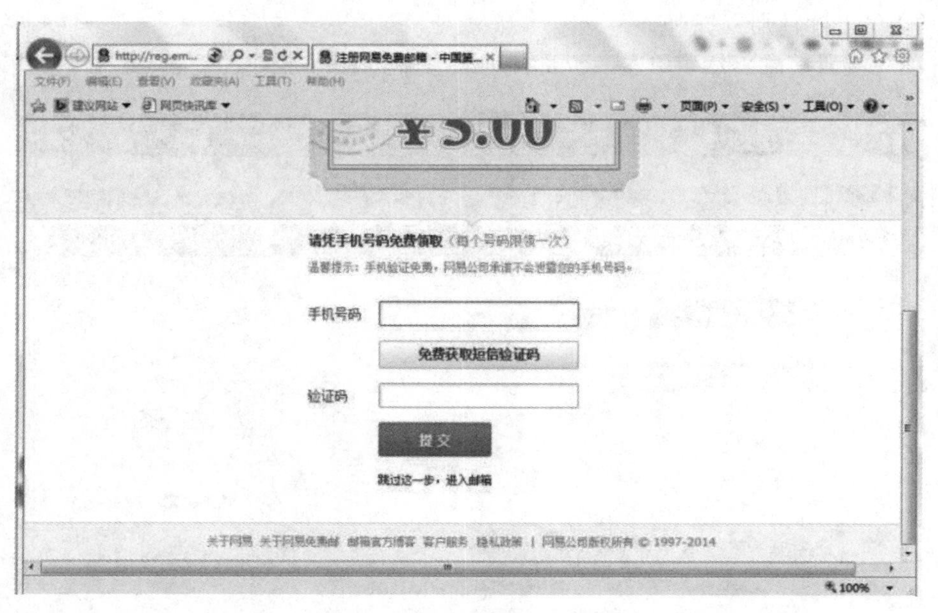

图 6-5-5　填写校验码信息

（2）撰写与发送电子邮件。

① 登录邮箱（图 6-5-6）。

图 6-5-6　邮箱登录界面

② 单击“写信”按钮（图 6-5-7）。

图 6-5-7　写信界面

③ 输入收件人地址，如“xupei_ 25159771@ 163. com”，填写主题（可不填），填写信件内容“我的第一封信，请查收!”，如图 6-5-8 所示。

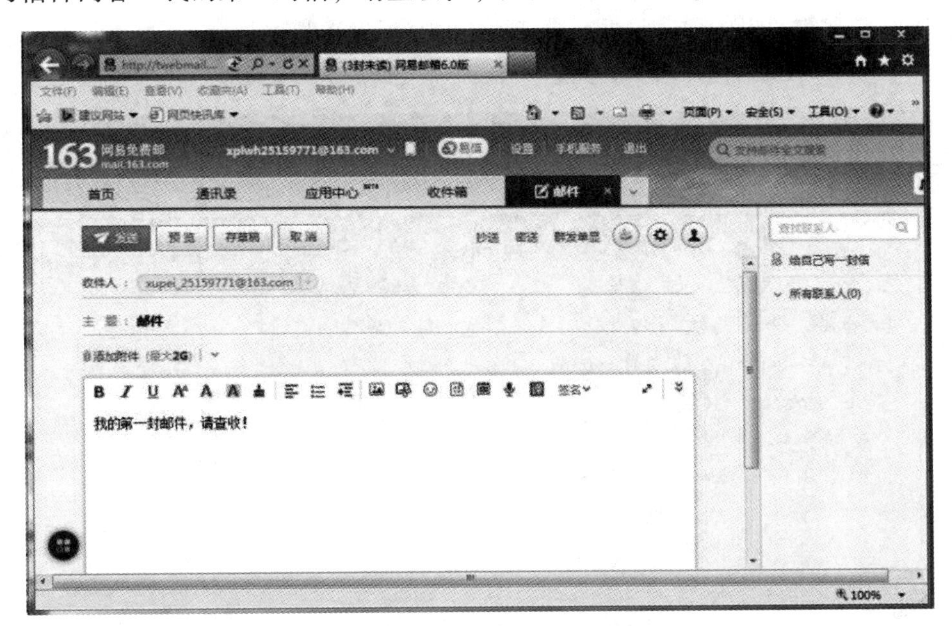

图 6-5-8　输入收件人地址等信息

④ 单击“发送”按钮，显示邮件发送成功（图 6-5-9）。

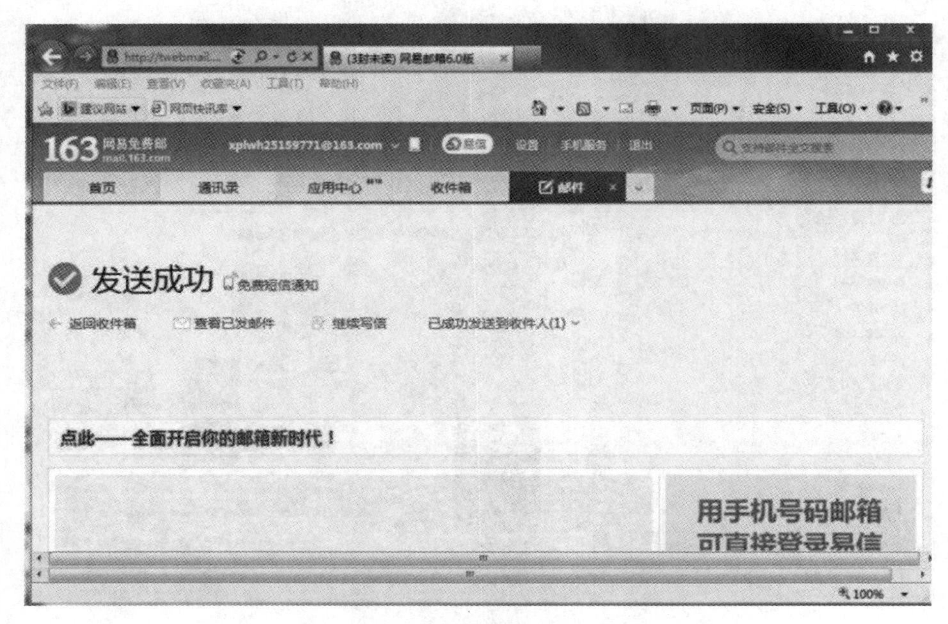

图 6-5-9　邮件发送成功

2. 附件的使用

写信的时候，经常会遇到一些需要与信件一起发送给对方的文件或图片等，可以利用电子邮箱的附件将这些内容进行添加，然后发送邮件。

（1）根据项目的操作过程，打开写信窗口（图 6-5-10）。

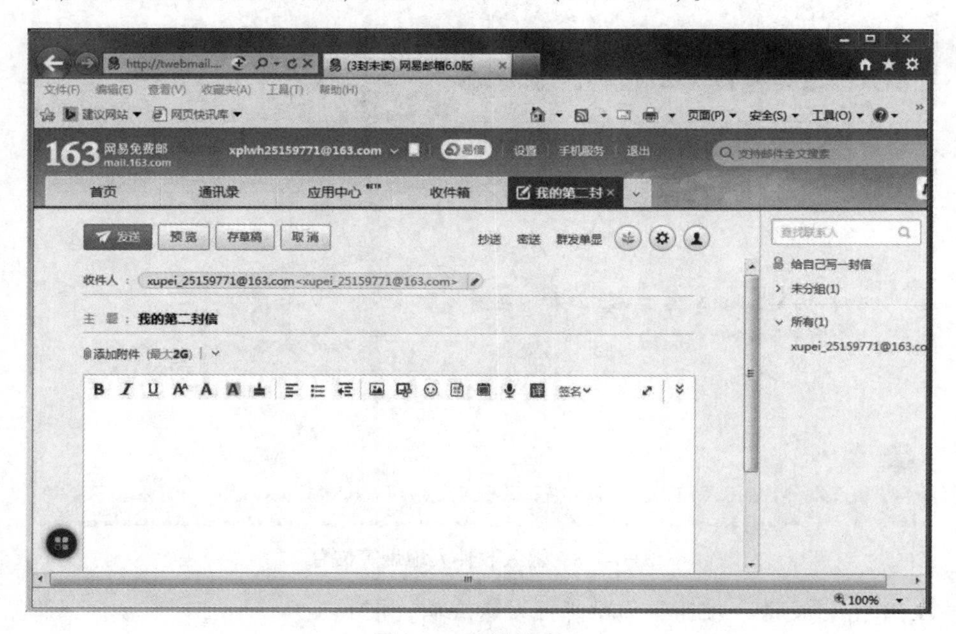

图 6-5-10　写信窗口

（2）在“主题”下面单击“添加附件”，打开选择对应文件的对话框（图 6-5-11）。

图 6-5-11　选择对应文件的对话框

（3）选择需要添加的文件，确定添加（图 6-5-12）。

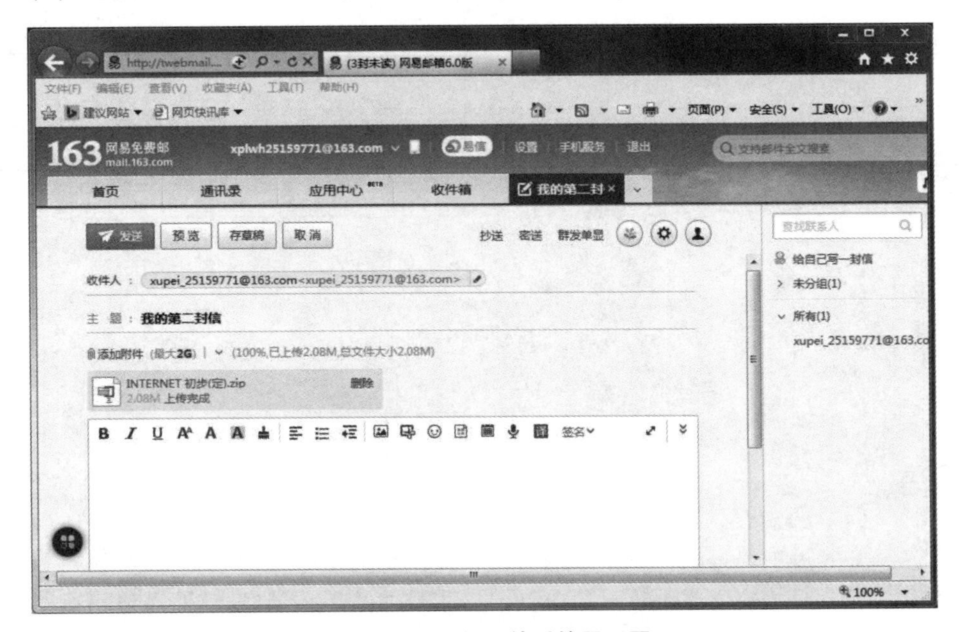

图 6-5-12　添加附件后的显示图

（4）单击“发送”按钮。

1. 学习评价

根据项目实施的内容，进行自我评估或学生互评，并根据实际情况在教师的引导下进行拓展。

观　察　点	☺	😐	☹
会申请电子邮箱			
会接收和发送电子邮件			
会发送和保存附件			

2. 反思与探究

从学习结果和评价两个方面进行反思，分析存在的问题，寻求解决的方法。

存在的问题	解决的方法

模块七 元宇宙初探

metaverse（元宇宙）这一单词在1992年的科幻小说《雪崩》中首次出现，"meta"表示超越，"verse"代表宇宙（universe），合起来意为"超越现实的虚拟宇宙"，描绘了一个构建在网络上、高度拟真的虚拟社区，是一个脱胎于现实世界，与现实世界相互平行、互相影响，并始终在线的虚拟世界。在那个虚拟空间里，人们能以数字化的形式相互交流和体验。

不过，元宇宙并不仅仅停留在科幻小说的层面。随着科技的飞速发展和互联网的普及，元宇宙逐渐从虚幻变成了现实。从最初的虚拟现实游戏，到现在社交媒体的兴起，再到数字货币和区块链技术的应用，元宇宙的构成元素越来越多、越来越丰富。2021年底，上海市正式将元宇宙纳入电子信息产业发展"十四五"规划。2022年初，工信部首次提出："培育一批进军元宇宙等新兴领域的创新型中小企业"。多地也纷纷出台相应政策，抓住"元宇宙"契机，推动科技创新，建设数字经济。

可以说，元宇宙已经成为一个充满无限可能的新世界。它不仅仅是一个游戏或者社交平台，更是一个可以让我们充分展现自己创造力和想象力的舞台。在未来，元宇宙将会以更加惊人的速度发展，为我们的生活带来更多的惊喜和变化。

现在，让我们一起来探索这个充满神奇的元宇宙吧！

项目7.1 认识元宇宙

项目目标

（1）能描述元宇宙的发展历史与现状。
（2）能说出元宇宙的基础架构与技术。
（3）认识元宇宙典型应用案例。

项目描述

本项目以认知元宇宙为切入点，主要引领学生通过元宇宙技术的典型应用案例来了解元宇宙的发展概况与未来方向。

一、元宇宙的发展历史

在 1992 年，美国知名科幻作家尼尔·斯蒂芬森发表了其科幻小说《雪崩》，在该书中他首次向读者介绍了元宇宙这一概念。斯蒂芬森描绘了一个与现实世界并行的虚拟空间，一个极具开放性和自由度的元宇宙，人们可以作为元宇宙的居民自由行动，理论上这些行动仅受限于个人的想象力。《雪崩》中独特的构想为元宇宙打下了一个基本的框架，激发了全球资本家和学者对于这一领域的无限幻想，也悄悄地酝酿着一场科技革新。元宇宙关系图如图 7-1-1 所示。

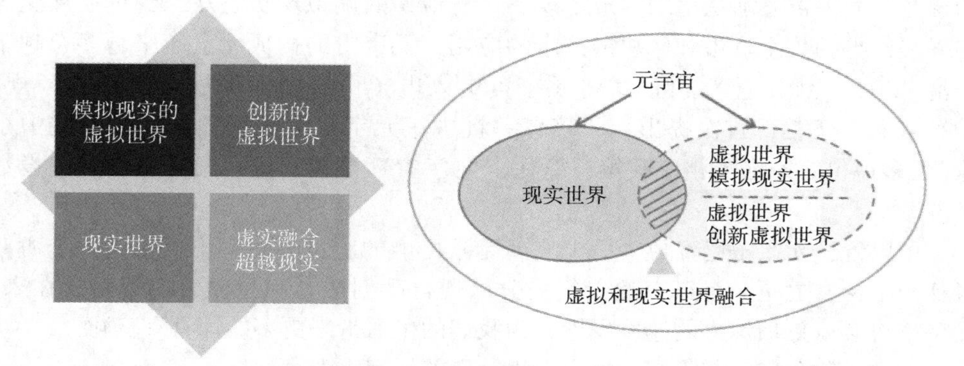

图 7-1-1　元宇宙关系图（来自德勤中国《元宇宙综观——愿景、技术和应对》）

元宇宙的核心特征之一是虚拟现实（VR），其概念的形成要早于元宇宙。从 20 世纪 50 年代出现的第一款虚拟现实设备开始，虚拟现实技术经历了 60 年代的初步探索，70 和 80 年代的技术与理论的沉淀，到 90 年代进入了应用转换的阶段。然而，那时的技术和硬件水平还不够成熟，尤其是显示技术、3D 渲染技术和网络计算等关键技术，导致相关设备在性能和体积上还未达到商业化的“可用”级别，与消费者的消费观念相去甚远。然而，经过二十多年的发展和积累，元宇宙的硬件入口设备已初步成形。

2012 年谷歌眼镜的发布和 2016 年 Oculus Rift 的推出使虚拟现实技术再次引起了公众的关注，并在 2016 年至 2018 年间推动了行业的发展，众多科技公司推出了各种形式的虚拟现实设备。新颖的产品概念激发了行业内对于虚拟现实设备可能成为继智能手机之后的下一代通用计算平台的想象。但是，由于核心技术，包括软硬件和网络技术的限制，这些终端设备未能完全满足用户的期望，面临体验不佳、性价比低、内容生态不丰富等问题，行业不得不再次进入一个更为理性的阶段。

数字化革命推动了元宇宙行业的持续进步。2019 年，5G 时代的到来，极大地改善了虚拟现实体验中的延迟问题，从而减轻了用户的眩晕感。同时，区块链、人工智能和数字孪生技术的进步，增强了行业的发展动力。2021 年，全球虚拟现实头戴显示设备（头显设备）销量突破千万，脸书（Facebook）易名为Meta，加之扎克伯格对元宇宙的强调，标志着元宇宙概念的复兴，全球科技巨头紧随其后，对元宇宙领域进行了战略部署，加强技术研发和产业支持，推进元宇宙生态的建设。2023年，苹果公司推出的混合现实设备Vision Pro，为元宇宙行业带来了新的动力，并在资本市场上恢复了人们对元宇宙未来发展的信心。元宇宙的发展，已从科幻文学和电影中的想象转变为实际的技术实践，它代表着人类在追求极致体验的道路上，技术进步达到临界点而诞生的数字化科技的结晶。

在区块链、Web 3.0等技术的孵化下，去中心化的元宇宙平台不断涌现，奠定了元宇宙架构的基础。凭借先进的渲染引擎和建模软件，3D建模和实时渲染技术的难度大幅降低，为元宇宙内容创作提供了强大支持，也为元宇宙生态的构建创造了有利条件。此外，随着国内外科技企业在虚拟设备性能提升和体积轻便化上的不断突破，元宇宙在消费市场的普及和应用正在成为可能。

二、行业发展现状

在元宇宙议题激荡数载之后，2022年，全球头显设备出货量稳定于千万级别，经过了需求峰值后缓缓回退，元宇宙入口的虚拟现实产业迈入了趋向理性的成长周期。

面对行业发展放缓的背景，国内外众多企业另辟蹊径，聚焦元宇宙内容领域，根据特定业务需求对景区、房地产、家装、娱乐及交通等核心场景进行数字化改造，构建了全面的商业模式和显著的市场竞争力。

目前，元宇宙的入口终端正在逐步变得多样化，形成了包括头戴显示设备、手机、电视等多种形态的终端，它们之间相互补充，共同构建了一个包括小屏（智能手机、智能手表）、中屏（平板、计算机）、大屏（大型智能电视和投影设备）以及虚拟屏（头显设备）在内的多屏互联互通的产品体系。

然而各终端生态建设虽各有特色，但共享资源未充分流通。头显设备以输出沉浸式优质内容为核心，虽触及了一定用户群体，但活跃用户总数已接近上限且未呈现出规模化趋势；手机设备则着重于开发即时互不干扰的应用，由于屏幕尺寸局限，沉浸效果有限，也未能吸引长线用户；电视设备在家庭情景下的应用较多偏向轻至中互动形态，当前面临的挑战是不同的操作系统版本相当繁杂，加之内容格式与交互标准尚未统一，因此难以实现广泛的扩展。具体情况见表7-1-1。

为了打破发展的瓶颈，应全面整合现有资源和技术优势，构建跨终端的流量转换机制，促进内容共生共荣，协同推动多终端体系的完善与互动，加快市场规模的扩张，最终为元宇宙行业实现规模化与高质量增长铺平道路。

虚拟现实技术作为元宇宙内容生态的一个重要桥梁，持续增长的内容规模为元宇宙的构建奠定了坚实的基础，确保了元宇宙内容产业的兴盛。

表 7-1-1 多屏体系与现状

类别	参数			
	小屏	中屏	大屏	虚拟屏
载体形式	智能手机 智能手表	平板 计算机	大屏智能电视 投影设备	头显设备
发展现状	沉浸度低 便携性高 用户量大 市场饱和	沉浸度中 用户量大 交互性强 技术瓶颈	沉浸度中 用户量大 交互性弱 黏性较弱	沉浸度高 续航不强 用户量少 生态性弱

丰富的内容是元宇宙持续发展的关键，高品质的内容则是其核心竞争力所在。元宇宙的数字化内容包含图像、视频、音频等多种形式，并通过模态间的融合实现内容创作，确保了逼真性和多感官互动体验。

目前，游戏和娱乐是元宇宙内容的主要应用领域，而跨行业融合也成为元宇宙发展的一个明显趋势。元宇宙内容的多样化应用前景包括城市规划、室内设计、工业模拟、文化遗产修复、建筑设计、房地产营销、旅游导览、教育训练、水利工程、地质灾害防护和职业培训等多个领域。

借助 VR 技术的助力，元宇宙为各行各业带来了更多的创新可能。互联网已从传统平面时代进入三维立体时代，商家、企业、景区、酒店、房产、博物馆、科技展厅等对外宣传和展示都需要升级，自媒体行业的发展也急需技术平台的支撑。

以蛙色 3DVR（图 7-1-2）为例，其产品包括可以进行物品 3D 建模的 3D 元宇宙编辑器、可用全景图片/全景视频/高清平面图混合创作 VR 全景展示的 720 漫游（VR 全景）互动编辑器、可以全天候线上运行的虚拟分身 AI 数字人、可以简易操作三分钟开启的商用全景直播等，已为数十万家商企提供服务。其注册用户已超过 15 万，付费用户数已超 1 万，全景图全景视频数量已超过 200 万，VR 智慧景区数量已超过 1 000 家，3D 元宇宙作品数量也在快速增加。AI 技术的飞速发展，在众多领域进一步推动了产业数字化转型和智能化升级。目前在国内，像蛙色这样的元宇宙内容提供商已经形成了较为成熟的商业模式。

图 7-1-2 蛙色 3DVR 产品与功能矩阵

三、元宇宙基础架构与技术

大家可能会觉得元宇宙这个概念很高深莫测，但实际上，它是建立在我们所熟悉的一系列现有信息技术基础之上的。想象一下，我们日常使用的互联网、移动通信、物联网、大数据、人工智能等，这些都是构建元宇宙的基石。正是这些技术的集成和融合，让我们能够在一个充满奇幻色彩的虚拟空间中自由漫步、互动和体验。

不过，元宇宙并不是简单地堆砌现有技术，它还在此基础上进行了大胆的创新和发展。通过独特的技术架构和运行机制，元宇宙为我们展现了一个前所未有的虚拟世界，让我们能够以前所未有的方式去感知、去交流、去创造。

所以，当我们谈论元宇宙时，我们其实是在谈论一个集成了现有技术并在此基础上不断创新和发展的全新领域。这是一个充满无限可能和机遇的世界，值得我们每个人去关注和探索。

1. 基础设施支持

元宇宙离不开一些强大的基础设施支持，就像高楼大厦离不开坚固的地基一样。

（1）高速网络。元宇宙里有着海量的数据传输和实时交互需求，而高速度、低延迟的网络才能提供更快、更稳定的连接，让元宇宙的运行更加流畅。

理想中，元宇宙的运行至少需要6G及以上的网络，因为相较于5G而言，6G理论上能实现近乎微秒的网络传输，真正能实现几乎零延时地在元宇宙中穿梭互动。高速网络为我们在元宇宙中的强交互提供了基础保障。

目前，中国已经在6G网络发展方面取得重大进展。2024年4月27日，中国移动研究院透露，预计在2029年完成6G标准的制定，2030年左右实现6G商用。作为赋能各行各业的基础设施，将催生多个万亿级规模产业。

（2）元宇宙的运行还需要有算力支持。云计算提供了超强的计算能力和存储空间，支持元宇宙中大量的数据处理和应用运行。元宇宙里的各种炫酷场景和复杂应用，都离不开云计算的默默付出。

近20年来中国算力应用逐渐丰富，算力中心建设步伐进一步加快。从侧重于科研应用和仿真、油气、气象等重点领域应用的超算中心，发展至动漫渲染、生命科学、航天航空、无人驾驶、金融经济、智慧城市等更加多元化、智能化的应用领域，业务应用逐渐丰富，传统IT服务企业加速切入云计算领域，产业进入高速增长阶段，全国云计算市场开始逐步走向繁荣。

例如，四川成都绕城高速全长85千米，是四川省内拥堵率最高、通行车辆最多、高速管理问题最复杂的高速路段。四川高速公路建设开发集团有限公司与阿里云合作开展智慧高速项目，以成都绕城高速为试点。阿里云通过高德路况数据与全量视频数据的融合，实现每2分钟更新一次交通路况，实时感知与查看交通态势，监控人员可直接收到异常路况报警，打破了传统人眼轮询查看视频模式。基于此，四川高速公路建设开发集团有限公司与阿里云合作创新开发了“一键通知”能协调多方快速响应，提升事故处理效率，让四川“最堵高速”年平均拥堵率降低15%，有效提升了闭环运行效率，让民众出行体验更美好。

（3）物联网。随着全球智能化的发展，物联网伴随着万物互联、万物感知的智能社会一起发展，在元宇宙中承担着现实物体向数字世界广泛映射的重要作用。

目前在国内，中国移动、联通、电信这三大运营商，华为、阿里、百度、腾讯等多家企业均拥有自己的泛全国物联网平台。中小型企业也根据自己的专业领域范围自建或采购了小微型物联网。随着智能家居的普及，个体家庭中物联网也开始逐步入户。这些都为元宇宙未来的发展提供了有效的硬件支持。

但在现实中，受传输层、平台层、应用层等方面的限制，不同设备无法在同一体系下共存，于是这些体量或大或小的物联网设备构成了一个个“孤岛式”的生态环境，哪怕进入元宇宙系统也将是一个个割裂的“星球”，数据与价值无法流通，对整个体系而言是一个灾难。

因此，一个普适、稳定的物联网平台，能用通用接口整合碎片化的软硬件信息，对于元宇宙的运作是至关重要的。

高速网络、云计算和物联网，这三者共同构成了元宇宙的强大基础设施，让元宇宙的梦想照进现实。

2. 技术支持

元宇宙是一个融合了诸如人工智能（AI）、虚拟现实和增强现实（AR）、区块链、边缘计算等多种高新技术的数字世界。

人工智能是计算机科学的一个分支，是研究、开发用于模拟、延伸和扩展人的智能的理论、方法、技术及应用系统的一门新的技术科学，包括机器人、语言识别、图像识别、自然语言处理和专家系统等，可以帮助我们更好地理解用户的行为和需求，从而为他们推荐更合适的内容，提供更智能的服务。

虚拟现实技术可以带给我们沉浸式的体验，让我们仿佛置身于一个真实的三维世界中。增强现实技术则可以将虚拟信息与现实世界相融合，为我们带来更加丰富多彩的交互方式和信息展示方式。总之，元宇宙是一个充满无限可能和挑战的新领域，值得我们深入了解和探索。

区块链技术通过去中心化、安全可信的数据存储和传输方案，为元宇宙提供了强大的技术保障，保护了用户的隐私和数据安全。同时，数字货币在元宇宙中发挥着重要的作用，让用户能够方便地进行交易和结算，购买虚拟商品、支付服务费用等场景变得轻松愉快。此外，NFT（Non-Fungible Token）作为一种基于区块链技术的数字资产，能够用于表示元宇宙中的独特物品和权益，为元宇宙的经济体系提供了强有力的支持。这些技术的应用，让元宇宙的世界更加真实、丰富和有趣。

边缘计算则是对物联网的重要赋能，就像是把部分计算任务放到了网络边缘，在提升物联网智能化的同时，促使物联网在各个垂直行业落地生根。这样一来，数据传输的延迟就减少了，元宇宙的实时性和交互性也就得到了提升。

例如，在智慧城市中，一般可分为家庭、小区、社区和城市4个层级。每个层级都有对应的应用和服务，比如家庭有智能家居、智能安防和家庭娱乐系统等，小区有物业服务、门禁和视频监控、车辆人员管理等，社区有社区商场、社区医疗和社区政务等，城市有交通、物流、医疗、金融和市政服务等。边缘计算可以为这四个层级提供不同层次的管理和服务功能，协同处理数据，减轻大数据中心的压力，避免资源浪费。

四、元宇宙典型应用案例

常见的元宇宙典型应用案例包括：

（1）游戏娱乐：通过 VR 技术，玩家可以身临其境地进入元宇宙中的虚拟游戏世界，享受更加真实、更加丰富的游戏体验。例如 2018 年上映的科幻电影《头号玩家》，导演为我们展示了一个类元宇宙的虚拟世界，人类可以在其中开展第二人生。想象一下，你戴上 VR 眼镜，就可以进入这样的全新世界，与游戏中的角色互动，体验各种刺激和冒险，是不是非常酷呢？同时，游戏不再是单人或小团队的独立体验，而是一个可以容纳成百上千甚至更多玩家共同参与的大型社交活动。你可以与来自世界各地的玩家一起组队、交流、竞技，共同创造属于你们的游戏世界。这种社交化的游戏体验，不仅让我们在游戏中找到更多的乐趣，还可以拓展我们的人脉和社交圈。

（2）社交升级：社交活动不再局限于现实的咖啡馆、音乐会等场所，而是可以随时随地进行，只要你愿意，你可以在虚拟咖啡馆里与朋友们聊天，也可以在虚拟音乐会中一起享受音乐。你可以和朋友在元宇宙中面对面交流，就像在现实生活中一样，甚至可以通过肢体动作、表情等方式来增强互动的真实感。此外，元宇宙还能记录和分析你的社交数据，以直观、可视化的方式展示你的社交关系、兴趣偏好等。这意味着你可以更清楚地了解自己的社交生活，更好地管理自己的社交圈。

（3）虚拟文旅：通过元宇宙平台，用户可以在家中体验到身临其境的虚拟旅游，如通过 VR 技术实现故宫、长城等文化遗产的虚拟参观，无须奔波劳碌，轻松享受旅行的乐趣。艺术机构和博物馆也可以将珍贵的艺术品和历史文物呈现在元宇宙中，让更多人有机会近距离欣赏。

（4）线上教育：元宇宙为远程教育提供了新的可能性，学生可以通过虚拟现实设备参与到沉浸式的教学环境中，实现跨地域的实时互动学习，在虚拟的课堂环境中进行远程协作和讨论。浙江大学采用新技术赋能智慧教育，高科技打造智慧校园，自 2017 年 5 月以来深度开展和阿里巴巴的战略合作，打造教育行业数字“新基建”。通过浙大云建设，实践高校教育科研新模式，147 个科研项目上云，服务全球 7 万师生，12 690 多门课程在线上课，支撑浙江大学全面线上教学。

通过元宇宙的虚拟教室和实验室，借助 AR/VR 等尖端技术，学生还能在元宇宙中亲身体验各种历史事件、科学实验等，这种沉浸式的学习体验将大幅增强学习的趣味性和实践性。元宇宙还能根据每个学生的学习进度和兴趣偏好，为他们量身打造个性化的学习路径和资源推荐，实现真正的因材施教。一个全新的教育培训时代正在开启，这就是元宇宙的魅力所在，让我们拭目以待吧！

（5）远程医疗：在元宇宙中，医生可以通过 VR 设备对患者进行远程诊断和治疗，患者也可以在家中接受医生的远程监控和指导，提高医疗服务的便捷性和效率。同时，在保证环境条件情况下，也可以开展远程手术。

2024 年 6 月 23 日，西安交通大学第二附属医院泌尿外科成功完成了国内首例一机多控 5G 远程猪肾部分切除动物实验。这意味着一个控制台可以同时控制多个手术机器人，提高了医疗资源的利用效率。医生远距离操纵手术机器人对远在异地的患者实施精准外科手术的同时，还可以让异地专家与手术团队进行远程指导，实现实时互动与数据获取，使得医生可以在有 5G 网络覆盖的地方进行手术，将来可以为患者提供更多的就医选择。

（6）虚拟办公：元宇宙提供了一个全新的远程办公模式，员工可以通过虚拟现实设备参与到虚拟的办公室环境中，实现与同事的实时互动和协作，提高工作效率。

（7）数字孪生：通过数字孪生技术，元宇宙可以实现对现实世界的模拟和预测，如在工业生产中，我们可以构建虚拟工厂，进行生产流程的仿真与优化，提高生产效率和安全性，推动智能制造和工业 4.0 的升级转型。

（8）资产交易：在元宇宙中的虚拟资产，比如角色、装备等，都可以真实地进行买卖交易，形成了一个新的虚拟经济体系。这意味着，你在第二世界中辛苦获得的各种物品，不仅可以用来提升自己的元宇宙体验，还可以转化为现实世界中的价值。当然，这也需要我们具备一定的虚拟经济意识和风险管理能力。

这些案例展示了元宇宙在各个领域的应用潜力，随着技术的不断发展，元宇宙的应用场景将会更加丰富和多样化。我们应该积极拥抱元宇宙，把握其带来的机遇，推动数字经济的繁荣和发展。

操作题

（1）访问阿里云网站，观摩元宇宙相关实践案例。

（2）访问蛙色 3DVR 网站，进行素材观摩与学习。

（3）访问浙江大学网站，对“网上浙大”进行观摩与学习。

（4）利用课后时间观看元宇宙相关科幻电影或者小说。

1. 学习评价

根据任务实施内容，进行自我评估或学生互评，根据实际情况在教师引导下拓展。

观　察　点	☺	😐	☹
能描述元宇宙的发展历史与现状			
能说出元宇宙的基础架构			
能说出元宇宙的基础技术			
能认识元宇宙典型应用案例			

2. 反思与探究

从学习结果和评价两个方面进行反思，分析存在的问题，寻求解决的方法。

存在的问题	解决的方法

3. 修正与完善

根据反思与探究中寻求到的解决问题的方法，进一步修正和完善对元宇宙的认知。

项目 7.2　AI 助力日常办公

（1）能说出国内外若干种 AI 助手软件产品。
（2）能说出 AI 在日常办公中的几种典型应用案例。
（3）能根据指定办公任务要求分析出适合的 AI 协作方法。
（4）能使用 AI 工具完成若干种指定办公任务。

本项目以认知日常办公中涉及的 AI 技术为切入点，主要引领学生通过 AI 技术的几种办公典型应用案例加深对元宇宙的认知，用 AI 解决日常生活中遇到的实际办公问题，增强信息素养，坚定学习信心。

前面我们说到 AI 技术在日常办公中的应用正日益增多，它正在通过各种方式助力提升工作效率和生产力。以下是一些 AI 助力日常办公的典型应用案例。

（1）智能助理与语音识别：AI 驱动的智能助理如苹果公司出品的 Siri、微软公司出品的 Cortana、百度出品的小度、小米出品的小爱同学等产品，可以设定提醒、日程安排、发送消息等；而语音识别技术则使得手写笔记和会议记录变得更加便捷，如科大讯飞的讯飞录音笔、翻译笔等，能极大减少文字记录的工作量。

（2）自然语言处理（Natural Language Processing，简称 NLP）：NLP 是计算机科学领域与人工智能领域中的一个重要方向。它研究能实现人与计算机之间用自然语言进行有效沟通的各种理论和方法，主要应用于机器翻译、舆情监测、自动摘要、观点提取、文本分类、问题回答、文本语义对比、语音识别、中文 OCR（Optical Character Recognition）等方面。NLP 技术能够理解人类语言，并用于自动生成报告、总结会议内容、翻译文档等，极大地减轻了人工写作和编辑的工作负担。常见的国内 NLP 产品有：百度出品的文心一言、科大讯飞出品的讯飞星火、阿里巴巴出品的通义千问、腾讯出品的混元助手、月之暗面出品的 KIMI 等。

（3）智能搜索与信息管理：AI 可以快速准确地从大量文档中检索信息，提供个性化的搜索结果，帮助用户快速找到所需信息。

（4）机器学习与数据分析：AI 可以自动分析大量数据，提供业务洞察，帮助做出更好的决策，如销售和市场分析、客户服务优化和风险管理等。例如，厦门蝉大师公司深耕营销领域的大数据与 AI 智能赋能，帮助品牌在内容电商时代实现内容营销与电商的数智化经营，驱动品牌新增长。

（5）自动化工作流程：通过 AI 自动化工具，可以自动化完成日常重复性任务，如数据录入、审批流程和自动回复等，提高工作效率，减少人为错误。

（6）虚拟助手和聊天机器人：用于自动回复客户的常见问题，提供 24×7 的客户服务，以及在必要时将复杂问题转交给人类客服。现今各大电商平台如京东、淘宝、拼多多等均已经采用此类产品。

（7）预测性维护：在资产管理中，AI 可以分析设备数据，预测可能出现的故障，从而提前进行维护，减少停机时间。

（8）项目管理工具：AI 可以帮助项目管理者监控项目进度，预测项目结果，及时识别潜在风险。

（9）个性化学习与培训：AI 可以根据员工的学习进度和能力，提供个性化的培训计划，帮助员工提高技能。

（10）写作与编辑辅助：AI 工具能够帮助改进文本的语法、拼写和风格，甚至生成创意内容，如广告文案和文章草稿。2024 年 5 月，KIMI 访问量超过 2 000 万，国产 AI 访问总量较 4 月份整体翻了一番。

随着技术的不断进步，AI 在办公自动化和智能化方面的应用将会更加广泛和深入，为提高工作效率和生产力提供更多的可能性。

任务一：撰写一篇介绍您的家乡特色美食的文章

【任务要求分析】

文字材料撰写，可以选用 AI 写作与编辑辅助工具进行提纲架构或者直接扩写。

【登录注册网站】

打开任意带有 AI 写作功能的网站，此处选择百度旗下的“文心一言”，单击上方“立即登录”按钮完成登录后，如图 7-2-1 所示，此时可以提问。

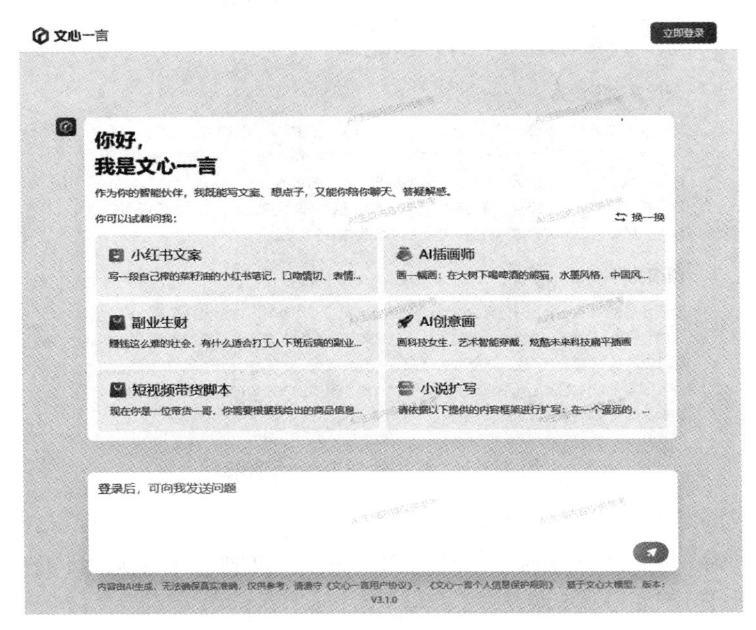

图 7-2-1　“文心一言”访问界面

【输入目标问题】

登录后，在下方文本框中输入任务要求文本，根据提议略作调整为“撰写一篇介绍溧阳特色美食的文章”，单击右下角图标生成内容，如图 7-2-2 所示。

图 7-2-2　内容输入文本框

【内容生成】

AI 会自动在后台搜索相关信息源进行生成内容。用户可以在内容生成对话框最下方看到所参考的信息源信息。

溧阳特色美食：味蕾的盛宴

溧阳，这座位于江苏省常州市的县级市，不仅以其优美的自然风光和丰富的历史文化而闻名，更以其独特的美食文化吸引着无数食客。溧阳的美食融合了地方特色与传统工艺，每一道菜都承载着深厚的文化底蕴和独特的口感体验。以下，就让我们一起走进溧阳的美食世界，品味那些令人回味无穷的佳肴。

天目湖砂锅鱼头

提到溧阳的美食，不得不提的就是天目湖砂锅鱼头。这道菜以天目湖中的野生大灰鲢鱼头为主料，经过30多道工序精心烹制而成。鱼头肉质鲜嫩，汤色乳白如汁，清纯如雪，鲜而不腥，肥而不腻。选用天目湖的湖水进行煨煮，辅以葱、姜、料酒、香醋等调味料，使得这道菜清香四溢，成为溧阳乃至江苏地区的一道经典名菜。砂锅鱼头不仅口感鲜美，还蕴含了丰富的营养价值，是冬日里暖身滋补的佳品。

溧阳扎肝

溧阳扎肝是溧阳三宝之一，以其独特的制作工艺和口感而著称。这道菜选用猪小肠、五花肉、猪肝以及笋干等食材，通过捆扎、红烧等工序烹制而成。扎肝浓油赤酱，口感垂涎欲滴，五花肉肥而不腻，猪肝酱香浓郁，小肠鲜嫩可口，三种食材的风味完美融合，令人回味无穷。溧阳扎肝不仅是溧阳人的家常菜，更是逢年过节和办喜事时必备的一道硬菜，具有浓厚的溧阳地方特色。

图 7-2-3　内容生成对话框顶部

如对生成的结果不满意，则可以单击左下方“重新生成”进行重新调用和内容生成；如果满意，则可以单击右下方图标行中间“复制”图标进行内容复制，再到 WPS 等软件中去进行进一步调整。

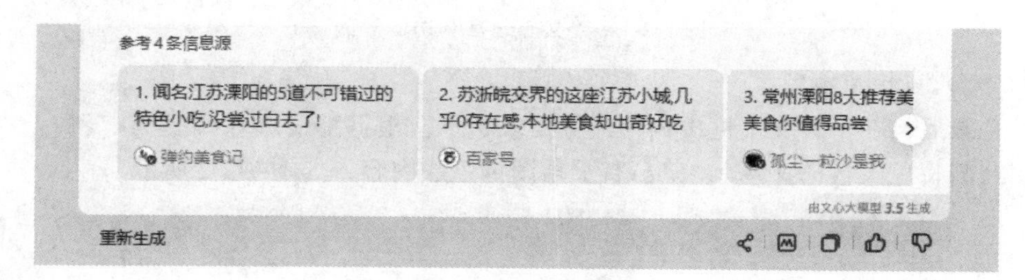

图 7-2-4　内容生成对话框底部

【结语】

目前，文心一言中的文心大模型 3.5 版已经可以满足一般日常办公使用，但是如果有更专业的相关要求，如撰写论文、调研报告等，则可以选择版本更高的文心大模型 4.0 进行付费使用。

其他 AI 辅助软件的文字生成界面与文心一言基本相似。

任务二：制作一份关于学生时代友情的主题班会 PPT，写一段现代诗，并以此为歌词生成一首歌

【要求分析】

（1）制作 PPT，主题与学生时代友情相关，可选用 AI 写作与编辑辅助工具生成提纲。

（2）生成现代诗，同样选用 AI 写作与编辑辅助工具生成。

（3）生成歌曲，可以选用自然语言处理类中的音乐生成工具生成。

【登录注册网站】

打开“百度文库”并登录，在右侧侧边栏中选择智能助手的“AI 辅助生成 PPT”功能，如图 7-2-5 所示。

图 7-2-5　百度文库智能助手界面

【生成 PPT】

(1) 选择“输入主题直接生成 PPT”单选按钮，在下方文本框中输入“关于学生时代友情的主题班会”（图 7-2-6）。

(2) AI 会智能生成大纲，如不满意，可单击下方“编辑”按钮自行修改。

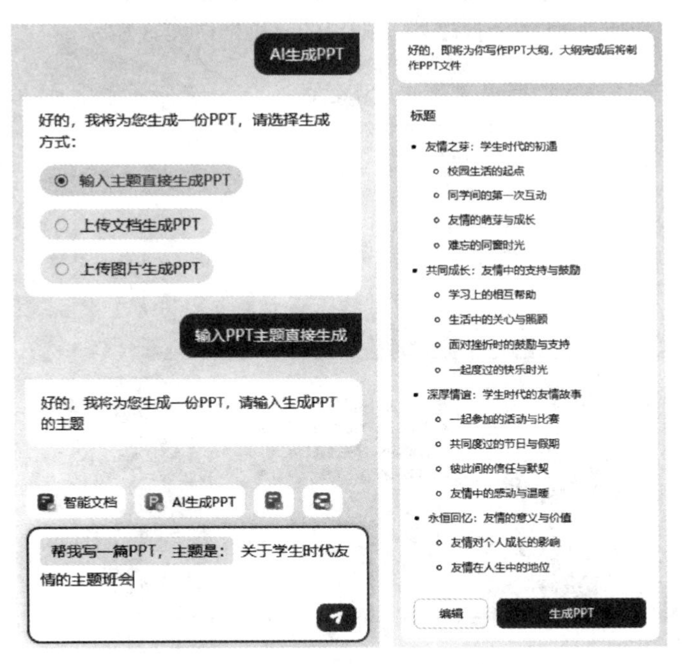

图 7-2-6　根据提示生成 PPT 大纲

（3）大纲修改完成后，单击“生成 PPT”按钮进入模板选择界面，如图 7-2-7 所示。

图 7-2-7　模板选择界面

（4）选择适合主题的模板之后，网页就会自动进入 PPT 的生成序列，调用后台进行制作，依据大纲生成一份自带图文的 PPT，如图 7-2-8 所示。

图 7-2-8　PPT 自动生成

（5）可以和之前我们学习 WPS 演示时一样，直接选择页面对其中的排版、图片、文字等内容进行简单调整，然后选择最上方“下载 PPT”进行存档。如对网页版中的修改不适应，也可先行下载后，用 WPS Office 打开进行修改。

【撰写现代诗】

（1）如前面我们所学习过的，文心一言可以完成此项内容，同样的，其他的 AI 写作软件也可以完成此项工作。

（2）在文本框中输入提示“写一首关于学生时代友情的现代诗”，如不满意可以多次重新生成，也可以继续提问，突出某个关键词。

（3）如图 7-2-9 所示分别是来自文心一言、KIMI 和讯飞星火的现代诗，你更喜欢哪一首呢？

图 7-2-9　自动生成的现代诗

复制对应诗歌，存入文档中备用。

【生成歌曲】

在这里我们可以选用 Suno 来进行音乐的生成，当然选择不是唯一的。登录 Suno 网页，选择“创作中心”，在“灵感模式”下填入刚才选择的现代诗作为歌词，也可以选择“常规模式”或者“自定义模式”进行细致调整，如选择男声/女声、音乐流派、音乐风格、乐器等，如图 7-2-10 所示。

图 7-2-10　将现代诗以歌词填入

（1）单击“创作”按钮生成音乐后，可以播放进行试听。如不满意，则可以重新生成。

（2）导出音乐，插入 PPT 首页，一份饱含校园友情的主题班会 PPT 就制作完成啦！

【结语】

对于日常办公中涉及使用的非专业学科的文字、图片、音乐和 PPT 等常用元素，AI 辅助软件生成的产品虽然与行业专家或专业设计师相比，肯定还存在着一定的差距，但是在强大算力的支持和深度学习下，对于普通办公族来说基本已经能做到“够用”。

如何在纷繁复杂的众多产品中选择适合自己的产品，完成个人的工作或喜好，还需要不断地去了解、尝试和应用。

项目拓展

WPS Office 作为中国目前主流的办公软件，最近也推出了“WPS AI”（图 7-2-11），让我们一起来了解下日常办公中它能协助我们做哪些事情。

图 7-2-11　WPS AI 工作界面

WPS AI 致力于在以下三个层面提升用户的工作效率：

（1）AIGC 内容创作，实现内容生成润色及快速创作。

（2）Copilot 智慧助手，实现自然语言指令、自然语言写公式。

（3）Insight 知识洞察，文档问答、提炼重点，实现知识再利用。

也就是说，任务一、任务二中的大部分内容，都可以在最新的 WPS AI 中直接生成。

此外，同学们在 WPS 表格的学习中遇到的记忆函数和调用公式这两个“拦路虎”，AI 数据助手（图 7-2-12）也能轻松解决。只需要提出你的公式要求或者条件格式要求，它就能帮助你将自然语言要求转化为函数或条件嵌入单元格，从而完成命令。

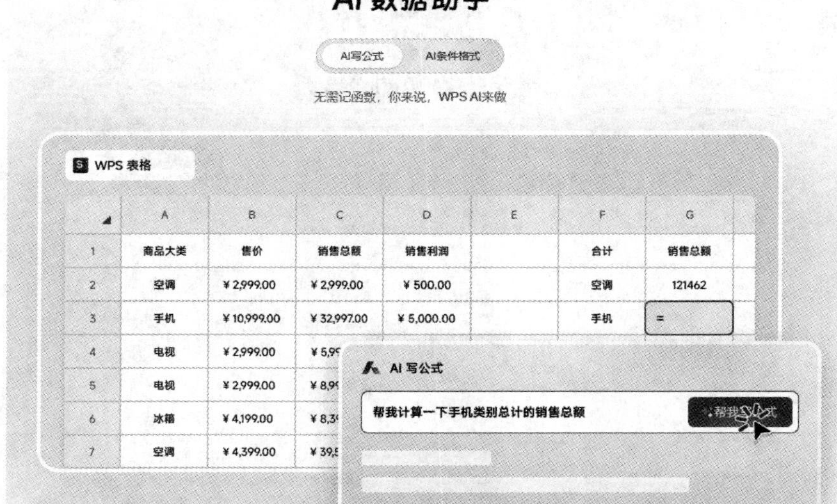

图 7-2-12　WPS AI 数据助手功能

操作题

（1）完成任务一、任务二，小组讨论：哪家公司 AI 生成的作品内容更合心意？

（2）使用 WPS AI 分别对 WPS 文字、WPS 表格和 WPS 演示进行内容生成，看看哪些功能对我们的办公效率提升有帮助。小组讨论后，把心得上传到学习平台。

项目评价

1. 学习评价

根据任务实施内容，进行自我评估或学生互评，根据实际情况在教师引导下拓展。

观　察　点	☺	😐	☹
能说出国内外若干种 AI 助手软件产品			
能说出 AI 在日常办公中的几种典型应用案例			
能分析出适合办公任务的 AI 协作方法			
能使用 AI 工具完成若干种指定办公任务			

2. 反思与探究

从学习结果和评价两个方面进行反思，分析存在的问题，寻求解决的方法。

存在的问题	解决的方法

3. 修正与完善

根据反思与探究中寻求到的解决问题的方法，进一步对 AI 办公进行学习。